EL ÁRBOL DE LA VIDA

Max Telford

EL
ÁRBOL
DE LA
VIDA

El mayor
enigma
de la ciencia

EL ÁRBOL DE LA VIDA — El mayor enigma de la ciencia

1.ª edición
geoPlaneta
Diagonal 662-664. 08034 Barcelona
info@geoplaneta.es — www.geoplaneta.com

DE LA EDICIÓN ORIGINAL
Título original: *The Tree of Life — Solving Science's Greatest Puzzle*
© del texto y los gráficos: Max Telford, 2025

DE LA EDICIÓN ESPAÑOLA
© Editorial Planeta, S.A., 2025
© de la traducción: Alberto Delgado, 2025
Realización: Planeta

ISBN: 978-84-08-29938-7
Depósito legal: B. 21.509-2024
Impresión y encuadernación: Black Print
Printed in Spain — Impreso en España

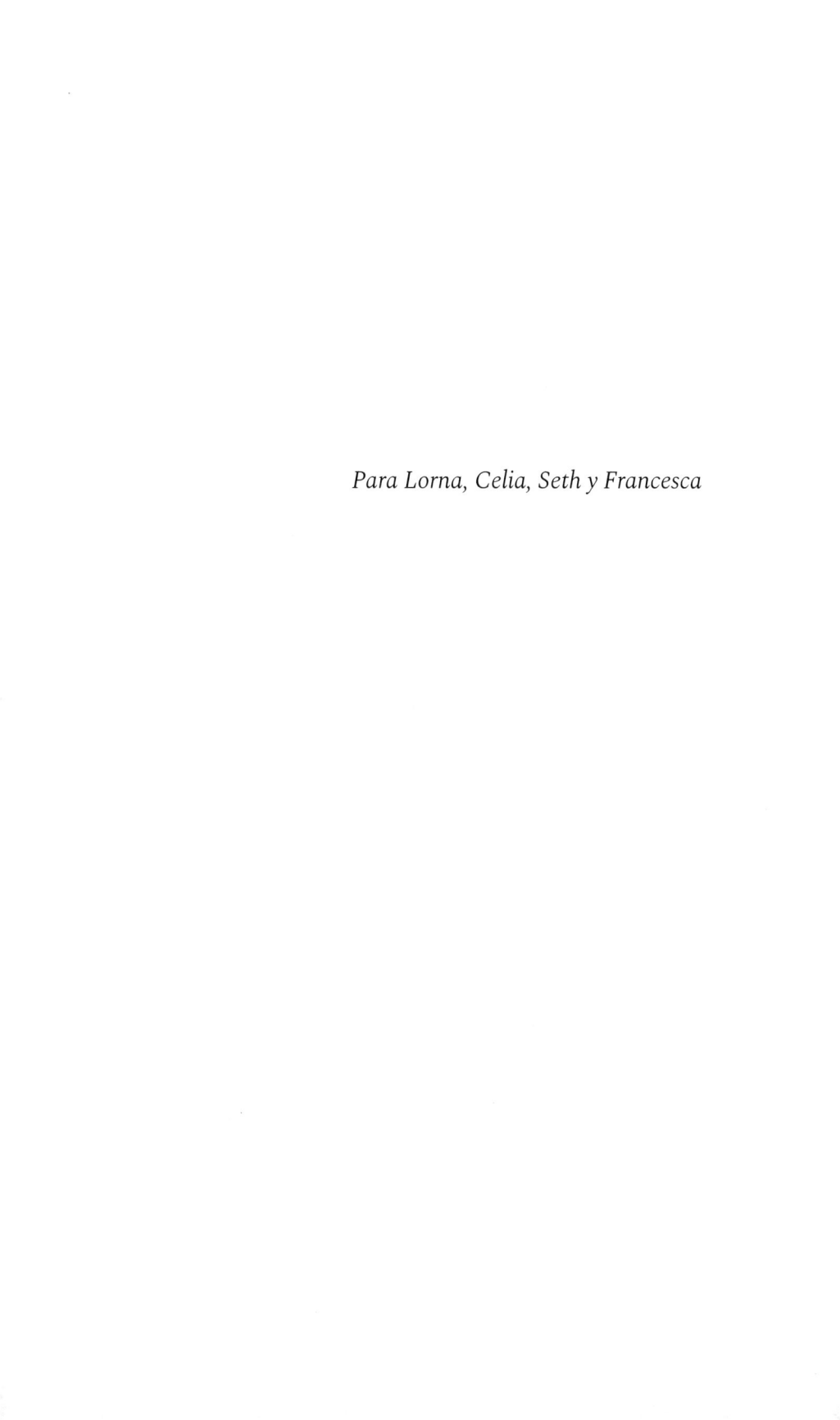

Para Lorna, Celia, Seth y Francesca

SUMARIO

INTRODUCCIÓN

Corre el mes de octubre, y desde mi escritorio contemplo las tierras de labranza del suroeste de Dorset envueltas en las brumas estacionales. Veo un pequeño jardín rodeado de arbustos, zarzas, rosales y manzanos. Bajo la hierba viven topos, y durante el verano vi un erizo, una culebra de collar, aves (gorriones, pinzones, herrerillos, águilas ratoneras, mosquiteros...), mariposas, escarabajos, avispas, caracoles y lombrices. Más allá del jardín se extienden campos de cultivo en los que crecen hierbas, girasoles, colzas y linos, y bosques con zorros, faisanes, árboles, setas comestibles, setas venenosas e incontables especies de artrópodos. En la distancia, la ladera de la colina está repleta de amonites, belemnites, ictiosaurios y crinoideos del Jurásico. Si pudiera traspasar la colina con la mirada, vería las aves acuáticas de la laguna de Fleet y después, más allá de la playa de Chesil, el canal de la Mancha, con algas, delfines, cazones, caballas, sepias, gusanos de arena, nematodos, platelmintos, priapúlidos, urechis, equiuros, gusanos flecha..., y podría continuar.

Una mirada, una escucha o incluso un olfateo mínimamente cuidadosos en casi cualquier medio de la Tierra revelan la asombrosa diversidad de la vida. Y el panorama que se me presenta desde la ventana pasa por alto las miles de especies de animales, plantas y hongos más esquivas, raras y pequeñas, y los millones de invisibles criaturas unicelulares ocultas en los campos, bosques y aguas que me rodean, desde algas hasta bacterias. Lo fascinante no es solo el número de especies, sino también la variación; incluso la fotografía parcialísima de las especies que viven a dos o tres kilómetros de mi escritorio revela características únicas: plumas, huesos, caparazones, semillas, cloroplastos, xilemas y floemas, músculos, cerebros, garras, dientes, cuernos y una docena de clases de ojos. De hecho, la lista de las invenciones biológicas causa más asombro todavía que el largo catálogo de las especies que los poseen.

Si somos capaces de seguir sus múltiples hilos, la historia que cuente cómo surgió toda esta biodiversidad —el sinfín de especies y los caracteres casi innumerables que poseen— será la historia de la sucesión de los acontecimientos más extraordinarios del universo.

Es probable que conozcas a grandes rasgos nuestra historia: los antiquísimos y humildes orígenes de la vida; la evolución de las células más complejas; los primeros animales; los peces y después los anfibios; los mamíferos y después los simios; los neandertales y después el *Homo sapiens*. Pero ¿te has preguntado cómo hemos llegado a conocer esta breve narración de nuestra historia? ¿Podemos averiguar cuándo surgieron los músculos, los dientes y el pelo? ¿Y saber qué más sucedía en el planeta cuando surgieron? ¿Y conocer las biografías de aproximadamente otros mil millones de formas de vida?

La teoría de Darwin y Wallace sobre el origen de las especies por selección natural proporciona el mecanismo de la evolución: los engranajes del proceso que dio a las jirafas sus largos cuellos y nos privó de nuestras colas. Pero, pese a su evidente (¡evidentísima!) importancia, esta teoría no nos cuenta la verdadera historia de la aparición de la vida que se despliega ante mi ventana. Mi objetivo central aquí (con el mecanismo de Darwin moviendo los hilos entre bastidores) es determinar cómo podríamos llegar a contar la divertida historia de la vida. Es un relato alternativo de la evolución que pretende contarnos los acontecimientos que realmente sucedieron, dónde sucedieron, cuándo sucedieron, los personajes involucrados, quién dijo qué a quién. Nos gustaría conocer los accidentes y coincidencias que dieron lugar a la biodiversidad de hoy: las consecuencias imprevistas del desarrollo de los dientes o los efectos de volcanes, meteoritos o virus en la biodiversidad actual.

Con este relato de la historia de la vida en la Tierra como meta, este libro explicará cómo es posible conocer tales acontecimientos. Demostraré que para contar la historia de la vida hay que emprender la tarea ímproba de reconstruir el árbol de la vida, un árbol genealógico que refleje las conexiones entre todas las especies, desde árboles hasta orcas. Este árbol de la vida constituye una representación visual del parentesco cuya intuitiva simplicidad oculta un inmenso poder descriptivo.

La primera parte del rompecabezas consiste en determinar la naturaleza del parentesco entre la multiplicidad de especies que han ido surgiendo a lo largo del tiempo. En algún momento, poco después de la aparición primigenia de la vida, una sola especie antiquísima, la antepasada de todas las que vinieron después, se dividió para formar dos especies distintas. Conforme creció el árbol y pasó el tiempo, estas dos pioneras siguieron dividiéndose una y otra vez, generando un número creciente de especies (y más ramas del árbol). La reconstrucción de este enorme árbol genealógico es la primera de nuestras tareas, pero un árbol genealógico de antepasados anónimos es bastante aburrido. Queremos formularle al árbol de la vida las mismas preguntas que hacemos para conocer la historia de una familia: ¿quién fue rey y quién presidiario?, ¿qué aspecto tenían?, ¿cuál era su personalidad?, ¿cuándo, dónde y cómo vivieron? Un árbol no es más que un rompecabezas con las piezas perfectamente ensambladas pero sin ninguna imagen estampada en ellas.

La siguiente tarea, por tanto, consiste en colorear estos espacios en blanco, decorar nuestra inmensa genealogía con detalles biológicos precisos de los muchos miembros de la familia de la vida: queremos conocer la evolución de sus genes, su morfología y comportamiento, los golpes de suerte, las catástrofes evitadas (o no) y la influencia de todas las demás especies (depredadores, presas y parásitos).

Con el paso del tiempo, cada rama del árbol desarrolló características nuevas que, generación tras generación, han dado lugar a la diversidad actual de los seres vivos, de la que a través de la ventana de mi despacho percibo una mínima muestra. Algunas de estas características son llamativas, como la espina dorsal presente en todos los vertebrados, o la flor exclusiva de las angiospermas. Otras muchas son bastante más sutiles: en las moscas de la fruta, el patrón de la pigmentación del ala, las mínimas variaciones químicas del olor y la frecuencia precisa del aleteo en la danza de apareamiento del macho pueden percibirse y sirven para distinguir una especie de otra. La inclusión de esta segunda parte de la historia exige añadir carne al esqueleto pelado del árbol.

Cuando combinamos estos dos elementos —el modelo del parentesco entre las especies y la evolución de sus características—, llegamos a entender que cada especie tiene su propia historia genealógica de parentescos más cercanos y más remotos con todas las demás especies, y que cada una, cuando rastreamos su recorrido a través del tiempo y del árbol de la vida, ha acumulado su propia y exclusiva biblioteca de características. Mi espina dorsal proviene de la rama que conduce a los vertebrados, mis pezones los obtuve de la rama que conduce a los mamíferos, y la cola la perdí más tarde por la rama que conduce a los simios.

Quiero mostrar al lector de qué manera una comunidad mundial de científicos está colaborando para construir el árbol de la vida y contar la historia evolutiva completa de la diversidad de la vida. Descubriremos que es en las propiedades mismas de las especies vivientes donde se encuentran las pistas para conocer la forma verdadera del árbol de la vida. Veremos cómo estas características —resultantes del proceso evolutivo— son a un tiempo los materiales para la construcción del árbol y los propios objetos cuya evolución pretendemos explicar.

Estos conceptos nos ayudarán a entender cómo usar el árbol de la vida para retroceder en el tiempo y, partiendo de especies vivas, reconstruir antepasados muertos hace mucho tiempo. Por el camino descubriremos que la evolución es con frecuencia impredecible y que los desvíos inesperados —excepciones a la regla— dan origen a los errores que solemos cometer al construir el árbol de la vida. Es también en estas anomalías, por frustrantes que sean, donde se escriben algunos de los episodios más interesantes y sorprendentes de la historia de la evolución.

Soy zoólogo y dedico mi vida profesional a reconstruir el árbol de la vida (al menos, la parte que abarca el reino animal). En las páginas siguientes intentaré explicar por qué es tan importante armar este rompecabezas. Lo que pretendemos obtener con el árbol de la vida es nada menos que una historia completa de miles de millones de años desde la aparición de la vida en la Tierra en toda su extraordinaria complejidad. Lo que me motiva en última instancia es saber que el árbol de la vida es un portal que nos hace retroceder en el tiempo para conocer a nuestros antepasados. Una vez que hayamos reunido todas las pistas y elaborado un árbol fiable, podremos trasladarnos al pasado y aterrizar en su raíz. Desde aquí podremos trepar siguiendo la secuencia de improbables acontecimientos que, en el transcurso de cuatro mil millones de años de evolución, ha conducido de una sola célula a un mono capaz de preguntarse por sus orígenes.

PARTE 1
¿QUÉ ES EL ÁRBOL DE LA VIDA?

EL MAYOR ENIGMA
DE LA CIENCIA

En la primavera del 2022, la Universidad de Cambridge informó de la misteriosa reaparición de un par de objetos de valor incalculable: dos de los cuadernos de Charles Darwin («B» y «C»), con sus anotaciones y dibujos, fechados en 1837, al principio de la larga gestación de su teoría sobre el origen de las especies. Los cuadernos habían desaparecido veintidós años atrás, cuando la universidad digitalizó su archivo Darwin, pero la pérdida no se advirtió en ese momento, quizá por el caótico proceso de la propia digitalización. Los habían guardado juntos en una caja del tamaño de un libro en rústica, y al principio se los dio por perdidos en algún punto de los 210 kilómetros de estanterías que se extienden por los sótanos de la biblioteca universitaria. Tras repetidas e infructuosas búsquedas durante casi dos décadas, los bibliotecarios de la universidad se dieron por vencidos en el 2017 y, cabe imaginar que con la cara un poco colorada y las manos sudorosas, solicitaron ayuda. «Rogamos a cualquiera que sepa algo sobre el paradero de estos objetos de valor incalculable que se ponga en contacto con nosotros», dijo Sharon Burrell, subinspectora de la policía de Cambridgeshire.[1] Burrell no exageraba al subrayar la importancia de estos cuadernos. En el cuaderno B se halla el primer diagrama conocido de un árbol de la evolución dibujado por Darwin, lo que hoy denominamos el boceto del «Árbol de la Vida». Finalmente, los cuadernos reaparecieron el 9 de marzo del 2022, todavía en su estuche y en perfecto estado, dentro de

una llamativa bolsa rosa y dirigidos a la atención del biblio-
tecario; aún se desconoce la identidad del ladrón.

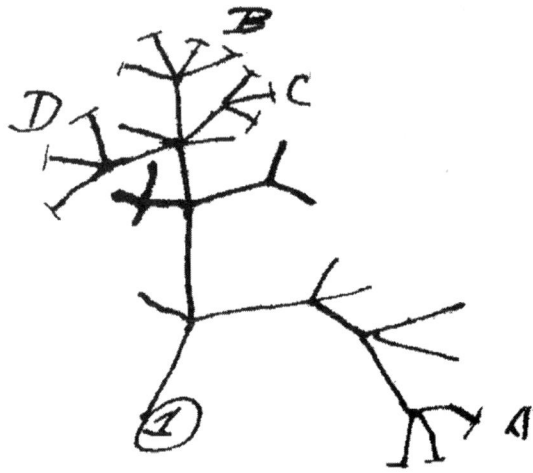

FIGURA I: Dibujo del «Árbol de la Vida» de Darwin, tomado del
cuaderno B (1837).

El famoso árbol de la vida de Darwin (anotado con el co-
mentario gnómico «Creo») constituye, pese a su escaso tamaño y su simplicidad, un prototipo preciso de los árboles de
esta clase que usamos hoy. Es precisamente su sencillez lo
que lo convierte en un diagrama perfecto, fácil de entender y
capaz, al mismo tiempo, de transmitir una gran cantidad de
información. En la base distinguimos una raíz que nos habla
del antepasado del que debieron de surgir todas las especies del
árbol. De esta raíz crece un tronco cuya extensión nos indica
el paso del tiempo. En un determinado punto el tronco se
divide: una sola especie se convierte en dos, y estas dos evolucionan hasta diferenciarse. Cada una de estas ramas hermanas se divide a su vez y genera más ramas. Por último, en
los extremos de cada rama encontramos diversas especies.
Las ramas del árbol nos muestran —y esto es lo más importante— el parentesco entre esas especies. De las divisiones

más recientes del árbol salen hermanos; de las divisiones más bajas del árbol, parientes más lejanos. Para abarcar la totalidad de la vida y la historia completa de la evolución, lo único que tenemos que hacer con este arbolito, además de trepar por su tronco, es añadir más especies emparentadas por más ramas. Las reglas de su construcción e interpretación, y la información que transmite, se mantienen inalterables a medida que va creciendo.

Los árboles de la vida son mucho más antiguos que el de Darwin. Se usaron por primera vez como símbolos en el arte, la literatura y, sobre todo, la religión de muchas culturas —nórdica, mesopotámica, china, zoroástrica—, y sus significados, con frecuencia oscuros, son tan diversos como los pueblos que los describieron, pintaron y tallaron.[2]

El significado del árbol de la vida darwiniano es completamente distinto del de estos símbolos místicos, pero, incluso en ausencia de misterio o metáfora, lo que nos cuenta es extraordinario. La palabra «vida» no hace referencia ni a la duración de la vida humana (una vida) ni a la condición de estar vivo (la vida en oposición a la muerte); es más bien un todopoderoso nombre colectivo que abarca cuanto vive y ha vivido, todas las especies que existen hoy y todas las que han existido. El árbol que conecta esta asombrosa colección de seres es un diagrama preciso, una representación perfecta de los parentescos —los parentescos *evolutivos*— que se establecen entre ellos.

Con su bello y claro lenguaje decimonónico, Darwin explica el uso de un árbol para representar la evolución:

> Las afinidades de [las relaciones entre] todos los seres de la misma clase se han representado en ocasiones con un gran árbol. Creo que este símil dice una gran verdad. Las ramas verdes y provistas de brotes pueden representar las especies existentes; y las producidas durante cada año anterior pueden representar la larga sucesión de especies extintas.

Confieso que estoy citando selectivamente, porque la versión completa del árbol de la vida de Darwin se acerca mucho más que el árbol de la vida moderno a un símil del *proceso* de la evolución. Darwin emplea también su árbol para representar la competencia entre especies, la lucha por la existencia y la supervivencia de los más aptos:

> En cada período del crecimiento, todas las ramas han intentado echar brotes por todos lados y sobresalir y matar a las ramas circundantes, de igual manera que las especies y grupos de especies han intentado imponerse a otras especies en la gran batalla por la vida.*³

El árbol de la vida moderno renuncia a metáforas y símiles para describir el proceso evolutivo y pretende, sin más, representar la historia de la evolución. Aunque hayamos perdido un poco de color, hemos ganado una considerable claridad al transmitir el mensaje del árbol de la vida. El simple propósito —representar los parentescos— es sin duda meritorio, pero el conocimiento de los parentescos contenidos en el árbol resulta mucho más importante. El árbol podría concebirse como el armazón de acero de un rascacielos, donde podemos insertar las paredes, suelos y ventanas del edificio —mármol, cristal, azulejos y gárgolas— para obtener una estructura más compleja. En el caso del árbol de la vida, esta complejidad incluye las características cambiantes de las especies, sus antepasados, nacimientos, muertes, invasiones, extinciones, fechas, contexto geológico, fusiones y adquisiciones.

Los árboles que muestran los parentescos entre las especies cobraron especial relevancia tras la publicación de *El*

---

* Curiosamente, aunque Darwin se sirvió a menudo de árboles para ilustrar el proceso evolutivo (y los dibujó en sus cuadernos décadas antes de dar a conocer su teoría), *El origen de las especies* contiene un solo diagrama de un árbol, y bastante sencillo: sus hojas son las especies simbólicas «A a Z», ignorando las posibilidades evidentes de antílopes y zorros o de ásteres y zinnias.

origen de las especies en 1859, pero los victorianos ya estaban familiarizados con las representaciones arbóreas del parentesco. Los árboles genealógicos forman parte de culturas de todo el mundo: aparecen en los *stemmata* ('guirnaldas') de la antigua Roma; en la «genealogía» de Confucio del siglo XI (que todavía sigue creciendo después de ochenta generaciones); y en el Árbol de Jesé del Antiguo Testamento. La omnipresencia de los árboles genealógicos en las culturas más diversas nos dice que son un producto inherente a la imaginación humana y que deben de existir desde la más remota prehistoria. Las genealogías se han plasmado con forma arbórea durante milenios. «Y brotará una vara del árbol de Jesé, y retoñará de sus raíces un vástago» (Isaías 11, 1). Este árbol genealógico bíblico parte de Jesé y recorre (según Lucas) cuarenta y tres generaciones (todos varones, por supuesto) hasta Jesús; las ilustraciones cristianas del Árbol de Jesé son árboles en sentido literal. El árbol genealógico de la familia Cancellieri de Pistoia *(Albero Genealogico dei Cancellieri di Pistoia)* grabado en 1581 por el industrioso y bien remunerado Scipione Ammirato muestra un formidable roble con el tronco dividido en dos: las dos ramas representan el violento cisma (en torno a 1300) entre las facciones güelfas blanca y negra de la familia. Es un árbol naturalista que crece en la campiña toscana, con dos ejércitos, desplegados uno a cada lado, que portan sendos estandartes blanco y negro.

Los árboles genealógicos nos resultan familiares y su interpretación es sencilla. Las hojas en las puntas de las ramas representan a los individuos de la generación más reciente: hermanos y hermanas y sus primos. Los hermanos de una familia están conectados entre sí por el progenitor que comparten: una parte de la rama inmediatamente inferior a ellos, una sola generación atrás. Un hijo estará conectado con sus primos (parientes más lejanos, claro está) a través de una generación más antigua situada más abajo en el árbol: el antepasado común más cercano entre primos hermanos no es un padre sino un abuelo. De esta sencilla manera, el grado de

parentesco entre todas las hojas de cada generación (hermanos, primos, primos segundos, padres, tíos y tías, etc.) se
puede leer en la distribución de las ramas que las enlazan.

Los diagramas arbóreos han sobrevivido durante milenios porque son ideales para representar el parentesco entre
los miembros de una familia, pero también se han adoptado
en otros muchos contextos precisamente porque son una
manera natural de organizar cualquier conjunto de elementos
—rocas, sellos, músicos de *jazz*— que puedan agruparse (o
clasificarse) en función de su grado de similitud o parentesco. En el ámbito del mundo natural —las especies—, mucho
antes de que a Darwin se le ocurriera que estas podrían estar
emparentadas como los miembros de una familia, ya existía
el deseo de clasificar y organizar especies.

«La pulsión por clasificar es un instinto humano fundamental; igual que la predisposición al pecado, nos acompaña
en nuestro paso por el mundo desde el nacimiento hasta la
muerte», escribió en 1959 Tindell Hopwood, exagerando un
poco.[4] Es verdad que todos poseemos una cualidad innata
que nos permite hacer generalizaciones útiles sobre las especies que encontramos. A nadie le hace falta esforzarse o
tener una formación especializada para saber que, pese a sus
evidentes diferencias, las águilas y las palomas son aves,
mientras que los tigres y las ovejas son mamíferos, y los robles y morales, plantas. Yendo más allá, es también evidente
que los mamíferos y las aves, si aplicamos el sentido común,
pueden agruparse como animales, lo que excluye a las plantas. En paralelo a estas intuiciones, nuestro cerebro constru-
ye una precisa clasificación «popular» de estas seis especies
en grupos de organismos similares. Repárese en que esta clasificación (aves, mamíferos, plantas) podría trasladarse directamente a un árbol: una rama de aves (que se divide en el
águila y la paloma) y una rama de mamíferos (tigre y oveja),
que se encuentran en un nivel inferior del tronco para formar
una rama animal más grande; por último, la rama animal conecta, descendiendo por el tronco, con una rama vegetal que

lleva al roble y al moral. La *clasificación* de la vida que tan sencilla se nos presenta (mamíferos, aves, animales, plantas) existía mucho antes que cualquier *árbol de la vida*, pero la clasificación y el árbol son una misma cosa; lo que ocurre es que transcurrió un tiempo hasta que a alguien se le ocurrió representar la clasificación con forma de árbol.

Al menos dos milenios anterior a los primeros árboles de la vida, la clasificación más antigua de la que se tiene constancia, como mínimo en lo que respecta a los animales, se debe a Aristóteles. Sus grandes obras *Historia de los animales* (conocida por su título en latín, *Historia Animalium*) y *Partes de los animales* (*De Partibus Animalium*), escritas en el siglo IV a. C., reflejan su deliberado y concienzudo propósito de conocer y comprender la vida animal. Con todo, se corre el riesgo de hacer una lectura anacrónica de Aristóteles, de atribuir a su obra algo así como un punto de vista protoevolucionista. Aunque es evidente que no era un evolucionista, el caso es que sus libros sentaron las bases de la clasificación moderna porque reúnen datos imprescindibles con algunas ideas esenciales. Sus datos adquieren la forma de observaciones extraordinariamente detalladas y, por lo general, precisas de las características de un gran número de animales (y no solo los domésticos, los feroces, los extraños o los más carismáticos). Sus interpretaciones proceden del puro interés filosófico por clasificar las cosas. La finalidad de la clasificación aristotélica estribaba en conocer lo que cada animal era mediante la compilación de sus atributos y las cosas que podía hacer, «para llegar a las definiciones de su forma última».[5]

De Aristóteles, procurando no caer en la trampa de leer a Darwin entre líneas, se pueden extraer algunas lecciones provechosas, y quizá la más importante es la posibilidad de clasificar a los animales en grupos que nos resulten prácticos (es decir, que nos permitan hacer generalizaciones) y en los que todos podamos coincidir, de tal manera que sea posible descubrir una verdad. El postulado principal y más audaz de

Aristóteles en *Historia Animalium* es la división de los animales en dos *megista genê* ('grandes grupos'): los de sangre roja (*enhaima*), que se corresponden con los vertebrados; y los que no la tienen (*anhaima*), que se corresponden con los invertebrados. En cada uno de estos grandes grupos reconoce una serie de grupos menores. Dentro de los *enhaima* de sangre roja distingue entre cuadrúpedos vivíparos (que paren) y ovíparos (que ponen huevos), que vendrían a ser, respectivamente, mamíferos y reptiles/anfibios, y también grupos de ballenas, peces y aves. En los *anhaima* sin sangre descubrimos grupos como los *malakia* (cuerpo blanco: moluscos), *malakostraka* (caparazón blando: crustáceos) y *ostrakoderma* (caparazón duro que rodea el cuerpo), que es una abigarrada mezcla de erizos de mar, ascidias, moluscos bivalvos y univalvos, y artrópodos de caparazón duro como los percebes.

Los zoólogos modernos, como es lógico, están encantados de hallar un conjunto de «clases» que hoy se aceptarían como grupos; esta coincidencia entre antiguos y modernos puede parecer normal, pero no tenía por qué darse. En vez de usar las plumas para definir un grupo de aves y la leche para agrupar a los mamíferos, Aristóteles podría haber optado por formar un grupo de animales terrestres (reuniendo palomas, lagartos y humanos) y otro de animales acuáticos (patos, salamandras y peces). Tal como descubriremos, la feliz correspondencia entre los grupos de animales aristotélicos y los modernos no fue fruto de la casualidad, sino consecuencia inevitable del mecanismo evolutivo.

El enfoque sistemático con el que Aristóteles aborda el estudio de la naturaleza fue cayendo en el olvido entre los eruditos occidentales, hasta su redescubrimiento en los siglos XII y XIII. En el medio milenio siguiente, el renovado interés por clasificar la vida se centró en la botánica por una razón práctica: identificar con precisión las plantas era fundamental para su uso en la medicina. El botánico sueco del siglo XVIII Carl (o Carolus o Carlos) Linnaeus (o Linnæus, Linneo, von Linné o Linné) fue el más importante «clasificador» preevolutivo de la vida, considerado con justicia el padre de la clasificación moderna. Su primera gran innovación, basada en evidencias, fue una vasta clasificación de las plantas y los animales en grupos cada vez más pequeños y exclusivos. La obra magna de Linneo, *Systema Naturae*, es mucho más que una clasificación, pues también contiene descripciones minuciosas de las características de determinadas especies y de los grupos a los que pertenecen. El resultado fue clave para que los investigadores clasificaran cualquier organismo en su propio y cada vez más exclusivo reino, filo, clase, orden, familia, género y especie, otorgándole así un lugar único en la clasificación (y evitando, de paso, el envenenamiento del paciente tratado con la hierba equivocada). La segunda gran innovación de Linneo fue establecer un sistema formal que asigna a cada especie un nombre bimembre exclusivo —lo que se denomina un «binomen», como *Homo sapiens*—, sin el cual la biología moderna sería un absoluto caos.

El sistema clasificatorio de Linneo, que ha pervivido casi intacto hasta hoy, podría compararse con nuestra dirección postal. Basta con reunir algunas referencias geográficas —el continente; el país; la provincia, condado o región; la ciudad o pueblo; el distrito; la calle, y el número del inmueble— para localizar cualquier casa del mundo. Los equivalentes linneanos de estos niveles de clasificación empiezan por el reino (animal, vegetal, etc.), pasan por los filos (dentro de los animales están los cordados, artrópodos y moluscos, p. ej.) y después por las clases (dentro de los cordados están los mamíferos, reptiles y anfibios) y los órdenes (dentro de los mamíferos hay primates, murciélagos y roedores). Los órdenes contienen familias (los primates contienen lémures, monos y simios), que a su vez contienen géneros (los simios contienen *Homo* y *Gorilla*), cada uno de los cuales se divide en una o más especies (*Homo sapiens* y los extintos *Homo erectus* y *Homo neanderthalensis*). Así pues, nuestra propia clasificación linneana es reino Animalia (aunque hoy se usa «Metazoa»), filo Chordata (lo que vendrían a ser animales con espina dorsal),

clase Mammalia, orden Primates, familia Hominidae, género *Homo* y especie *sapiens*.

Aunque Linneo había concebido un brillante sistema de
clasificación (que todavía se usa), el árbol evolutivo de la vida
aún quedaba lejos: no habían confluido la clasificación y el diagrama genealógico. Sin embargo, la arborescencia inherente a
algunas de las primeras clasificaciones las asemeja en ocasiones a un árbol de verdad; todavía no se había dado el salto intelectual que acabaría representando una clasificación con una
imagen similar a un árbol. Las divisiones y subdivisiones suelen representarse en forma de tabla. En la primera columna figuran hileras de unos pocos grupos de gran tamaño (que serían
las ramas grandes en la base de un árbol), cada uno de los cuales se subdivide en grupos más pequeños en la siguiente columna (que serían las ramas más pequeñas).

Con el tiempo, y mucho antes de los trazos de Darwin,
estas tablas clasificatorias se transforman en diagramas con
forma de árbol, pese a las reticencias de algunos. El naturaa-
lista suizo Charles Bonnet, en su libro de 1764 *Contemplation
de la Nature* [Contemplación de la naturaleza], se preguntaba:
«¿Se ramifica la escala de la naturaleza a medida que ascien-
de? ¿Son los insectos y los moluscos dos ramas paralelas y
laterales de este gran tronco?».[6]

En 1766, el gran naturalista francés Georges-Louis Leclerc, conde de Buffon, pensaba lo mismo de los mamíferos,
pues era como si formaran «familias en las que de ordinario
se observa un principio y un tronco común del que parecen
brotar diferentes ramas cada vez más numerosas, porque los
individuos de cada especie son más pequeños y prolíficos».[7]
Por último, en 1801 encontramos el primer diagrama claramente arbóreo que registra la clasificación de las especies.
Lo dibujó el naturalista francés Augustin Augier, que dice
con respecto a su diagrama:

> Una figura con la forma de un árbol genealógico parece la
> más apropiada para reflejar el orden y la gradación de las

series o ramas que forman clases o familias. Esta figura, a la que llamo «árbol botánico», muestra las concordancias que las diversas series de plantas mantienen unas con otras [...], de igual manera que un árbol genealógico muestra el orden en que distintas ramas de la misma familia proceden del tronco al que deben su origen común.[8]

La teoría darwiniana de la evolución por selección natural puso patas arriba nuestro modo de concebir la clasificación y su representación en forma de árbol, porque implicaba la existencia de una sola clasificación perfecta e históricamente exacta. Sin embargo, *El origen de las especies* aspiraba por encima de todo a explicar el mecanismo en virtud del cual aparecían especies nuevas y diferentes: solo contiene un diagrama de árbol, y bastante tosco, que se limita a mostrar cómo se dividen y extinguen las especies. Aun así, Darwin conocía el potencial taxonómico del árbol de la vida, como puso de manifiesto en una carta dirigida a T. H. Huxley en 1857: «Creo que llegará un momento, aunque yo no viviré para verlo, en que tendremos árboles genealógicos bastante fieles de cada gran reino de la naturaleza».[9]

Aunque Darwin dibujó unos cuantos árboles evolutivos, parece que prefería la idea de plasmar la historia de la evolución como un coral, cuyo pétreo y muerto interior representaría el pasado (y el registro fósil) y cuyas puntas vivas remitirían a las especies vivientes. Por otro lado, Ernst Haeckel, discípulo alemán de Darwin, era un gran admirador del árbol de la vida. Haeckel había nacido en Potsdam, cerca de Berlín, en 1834, hijo de un matrimonio de profesionales: Carl, un funcionario municipal de alto rango, y Charlotte (de soltera Sethe), hija de un consejero privado del reino. La primera esposa de Haeckel, Anne (de soltera también Sethe), era prima suya por parte de madre. Igual que Darwin, Haeckel estudió primero medicina por insistencia de su padre, pero dejó de ejercer tras recibir a sus primeros pacientes.[10] Puede que las investigaciones para su doctorado en medicina, que giraba en torno a los cangrejos de río, no lo prepararan adecuadamente para las realidades del cuerpo humano, como en la historia de John Ruskin sobre su noche de bodas. En un par de famosas fotografías fechadas en 1866, antes de un viaje de recolección a las islas Canarias, Haeckel aparece en compañía de su ayudante, el ruso Nikolái Miklujo-Maklái. Aunque las instantáneas no se tomaron en el campo, sino en la ciudad universitaria alemana de Jena, los dos exploradores llevan atuendos expedicionarios y los rodea la utilería propia de los recolectores profesionales: cazamariposas, un cubo, otras piezas de equipamiento cuyos usos no alcanzo a imaginar, una estrella de mar seca y un cangrejo en el suelo, y una ofiura en la mano de Haeckel. El posado fotográfico está cuidado, y los dos hombres parecen complacidos con la idea de verse como curtidos exploradores. En la primera instantánea, Haeckel, con su rala barba juvenil, está repantigado en una silla, mientras que Miklujo-Maklái se halla de pie, con una gabardina colgando al desgaire de un hombro, la mano izquierda apoyada en lo que parece ser un puñal, y mira a la cámara con ojos ardientes. En la segunda han intercambiado posiciones y Haeckel, ahora de pie, se ha quitado los zapatos y los calcetines y se ha remangado los pantalones, mientras que Miklujo-Maklái se ha alborotado el pelo. Entre las fotografías de años posteriores hay una en la que aparece un Haeckel ya de mediana edad rodeado de plantas selváticas y vestido como para ir al trópico, salacot incluido, pero que también se tomó en un estudio fotográfico de Jena. Por último, hay otra en la que un Haeckel anciano posa de pie, con una calavera en la mano como Hamlet y un esqueleto de simio asomando por detrás. Admitiendo que las barbas voluminosas fueran habituales en aquella época, en esta fotografía tardía el parecido de la magnífica barba de Haeckel con la de su héroe Darwin es muy llamativo.

Haeckel ha ejercido un influjo colosal en la biología y el estudio de la evolución: acuñó términos como «ecología» y «filogenia» (el estudio de las relaciones evolutivas a lo largo del tiempo, origen del «árbol filogenético»); escribió un libro divulgativo de gran éxito el que explica su concepto de la evolución; retocó sus cifras de embriones animales para acomodarlas a sus teorías sobre cómo las fases del desarrollo embrionario («ontogenia», otro término de cuño haeckeliano) reflejan la historia evolutiva del animal («la ontogenia recapitula la filogenia»); describió especies jamás vistas que sustentaban convenientemente sus teorías; y pintó famosos cuadros de criaturas de todos los tamaños que pasan por haber influido en el movimiento artístico del *art nouveau*.

Las dotes artísticas de Ernst Haeckel quedan claras en sus árboles evolutivos más famosos, que, a diferencia de casi todos los árboles más modernos, se representan como árboles auténticos, con ramas retorcidas y corteza nudosa. El primero de estos *stammbäume* ('árboles genealógicos' o 'pedigrís') aparece en su tratado de 1866 que lleva como título no muy feliz *Morfología general de los organismos: bosquejo general de la ciencia de las formas orgánicas, fundada mecánicamente en la teoría de las descendencia reformada por Charles Darwin* (comúnmente abreviado como *Generelle Morphologie*).[11] Aunque existen árboles evolutivos predarwinianos (evolutivos en el sentido de que admiten que las especies cambian con el paso del tiempo), los de Haeckel se distinguen por ser los primeros que se dibujaron tomando en consideración el mecanismo darwiniano de la evolución y el principio fundamental de que todas las formas de vida pudieron tener un único origen.

El primero de los árboles de la *Generelle Morphologie* abarca la totalidad de la vida tal como se entendía por entonces, insertada en un árbol con tres grandes ramas: las plantas (hongos incluidos), los protistas (en su mayoría pequeños organismos unicelulares como las bacterias, aunque también incluye grandes esponjas pluricelulares) y los animales. Estas tres ramas aparecen unidas cerca de la base del árbol, y el tronco indiviso emerge de una sola raíz universal de organismos: *Radix communis organismorum*. Los árboles de figuras posteriores representan las relaciones entre las especies en cada una de estas tres grandes ramas —un árbol para las plantas, un árbol para los animales, etc.—, a los que siguen aproximaciones a los detalles de ramas todavía más pequeñas, como un árbol para los mamíferos. Todos los árboles con aspecto de árbol que dibuja Haeckel en *Generelle Morphologie* parecen corresponder a una especie real, el «roble alemán», supuestamente elegido porque el roble es la planta de más alto rango en la *scala naturae* medieval, situado justo por debajo de los animales más simples.

Llegados a este punto, debo resistir la tentación de desglosar los aciertos y errores de Haeckel en cuanto a la precisión de los parentescos que muestra (sobre todo en la rama animal) para centrarme en lo que su árbol puede contarnos acerca de la evolución. En síntesis, hay cuatro rasgos —implícitos o explícitos— que podemos leer en el árbol de Haeckel: primero, el árbol muestra el paso del tiempo, al menos en la medida en que las partes de cualquier rama más próximas a la raíz representan especies que vivieron hace más tiempo que las partes de esa misma rama situadas más cerca de la copa; segundo, todos los troncos, ramas y ramitas representan linajes continuos de especies que existieron en el pasado; tercero, en determinados puntos una rama se divide en dos, esto es, una sola especie ancestral se divide en dos especies descendientes; y, el cuarto y último rasgo, solo las puntas del árbol —o quizá las hojas— representan especies hoy vivas.

A diferencia del relato bíblico de la creación simultánea de todas las especies (que, si se representara del mismo modo, parecería un campo de hierba), el árbol de la vida de Haeckel —una sola planta con una sola raíz— nos dice que una especie que vivió hace mucho tiempo es la antepasada de todas las especies posteriores. A medida que subimos por el árbol, cualquier porción de cualquier rama representaría una instantánea de todos los individuos de una especie viva en ese preciso momento. Un punto situado un poco por encima de la rama remitiría a su descendencia, la generación siguiente.

Con el tiempo, una rama puede dividirse en dos; cada punto de esta ramificación registra el breve período (es improbable que fuera instantáneo) en que toda una población que constituía una sola especie ancestral se dividió en dos. Es importante señalar que una especie debe dividirse en dos poblaciones aisladas (separadas quizá por un río o una cordillera) antes de convertirse en especies diferenciadas. Desde el momento en que las dos poblaciones quedan aisladas, ya pueden evolucionar con independencia la una de la otra y en direcciones distintas (sus genes ya no se mezclan continuamente por medio del sexo). Esta capacidad para cambiar independientemente resulta en dos especies distintas, y a esta creación de dos especies a partir de una sola la llamamos «especiación».

Cuanto más tiempo pasa, más distintas se vuelven probablemente las especies. Para el árbol de Haeckel, esto significa que las especies cuyas ramas se separaron a muy poca altura, y por tanto hace mucho, han tenido tiempo sobrado para desarrollar diferencias muy acentuadas, mientras que las ramas que se dividen cerca de la cúspide del árbol separan especies mucho más similares, como, por ejemplo, chimpancés y humanos.

En una decisión que hoy no se vería con buenos ojos, el árbol de Haeckel trata deliberadamente de manera especial a ciertos grupos. En el ápice de sus tres grandes ramas, el naturalista alemán colocó a los que consideraba los miembros más avanzados de cada una. En la gran rama animal, las ramas más elevadas del árbol son las aves y los mamíferos, no los moluscos ni las lombrices, mientras que las ramas superiores de la gran rama vegetal son las plantas con flor (angiospermas), con las algas, los líquenes y los hongos relegados a un lugar inferior. Para conseguir este resultado, Haeckel se tomó ciertas libertades en la relación entre el paso del tiempo y la longitud de las ramas. Como la raíz representa el único antepasado común del que proceden todas las especies modernas, y las puntas de las ramas corresponden a las especies que viven hoy, las historias de todas las especies vivas son igual de largas y, por tanto, deberían colocarse a igual distancia de la raíz.

Los árboles de la vida se fueron volviendo menos bellos pero más prácticos que el de Haeckel, y a lo largo del siglo y medio siguiente se han ido estableciendo convenciones sobre cómo dibujarlos con el fin de que su interpretación resulte fiable. Para demostrar lo que un árbol de la vida puede contarnos, la figura 2 es un ejemplo sencillo que considera cuatro animales conocidos: una vaca (mamífero placentario), un ornitorrinco (encantador pero rarísimo mamífero ovíparo o monotrema), una carpa dorada (pez óseo) y una mariposa (insecto).

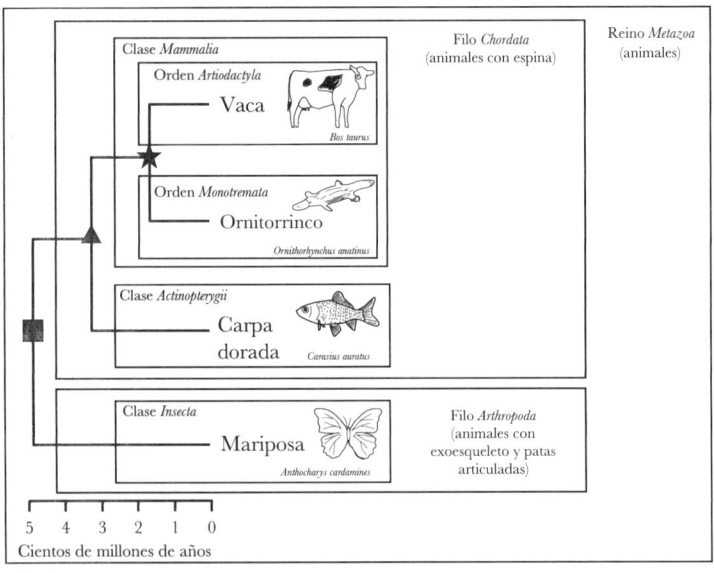

FIGURA 2: Lo que se puede entender de un árbol sencillo que emparenta a cuatro animales.

Por suerte, como los árboles son ideales para mostrar las relaciones evolutivas, es fácil comprender lo más relevante que muestra este árbol: el parentesco entre los cuatro animales representados. En primer lugar, la vaca y el ornitorrinco son los parientes más próximos. La siguiente especie que más se aproxima a la vaca y al ornitorrinco es la carpa dorada, con la que ambos mamíferos mantienen un parentesco igual de cercano. Por último, la mariposa es la más alejada de las otras tres especies y mantiene un parentesco igual de remoto con todas ellas. Podemos comprobarlo midiendo la distancia total horizontal hasta cada especie desde la base del árbol. Todas estas distancias horizontales, que muestran el tiempo transcurrido, son idénticas. (Las longitudes de las partes verticales del árbol, por el contrario, no dicen nada y están dibujadas arbitrariamente para facilitar la comprensión de la figura.) Aunque mi árbol, a diferencia del de Haeckel, se ajusta a la regla de que las longitudes de las ramas deben indicar el paso del tiempo, no he intentado que las distancias relativas entre las distintas ramas se correspondan con la cantidad de tiempo realmente transcurrido. El antepasado de los dos mamíferos no tenía ni la mitad de la edad del antepasado de los mamíferos y peces, como se infiere de las longitudes de las ramas de mi árbol.

También podemos leer el árbol de abajo arriba (aunque en este ejemplo la raíz está situada a la izquierda, luego hay que leer el árbol de izquierda a derecha), partiendo de la raíz indicada por el cuadrado negro, para seguir el curso de los acontecimientos evolutivos que dieron como resultado las cuatro especies hoy vivas. El cuadrado negro representa el antepasado común de los cuatro animales del árbol, que únicamente podemos imaginar, porque no ha dejado huella de su existencia. Su parentesco con las cuatro especies es igual de lejano, lo que significa que, aunque pensáramos que el insecto es el más simple, en realidad no se halla más próximo al antepasado animal que los mamíferos complejos.

En algún punto del tiempo, aquella única especie desconocida que fue el antepasado animal común se dividió en dos especies nuevas que, en cuanto fueron independientes la una de la otra, empezaron a divergir, a evolucionar, hasta diferenciarse cada vez más. De la evolución de una de estas especies antiguas surgieron todos los artrópodos, como la mariposa mostrada aquí, pero también los escorpiones, las abejas, los cangrejos y las arañas; y de la evolución de la otra, todos los vertebrados: la carpa dorada, la vaca y el ornitorrinco (dinosaurio, salamandra, gallina...). Ascendiendo (en este ejemplo, moviéndonos de izquierda a derecha) por el lado de los vertebrados de nuestro árbol, el triángulo negro muestra al antepasado común de todos los vertebrados. Un antepasado bastante curioso porque, aunque sin duda vivía en el mar y se parecía mucho más a una carpa dorada que a una vaca —un animal terrestre— o a un ornitorrinco, nuestro árbol nos dice que su parentesco es igual de lejano con las carpas doradas vivas que con la vaca o el ornitorrinco vivos. Por último, vemos el antepasado común de los dos mamíferos, representado con una estrella negra; este animal era un mamífero (por tanto, con pelo y glándulas mamarias), pero, igual que el ornitorrinco y a diferencia de casi todos los otros mamíferos, ponía huevos.

La escala temporal de mi árbol es completamente imaginaria, empezando por el antepasado de todos estos animales, que (según el árbol) existió hace 500 millones de años, y terminando con los animales hoy vivos, es decir, hace cero años. Con esta escala temporal podemos convencernos de que los mamíferos no quedan más lejos del antepasado animal común que la mariposa, y de que la cercanía de parentesco de la mariposa es la misma con la carpa dorada, con la vaca y con el ornitorrinco. Si la escala temporal fuera exacta, nos permitiría determinar la distancia evolutiva entre dos especies vivas cualesquiera midiendo la longitud total de las ramas horizontales que las separan. Esta escala nos permite asimismo calcular cuándo vivieron los antepasados comunes. Según mi árbol, el antepasado común más reciente de la vaca y el ornitorrinco —el antepasado mamífero común—

vivió hace unos 200 millones de años.** También vemos que, por muy antiguo que sea el antepasado vertebrado común (el triángulo), por fuerza debe ser más antiguo que el antepasado mamífero común (la estrella); y que el antepasado común de los cuatro animales será más antiguo que cualquiera de las especies (vivas o extintas) que de él descendieron.

Por último, para leer un árbol hay que entender que el orden de las especies de arriba abajo, en la medida en que puede variar sin alterar el parentesco, es arbitrario. En la figura 3 muestro el mismo árbol que emparenta a la vaca, el ornitorrinco, la carpa dorada y la mariposa, pero con un dibujo diferente. Los tres árboles transmiten exactamente la misma información, que reside en el patrón de ramificación y en las longitudes horizontales de las ramas.

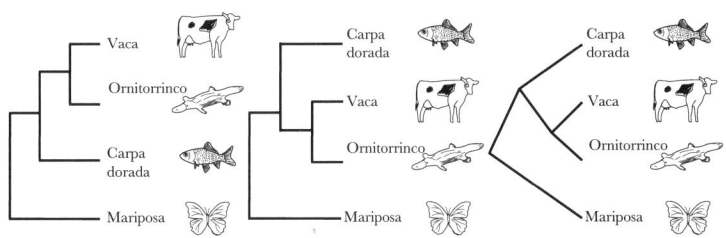

FIGURA 3: Tres árboles que presentan distintos dibujos pero cuentan la misma historia.

Hemos visto que clasificaciones de la vida más antiguas, como la de Linneo, aunque sean inevitable e intrínsecamente evolutivas (clasifican el resultado de la evolución), datan de una época en la que era inimaginable el concepto de un origen único de la vida. La clasificación de Linneo pretendía ser útil, pero Linneo ni por asomo sospechaba que estuviera haciendo un compendio de la historia de la vida. Haeckel era

** Después de escribir estas líneas, me pareció que debía revisar la edad real del antepasado mamífero común, y me satisface decirles que mi árbol imaginario ha dado en la diana: según cálculos recientes, los primeros mamíferos vivieron hace entre 251 y 165 millones de años.

un hombre brillante y, por lo que parece, firmemente convencido de sus capacidades. Como escritor no se andaba con medias tintas al evaluar el trabajo ajeno. En un pasaje que merece la pena citar al completo, descubrimos su nula estima por clasificadores anteriores de la vida como Linneo, cuyos empeños casi despreciaba considerándolos una labor de filatelistas.

> La mayoría de los naturalistas que hasta ahora se han ocupado de clasificar los diversos sistemas de animales y plantas han agrupado, designado y ordenado las distintas especies de estos conjuntos naturales con el mismo interés con el que anticuarios y etnógrafos reúnen las armas y utensilios de diferentes pueblos. Muchos no han superado el nivel de conocimientos con el que la gente suele coleccionar, etiquetar y ordenar blasones, sellos y curiosidades similares. [...] Este tratamiento infantil de la zoología y la botánica sistemáticas queda completamente aniquilado [*gründlich vernichtet*] por [...] la teoría de la descendencia [de Darwin]. En lugar de la superficialidad [...], ahora nos mueve el interés muy superior de la comprensión inteligente que detecta en las formas afines de los organismos su verdadero parentesco sanguíneo.[12]

Con el debido respeto por las extraordinarias aportaciones de Linneo y sus discípulos, a Haeckel no le falta razón. En *El origen de las especies*, Darwin escribió que toda «verdadera clasificación es genealógica; esa descendencia común es el vínculo oculto que los naturalistas han estado buscando inconscientemente, y no algún ignoto plan de creación, ni [...] el mero agrupamiento y separación de objetos más o menos iguales».[13] La teoría de la evolución transforma el sistema clasificatorio de Linneo en una herramienta valiosísima para comprender miles de millones de años de evolución. La evolución proporciona una sola explicación, sencilla pero brillante, del orden existente en el sistema de Linneo. Además, como el orden proviene de una historia evolutiva única y verdadera, al configurar esa clasificación hay un solo ideal perfecto que buscar (a diferencia de lo que ocurre con los libros de una biblioteca o con los sellos), una verdad que descubrir. Y, como veremos en el capítulo siguiente, el mecanismo de la evolución facilita las pistas que necesitamos para que resulte factible descubrir esa verdad.

LA VENUS ATRAPAMOSCAS Y OTROS PARIENTES IMPROBABLES

Un infortunado escarabajo sube por el tallo de una plantita que medra entre la humedad musgosa de un pantano. La luz del sol le llega en abundancia y el agua es ilimitada, pero por la falta de nutrientes esenciales este es un medio difícil para prosperar, y en derredor apenas hay otras formas de vida vegetal que puedan interesar al insecto. La morfología de la planta no tiene nada de particular: pequeña, pegada al suelo y en general bastante desgarbada, con una maraña de hojas jóvenes, maduras y moribundas muy separadas; tampoco su flor blanca de cinco pétalos es muy bonita que digamos. Pero, pese a lo poco que promete (no se distingue por su tamaño, forma ni color), es una celebridad entre las plantas porque posee características ciertamente peculiares. Sus cualidades más sorprendentes solo se revelan cuando el pobre escarabajo entra en una de sus extrañas hojas rojas de olor dulzón. Al principio no ocurre nada, pero el peso del insecto ha doblado los pequeñísimos pelos en la superficie de la hoja, lo que pone a toda la hoja en alerta máxima. Al siguiente movimiento del escarabajo, a la siguiente presión sobre los pelos, la extraña hoja saca a relucir su auténtica naturaleza: es una trampa cuyas dos mitades se cierran de pronto, atrapando al escarabajo en una minúscula prisión. El último paso no requiere tanta prisa: el escarabajo ya no va a ninguna parte. Durante varios días, la sopa química que rezuman las paredes de la celda disolverá el cuerpo del insecto. Los nutrientes extraídos del escarabajo —nitrógeno para fabricar proteínas y fósforo para fabricar ADN— son el secreto de la planta para sobrevivir en el pantano.

Nuestra anodina planta es, naturalmente, la famosa venus atrapamoscas. Su estricta dieta de luz solar aderezada con la carne de moscas, hormigas, arañas, escarabajos y alguna rana pequeña la ha erigido en la indiscutida reina vegetal de los pantanos. A efectos de ver en acción el proceso evolutivo, la venus atrapamoscas es un ejemplo tan válido como cualquier otra especie del árbol de la vida. Vamos a comprobar cómo la pequeña parte del árbol de la vida que describe la evolución de la venus atrapamoscas y tres de sus parientes más próximos crece a partir de su antepasado común. Conoceremos tres aspectos importantes del crecimiento del árbol de la vida: cómo se crean nuevas especies; la aparición de características nuevas en estas nuevas especies; y la transmisión de estas características a las generaciones posteriores.

El comportamiento carnívoro es una característica que la venus atrapamoscas comparte con un reducido número de plantas —rocíos de sol, plantas odre, bromelias— y, en una muestra de la fascinación innata que ejerce esta extraña forma de vida, también con los imaginarios trífidos y *Audrey II* de *La pequeña tienda de los horrores*. Maravillados, los botánicos del siglo XVIII describieron esta rara mezcla animal y vegetal como anfibia (porque lleva una doble vida).

De todas estas plantas carnívoras, la venus atrapamoscas y el rocío de sol son las más parecidas a los animales: no solo comen carne, sino que detectan su presa y son capaces de moverse para capturarla. Precisamente fueron estas insólitas cualidades las que cautivaron a Charles Darwin, que, aparte de sus trabajos sobre lombrices, percebes y gusanos flecha (con la ayuda de su hijo Francis), las estudió y experimentó con ellas de manera intermitente durante quince años. En 1860 (inmediatamente después de publicar *El origen de las especies*), Darwin escribió al geólogo Charles Lyell que «en el momento presente me interesa más la *Drosera* [el rocío de sol] que el origen de todas las especies del mundo».[1] Darwin publicó sus hallazgos en 1875 en un libro titulado *Plantas insectívoras*.[2]

La historia del descubrimiento de la venus atrapamoscas por los botánicos europeos estuvo en sus inicios teñida de indignidad. En la década de 1760, los europeos descubrieron lo que los nativos norteamericanos («no recuerdo ahora si los cheroquis o los cataubas»)[3] llamaban un *tipitiwitchet*. La palabra, suponiendo que la historia sobre su origen no sea una pura invención, puede que se acercara más a *titipiwitshik*, que significa 'las [hojas de la trampa] que envuelven'.[4] Los primeros especímenes llegados a Europa fueron recolectados por un botánico «diligente e infatigable», John Bartram, un cuáquero de Filadelfia que los había encontrado en «pantanos más allá de las montañas azules» (probablemente en Carolina del Norte).[5] Aquellos primeros botánicos quedaron fascinados por la vida anfibia de estas plantas, pero parece que los cautivó aún más la evidente semejanza que advirtieron entre la trampa de la planta y los genitales femeninos: dos lóbulos carnosos, rojos en el centro, rodeados de pelos, sensibles al tacto y capaces de agarrar a su presa. El notorio parecido entre la palabra original *titipiwitshik* y el obsceno vocablo jergal *tippet-de-witchet* ('vagina') no hacía más que reforzar la analogía. Algunas insinuaciones de sus cartas apoyan esta idea («mi pequeño y sensible *tipitiwitchet* [sic] estimula la risa entre vosotros, mirones»),[6] pero la prueba de la puerilidad de los botánicos se revela cuando uno de ellos se queja de que el recién casado gobernador de Carolina del Norte no les facilita especímenes de venus atrapamoscas: «Ya no sirve de nada escribirle pidiéndole semillas o plantas de *tipitiwitchet*, porque tiene una con la que jugar».[7] La diosa del amor es el origen evidente del nombre «venus», pero la primera publicación que describe y designa oficialmente la planta reescribe la salaz historia. El artículo «A new sensitive plant discovered» [Descubrimiento de una nueva planta sensible] fue publicado en 1768 por John Ellis en *London Magazine, or, Gentleman's Monthly Intelligencer* (una revista que sin duda se debería volver a editar; el trabajo de Ellis apareció entre los artículos «Remarks on Tooth Powders» [Observaciones sobre la pasta dental en polvo] y «The Particulars of the barbarous Murder of the celebrated Abbe Winckelmann» [Los pormenores del bárbaro asesinato del afamado abate Winckelmann]). Ellis escribe que «por la bella estampa de sus flores lechosas y la elegancia de sus hojas, [el doctor Solander] pensó que merecía uno de los nombres de la diosa de la belleza y, por consiguiente, la llamó *Dionaea* [hija de Dione, es decir, Venus]».[8] El nombre de la especie es *Dionaea muscipula*, una amalgama entre ratonera (en latín, *muscipula*) y mosca (en latín, *musca*).

Como todas las especies, la venus atrapamoscas es única por algunas de sus características, pero el lugar específico que ocupa en el árbol de la vida se debe a otros rasgos que comparte con sus parientes más cercanos. La historia evolutiva de esta insólita planta puede guiarnos a la hora de abordar la cuestión que subyace en el último capítulo: ¿por qué fueron tan atinadas las clasificaciones preevolutivas de Aristóteles, Linneo y otros? ¿Por qué sus clasificaciones «naturales» se corresponden tan exactamente con las realizadas después, cuando ya se conocía la evolución darwiniana? ¿Y por qué a los humanos les resulta tan sencillo reconocer que una jirafa y una carpa dorada deben ir en una rama del árbol y un alga y una grosella en otra? Ciñámonos a un ejemplo concreto y veamos tres plantas carnívoras emparentadas con la venus atrapamoscas.

La característica más notable de la venus atrapamoscas es, por supuesto, su trampa. La evolución la ha conformado agrandando y modelando una hoja hasta asemejarla a una concha bivalva de mejillón bordeada de espinas; es una suerte de cepo. El pariente más cercano de la venus atrapamoscas es una planta acuática llamada «rueda de agua» (género *Aldrovanda*, por el naturalista italiano Ulisse Aldrovandi), que tiene trampas de cepo más pequeñas agrupadas en torno al tallo; cada verticilo con trampas se parece a los cangilones de la noria de un molino. La especie más cercana a estas dos con trampas de cepo es el rocío de sol (género *Drosera*, del griego *drosos*, 'gotas de rocío'), denominada así por los tentáculos brillantes y pegajosos que recubren sus hojas. Estos tentáculos, cada uno de los cuales exuda una gota pegajosa, recuerdan a los alfileres de un acerico y forman un tipo distinto de trampa que funciona al modo de las tiras matamoscas. Con todo, la tira matamoscas del rocío de sol comparte características importantes con la trampa de cepo: la forma en ambos casos resulta de la modificación de las hojas, y las dos son sensibles al roce de un insecto y responden moviéndose para atrapar la comida.

La última especie de planta carnívora de la que vamos a ocuparnos —el pariente más lejano de la venus atrapamoscas— es el pino de rocío (género *Drosophyllum*, 'hojas cubiertas de rocío'), que durante mucho tiempo se clasificó como el pariente más cercano del rocío de sol. Esta especie también posee tentáculos para atrapar insectos, con rocío en los extremos, pero cubren toda la planta, incluso los sépalos que ciñen sus pequeñas flores amarillas. El pino de rocío es mayor que el rocío de sol —hasta 20 centímetros—, y al nivel del suelo la rodea un feo revoltijo de hojas viejas y muertas. El rasgo que diferencia al pino de rocío del rocío de sol, la venus atrapamoscas y la rueda de agua es su incapacidad para detectar la presencia de insectos y mover sus hojas como respuesta.

Es sorprendente la larga historia evolutiva de las plantas carnívoras. Si quisiéramos conocer al antepasado carnívoro más antiguo de la venus atrapamoscas, tendríamos que retroceder unos 90 millones de años, hasta el Cretácico tardío. Esto fue no mucho después de la aparición, diversificación y extensión de las plantas de flor —las angiospermas—, que reemplazaron a las gimnospermas (las coníferas y sus parientes) como la flora terrestre dominante. Se supone que las angiospermas y sus flores evolucionaron a la par que los insectos, con los que consumaron su matrimonio ofreciendo néctar y recibiendo a cambio servicios de polinización. La innovación compartida por nuestras cuatro especies carnívoras —una hoja modificada que atrapa y mata insectos— dio un vuelco a la dulce relación entre planta e insecto. Las primeras plantas del linaje incrementaron enormemente el vello que cubre las hojas de casi todas las plantas florales hasta formar un césped de «tentácu-

los». Cada tentáculo acaba en una glándula que segrega un flui-
do pegajoso, y estas hojas atrapainsectos fueron la llave de las
plantas carnívoras para penetrar en el reino de los pantanos.
Una de las grandes paradojas de estas plantas insectívoras es que dependen de los insectos para polinizarse: un círculo
que consiguen cuadrar situando sus flores al final de un largo
tallo, lo que mantiene a las especies polinizadoras lo más lejos posible del peligro de las trampas. Para facilitar el sexo
entre las plantas es esencial una comunidad de polinizadores
activos. El sexo garantiza la mezcla constante de los genes
existentes en la especie, lo que la mantiene integrada y relativamente homogénea. Solo dividiendo esta población puede
cada una de las partes separadas empezar a diferenciarse;
para que una especie acabe convirtiéndose en dos, ha de evi-
tarse el sexo entre las dos partes separadas. Y este proceso
de especiación fue fundamental para que una sola especie
ancestral derivara en las cuatro vivas de hoy.

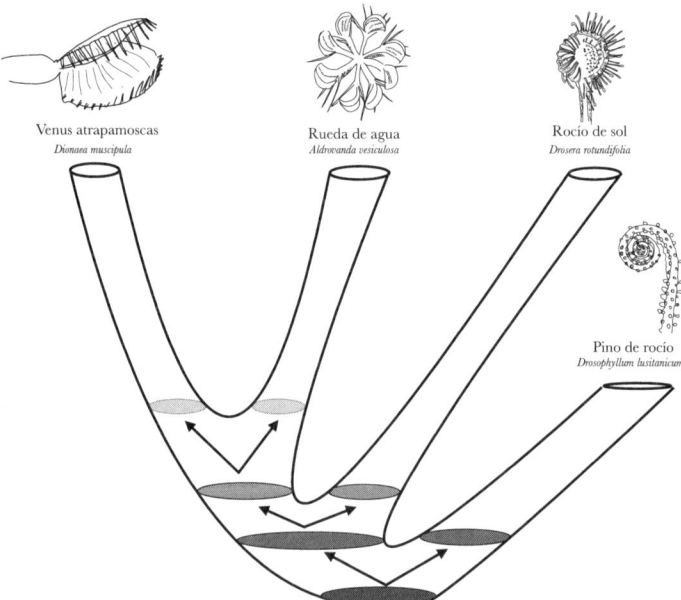

FIGURA 4: Árbol que emparenta cuatro especies de plantas insectívoras y muestra cómo se dividen las poblaciones para formar ramas nuevas.

En aras de la simplicidad, vamos a suponer que de repente se ha alzado una cordillera en medio de nuestra población y la ha dividido en dos. Nuestra única especie primigenia se encuentra ahora en dos poblaciones reproductivamente aisladas, libres para evolucionar hasta convertirse en dos especies distintas (figura 4). Después de algunos millones de años más (y una sección igual de larga de la rama correspondiente), una de estas dos especies se divide a su vez y, pasadas otras cuantas decenas de millones de años, una de las dos nuevas ramas se divide para formar otras dos. Primero una especie se ha dividido en dos, después dos han pasado a ser tres, y cuando finalmente una de estas tres se divide otra vez, terminamos teniendo cuatro.

Este sucinto relato de la evolución de cuatro especies consta solo de dos componentes —la especiación y el tiempo—, pero incluso este modelo tan simple muestra varios elementos íntimamente relacionados. El árbol aquí representado ilustra los dos aspectos de la historia: los momentos en los que ocurrió la especiación (los puntos donde se separan las ramas) y el tiempo transcurrido entre las separaciones (el crecimiento de las ramas del árbol). Siguiendo el camino de las ramas que conectan a dos especies vivas cualesquiera, podemos leer la proximidad de su parentesco y ver cuánto tiempo hace que vivió su antepasado común. También observamos que existe un orden lógico en los sucesos de especiación: los que separaron a grupos más grandes e inclusivos ocurrieron necesariamente antes que los que separaron a grupos más pequeños y exclusivos. La división que separó al rocío de sol de las dos especies con trampas de cepo tuvo que ocurrir por fuerza antes que la que separó a la venus atrapamoscas de la rueda de agua.

Nuestro modelo de «especiación más tiempo» es útil por su sencillez, pero en realidad nos ofrece solo un bosquejo muy rudimentario de la historia de la evolución. Nuestras cuatro especies no son páginas en blanco cuyo atributo más destacado es la capacidad para especiarse y perdurar. Cada especie es una maquinaria compleja con un conjunto de características observables, lo que se llama un «fenotipo» (del griego *phaínō*, 'parecer' o 'mostrar'). No solo cada especie tiene una apariencia propia, sino que su fenotipo cambia con el tiempo como resultado de la evolución por selección natural. En las ramas de nuestro arbolito se han producido incontables cambios, sutilísimos en muchos casos y evidentes en otros, como los que dieron lugar a las trampas de cepo de la venus atrapamoscas y la rueda de agua. Añadamos ahora colorido a las ramas desnudas de nuestro tosco árbol sumándoles algunas de las características que observamos en los cuatro protagonistas (figura 5). Si empezamos por la raíz, encontramos que una gran parte del trabajo evolutivo ya está hecho: las cuatro especies, además de poseer los numerosos atributos de la rama de angiospermas del árbol de la vida (hojas, flores, cloroplastos, semillas, etc.), han heredado de su antepasado común más reciente la capacidad de atraer, capturar y digerir insectos.

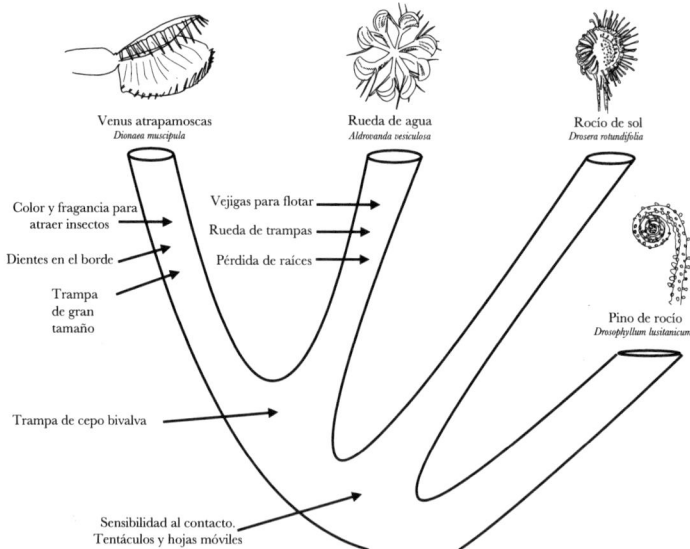

FIGURA 5: Árbol con cuatro especies de plantas insectívoras que muestra cómo se acumulan características nuevas con el tiempo.

De las dos ramas que se separan en el punto más próximo a la base del árbol, vamos a prescindir del pino de rocío (ha cumplido su finalidad de mostrar las características presentes en el antepasado). Observemos lo que ocurre con la otra rama, la que conduce al rocío de sol, la venus atrapamoscas y la rueda de agua. Se supone que hace unos 70 millones de años (es muy difícil datarlo con precisión), el antepasado de las tres mejoró la trampa pegajosa que había heredado desarrollando la capacidad de detectar la presencia de un insecto cuando toca los tentáculos de sus hojas, así como la de mover sus tentáculos e incluso envolver con sus hojas al pobre insecto para atraparlo con firmeza. Estas innovaciones las comparte actualmente con el rocío de sol, la rueda de agua y la venus atrapamoscas.[*] Millones de años después, en algún punto de la rama que conduce hasta la rueda de agua y la venus atrapamoscas, se descubrió la ventaja de atrapar insectos más grandes.[9] La hoja se ensanchó y empezó a transformarse hasta volverse bivalva, de manera que cada lado, mediante las espinas situadas en sus bordes, era capaz de encajarse con el otro para retener a la víctima. El antepasado común más reciente de las dos especies con trampa de cepo transmitió a sus dos descendientes dicha trampa, que era sensible al menor contacto, se cerraba rápidamente y estaba preparada para digerir los tejidos de la presa que, como resultado de su evolución, hubiera atrapado.

Otros 10 o 20 millones de años después, las ramas de nuestro árbol que conducían, en última instancia, a la venus atrapamoscas y la rueda de agua se separaron, y los cambios

---

[*] Esta sensibilidad al contacto es extrema. Ya en sus primeros estudios sobre el rocío de sol, Darwin informó a J. D. Hooker en una carta de 1860: «Te hago saber un hecho tan cierto como que ahora estás donde estás, aunque no darás crédito, y es que un pelo con un peso 78 000 veces inferior al de un grano de trigo depositado sobre una glándula provoca que se combe hacia dentro uno de los vellos de la Drosera» (Darwin Correspondence Project, «Carta vol. 2991», consultado el 11 de septiembre del 2024).

operados en cada una dieron lugar a las plantas diferenciadas que conocemos hoy. La venus atrapamoscas se ha achaparrado, y sus trampas se han agrandado para apresar no tanto insectos voladores como escarabajos —mayores y más jugosos—, hormigas y arañas; además, para atraer mejor a los insectos que buscan néctar, su trampa ha desarrollado múltiples espinas largas en los bordes, un olor intenso y un vivo color rojo. La rueda de agua ha cambiado de modo aún más ostensible al trasladarse de la tierra húmeda a aguas abiertas. Sus trampas han reducido su tamaño y número de espinas, lo que hace que estén mejor dotadas para atrapar moscas de agua y quizá larvas de insectos. Asentada ya fuera de la tierra, ha prescindido por completo de raíces superfluas y generado bolsas de aire en el tallo para asegurar la flotación y aprovechar al máximo su exposición a la luz solar.

Para permitir su transmisión a las generaciones futuras, los múltiples cambios que trae aparejados la evolución de estas nuevas características deben codificarse en el ADN de las plantas. Aunque todavía es complicado predecir cómo se vinculan los cambios en el ADN (cambios en el genotipo) con los cambios en las características observables (cambios en el fenotipo), de vez en cuando la conexión resulta evidente. Por ejemplo, algunos de los genes que codifican el crecimiento de las raíces en las plantas terrestres se han perdido en el genoma de la rueda de agua, un cambio beneficioso para una planta que estaba abandonando el suelo.[10] La nueva ausencia de raíces puede transmitirse ahora de generación en generación codificada en el ADN modificado. La exactitud del copiado del ADN (los genetistas emplean la palabra «fidelidad») es asombrosa: el genoma humano, como ejemplo bastante representativo, consta de más de 3000 millones de letras individuales de ADN, y cuando este inmenso libro se copia y pasa de padres a hijos, solo una de cada 37 millones de letras se habrá copiado erróneamente. Si se copiaran todos los volúmenes de la *Enciclopedia británica*, esa misma tasa de error daría como resultado ocho únicas erratas. Tal fidelidad permite que los cambios que aparecen en un antepasado se transmitan con exactitud a los descendientes durante cientos o incluso miles de millones de años. Es precisamente la fidelidad con la que las características desarrolladas en un linaje ancestral (un tentáculo pegajoso, la capacidad de moverse o una trampa de cepo) pasan a todos los descendientes de ese antepasado lo que hace que tales características sean la manera perfecta de identificar a los grupos de especies emparentadas.

La consecuencia de este modelo combinado de especiación, unido al desarrollo y herencia de nuevas características, es que los organismos con un parentesco estrecho (p. ej., especies de un mismo género) comparten más características que los organismos con un parentesco lejano. Esto es verdad, por supuesto, pero merece la pena desentrañar el motivo. Las especies pertenecientes al mismo reino compartirán características comunes a todos los miembros de ese reino. Dos animales, por ejemplo, heredarán todas las características pertenecientes al último antepasado animal común (p. ej., el ADN en un núcleo, la pluricelularidad, el movimiento mediante músculos, un intestino, algún tipo de sistema nervioso). Un caracol y una ballena —ambos del reino animal pero en filos diferentes y, por tanto, con un parentesco muy lejano— comparten estas características animales universales, pero no otras. Las ramas que conducen a los caracoles y a las ballenas se separaron hace poco más de 500 000 millones de años, cuando vivió su último antepasado común, mientras que desde entonces han evolucionado por separado. Contrástese este caso con el de dos especies emparentadas a nivel de género, como un león y un tigre: tendrán en común los caracteres del reino al que ambas pertenecen, pero también los de su filo (vertebrados), clase (mamíferos), orden (carnívoros), familia (félidos) y género (*Panthera*) compartidos. El resultado, naturalmente, es que dos especies del mismo género felino tienen en común muchísimas características. Dos grandes felinos estrechamente emparentados parecen muy similares, y esta semejanza se halla escrita en su ADN.

Una implicación que puede no resultar tan evidente es que las propias características tienen distintas edades y, por consiguiente, distribuciones más o menos amplias o restringidas en el árbol de la vida. Las características que definen a los reinos surgieron mucho antes que las que definen a los géneros. Además, las características distintivas de los reinos aparecen en muchas especies (en todos los miembros del reino), mientras que las que son propias del género solo se encuentran en el puñado de especies de ese género. Aplicándolo a nuestro caso, la pluricelularidad de nuestro reino animal (un cuerpo formado por muchas células cooperantes) se desarrolló en el Precámbrico, hace quizá 600 millones de años, y es común a los aproximadamente ocho millones de especies animales (entre ellas, por supuesto, los caracoles y las ballenas). La capacidad de hablar surgió hace varios millones de años y solo se encuentra en una especie viva.

Tomando en cuenta todo esto, nos hallamos en situación de responder a la pregunta que formulamos al principio de este capítulo, la de por qué nos cuesta tan poco (y, con más pertinencia, les resultó tan fácil a Aristóteles y Linneo) clasificar los organismos de modo que se correspondan con sus parentescos evolutivos. El modelo ramificado de los parentescos, unido a la aparición en especies ancestrales de características nuevas que son heredadas por sus descendientes, es el motivo por el que las clasificaciones naturales de Aristóteles y Linneo, basadas únicamente en lo que podían observar, terminan reflejando el árbol evolutivo de la vida. Las ramas con un parentesco más lejano son más disímiles, y como Aristóteles y Linneo fundaron sus clasificaciones en características *que se comportan del modo descrito* —con cambios ocasionales transmitidos de generación en generación—, estos dos brillantes científicos propusieron clasificaciones que se ajustaban a la historia evolutiva de la vida.

Seguro que ya te habrás percatado de que nuestro árbol nos ha permitido viajar atrás en el tiempo. Podemos leerlo para descubrir cuándo aparecieron los caracteres por primera

vez y vislumbrar así el fenotipo del antepasado común del rocío de sol, la rueda de agua y la venus atrapamoscas, una especie que nunca podremos ver físicamente. Estos antepasados
son organismos anónimos, representados por un instante en
el árbol de la vida allí donde dos ramas se separaron, pero hay
otros antepasados cuya existencia es mucho más tangible,
dado que se encuentran en el registro fósil. Cómo podemos
incorporar estos fósiles al árbol de la vida —del que forman
parte en igual medida que cualquier ser vivo actual— y qué
nos pueden decir sobre la historia de la vida en la Tierra es lo
que nos aventuraremos a abordar a continuación.

UN PRIMO LEJANO DE LAS PROFUNDIDADES OCEÁNICAS

En 1978 se descubrió una larga sucesión de huellas fosilizadas aparentemente humanas, junto con huellas y restos fósiles de otras especies de mamíferos, aves, reptiles, moluscos e insectos, sobre una capa de ceniza volcánica en un lugar llamado Laetoli, cerca del Parque Nacional del Serengueti, en Tanzania.[1] La capa de ceniza tiene unos 3,66 millones de años, lo que significa que las huellas debió de dejarlas algo (¿alguien?) que estaba vivo antes de este remotísimo punto del tiempo. Corresponden a tres individuos que caminaban uno junto a otro sobre una reciente precipitación de ceniza, y, aunque su modo de andar era algo distinto del de los humanos modernos, queda claro que lo hacían erguidos sobre dos piernas. Eran parientes de los humanos, pertenecientes a la especie *Austrolopithecus afarensis*, a la que se conoce por fósiles de la misma época aparecidos en la región, como el de la famosa Lucy.

Estos fósiles de *Australopithecus* nos conducen a un lugar en el árbol de la vida que nunca podríamos visitar si nos limitáramos a estudiar las especies que sobreviven hoy. Somos bípedos, pero los chimpancés, nuestros parientes vivos más cercanos, no lo son. Por la escasa información que podemos extraer comparando a los humanos vivos con los chimpancés, sabemos con certeza que el bipedalismo surgió en algún momento de los 8 millones de años transcurridos desde que el linaje de los humanos se separó del de los chimpancés, pero no podemos determinar el momento exacto en el que se produjo esa escisión en el vasto arco temporal. Las huellas fósiles de Laetoli arrojan luz sobre este borroso período de 8 millones de años: son la evidencia directa de que los humanos ya habían desarrollado la capacidad de caminar sobre dos piernas hace 3,6 millones de años.

Esta instantánea de la vida que llevaban aquellos parientes lejanos de los humanos, y concretamente la evidencia que aporta de una característica compartida con nuestra propia especie, es un útil recordatorio de que, igual que estos antiguos homininos bípedos, casi toda la diversidad de la vida que ha existido a lo largo del tiempo se halla hoy extinta. Los millones de especies que viven hoy constituyen una fracción insignificante de los miles de millones de especies que han poblado la Tierra.

Desde el punto de vista de nuestra interpretación del árbol de la vida, casi todo lo que es cierto de las especies vivas lo es también de las especies que solo conocemos por sus fósiles, y estos pueden incluirse directamente en nuestro árbol de la vida. Cada fósil lo formó un individuo que murió hace muchísimo tiempo; su ramita no alcanza la cúspide del árbol de la vida, sino que termina más abajo, lo que marca su desaparición en algún momento del pasado. En un árbol de la vida, una especie fósil arroja la misma información que una especie viva: su parentesco con otras especies y el lapso temporal de su existencia en la Tierra. Además, los fósiles se incluyen en la misma clasificación que las especies vivas: un trilobites fósil pertenece al filo de los artrópodos, un amonites es un molusco, un perezoso gigante es un mamífero. Por último, como ocurre con las especies vivas, los fósiles comparten el máximo número de características con las especies, vivas o muertas, con las que mantienen un parentesco más cercano.

Los fósiles de especies extintas, aparte de estar muertos, se diferencian de los seres vivos en otros aspectos relevantes, siendo lo más evidente lo que se conserva y lo que (por lo general) no se preserva en un fósil. Lo más importante —y esto vale para la inmensa mayoría de los fósiles— es que no podemos acceder a su ADN, porque este, junto con los tejidos blandos, se degrada con rapidez. Pese a lo que recrea *Parque Jurásico*, el ADN intacto más antiguo descubierto hasta hoy tiene 2 millones de años; viejísimo, desde luego, pero en aquel remoto momento los dinosaurios llevaban extintos 63 millones de años. Para situarlo en perspectiva, los 2 millones de años que podría haber sobrevivido el ADN cubren solo el último 0,3 % de la historia del reino animal y únicamente el último 0,05 % de la historia completa de la vida. El ADN es una herramienta utilísima para construir el árbol de la vida, pero para colocar en este árbol a la mayoría de las especies extintas debemos basarnos en los caracteres que han perdurado.

Naturalmente, es muchísimo más probable que las partes duras, como los huesos y, sobre todo, los dientes, permanezcan intactas el tiempo suficiente para producir un fósil que los tejidos blandos. Casi todo el registro fósil de los mamíferos está compuesto por dientes, lo que resulta algo decepcionante. Con maravillosas excepciones como las huellas de Laetoli, los registros fosilizados de movimiento, color y comportamiento son más raros todavía que la carne fosilizada, por lo que disponemos de una imagen biológica muy incompleta de las especies extintas. No obstante, de vez en cuando podemos dar este salto atrás valiéndonos de especies vivas que parecen congeladas en el tiempo. Seres antiguos que viven entre nosotros como un cavernícola entre el gentío de Trafalgar Square.

Nuestro árbol de plantas carnívoras mostraba la división de las especies y el paso del tiempo, y hasta ahora he dado por sentado que las longitudes de las ramas de un árbol de la vida nos indican el tiempo transcurrido. Debo admitir que he sido un poco cicatero con la verdad. Con frecuencia, lo que realmente muestra la longitud de una rama es la magnitud del cambio. Lo habitual es que el número de cambios guarde una estrecha correlación con el tiempo transcurrido —a más años, más cambios—, de ahí que la longitud de la rama indique aproximadamente cuánto tiempo ha pasado. Pero a veces la correlación se rompe, y entonces —en las excepciones a la regla— descubrimos algunas de las historias más interesantes de la evolución.

En 1936, el azar unió a dos personas de mundos muy distintos: el capitán Hendrick Goosen, patrón del arrastrero *Aristea*, y Marjorie Courtenay-Latimer, de veintinueve años, conservadora del pequeño East London Museum de Sudáfrica. Se habían conocido en la isla Pájaro, 65 kilómetros al este de Puerto Elizabeth (hoy conocida como Gqeberha, su nombre en lengua xhosa), donde Courtenay-Latimer llevaba unos meses recolectando especímenes y Goosen atracaba con frecuencia su barco en busca de conejos para alimentar a la tripulación. Los dos trabaron una amistad que quedó sellada cuando Goosen accedió a transportar hasta tierra firme las cajas con especímenes de Courtenay-Latimer. Goosen se comprometió asimismo a llevar a los nuevos acuarios del museo cualquier pez raro que capturara con su embarcación, y para conservarlos vivos instaló un tanque a bordo. Dos años después, la mañana del 22 de diciembre de 1938, llamaron a Courtenay-Latimer para que clasificara una tonelada y media de especímenes pescados con el barco de Goosen. La primera inspección reveló muchos especímenes familiares (y no deseados), pero después la conservadora reparó en una aleta azul que despuntaba del montón. Sacó a la luz un espécimen azul pálido de 1,5 metros: «El pez más hermoso que jamás había visto [...], con débiles motas blancuzcas y una iridiscencia entre plateada y verdiazul en todo el cuerpo». Después de discutir un poco con un taxista reacio a transportar el maloliente pescado, consiguió llevarlo al museo metido en un saco.

Nunca había visto nada parecido, pero tuvo un presentimiento de lo que era y lo que podría significar. Una vez consultada su modesta biblioteca, resultó que la especie más similar era el extinto celacanto, de modo que seguramente se trataba de un error. Estos peces eran bastante conocidos, pero solo a través de fósiles de 400 millones de años. «Es imposible. [...] ¡Es un pez vivo! ¡No puede ser un fósil!». Courtenay-Latimer procuró por todos los medios encontrar un experto que lo examinara; era Navidad, y como el pez empezaba a descomponerse y no disponía de formalina en cantidad suficiente, tuvo que disecarlo. Por fin, un mes y medio después, Courtenay-Latimer se lo mostró a un colega aficionado a la ictiología, James Leonard Brierley Smith, que confirmó al instante la conexión que ella había establecido, con parientes casi idénticos de hace 400 millones de años. El diario de Courtenay-Latimer deja constancia de la reacción de Smith: «¡Jovencita, todos los científicos del mundo hablarán de este descubrimiento!».[2] No andaba desencaminado.

Los índices de cambio morfológico (y, con menor frecuencia, genético) pueden perder su correlación temporal por ralentización o aceleración. En una especie puede producirse un cambio de inusitada rapidez cuando se presenta una oportunidad nueva, como la llegada a una isla desierta sin depredadores o con nuevas fuentes de alimentación, o cuando surge una nueva amenaza, como un depredador que inventa una nueva manera de comérsela. Desde el punto de vista práctico de alguien (como yo) que intenta reconstruir correctamente el árbol de la vida, un cambio rápido reviste especial interés porque casi siempre añade confusión.

La correlación temporal también puede perderse cuando el cambio morfológico se ralentiza durante ingentes períodos de tiempo hasta volverse casi imperceptible. Los grupos de organismos que apenas han cambiado durante cientos de millones de años son los famosos «fósiles vivientes» (el entrecomillado recalca la relativa impropiedad del concepto).

El extraño pez descubierto por Courtenay-Latimer es quizá el más conocido de todos estos «fósiles vivientes». El celacanto pertenece al grupo de peces óseos denominados Sarcopterygii, documentados en el registro fósil desde el Devónico temprano, hace 410 millones de años,[3] hasta el final del Cretácico, hace 65 millones de años, cuando desaparecen junto con los dinosaurios. El término *Sarcopterygii* suele traducirse como 'peces con aletas lobuladas' (la traducción precisa del griego antiguo corresponde más bien a 'provistos de aletas carnosas'). Pero, por extraño que parezca, todos los vertebrados con cuatro patas —anfibios, reptiles (incluidos los dinosaurios con plumas que llamamos «aves») y mamíferos (incluidos, claro está, los humanos)— también forman parte de este grupo. Los precursores de los huesos de nuestras extremidades —fémur, tibia y peroné en la pierna; húmero, radio y cúbito en el brazo— se reconocen en las espinas carnosas de los sarcopterigios. El celacanto, aun siendo indudablemente un pez, mantiene un parentesco más próximo con un humano que con una carpa dorada (que carece de estos huesos en las aletas). Nuestra fascinación por la especie de los celacantos deriva en buena parte del papel capital que parece haber desempeñado en la historia de nuestra evolución.

Smith publicó la primera descripción de un celacanto vivo en la prestigiosa revista científica británica *Nature*, en un artículo que empieza con la frase de Aristóteles (en el latín de Plinio) *Ex Africa semper aliquid novi* ('De África siempre vienen cosas nuevas').[4] Lo encuadró en un nuevo género llamado *Latimeria* (en honor de Courtenay-Latimer) y dio a la especie el nombre *chalumnae* (por el río Chalumna, que desemboca en el mar cerca de donde se capturó el pez).

Desde entonces, el *Latimeria chalumnae* ha aparecido en varios lugares del océano Índico occidental entre Madagascar y Mozambique, y una segunda especie de celacanto se ha encontrado en aguas profundas de Indonesia. Tuve contacto con un ejemplar en Madagascar en el verano de 1988, cuando participaba como universitario en una expedición que estudiaba la amenazada tortuga de cuello de serpiente. Allí concurrían todos los estereotipos del trópico, empezando por la mantis religiosa que me aterrizó encima frente a la terminal del aeropuerto. Además, vimos a otros miembros de la flora y fauna endémicas de Madagascar, como lémures, camaleones, palmas del viajero, baobabs y tapias. Entre otros recuerdos bochornosos de la expedición se cuentan mi decisión de no lavarme el pelo durante tres meses «porque ya se limpiaría solo» y mi penoso intento de dejarme barba. Pasados tres meses, tuvimos la suerte de ver tres especímenes de tortuga de cuello de serpiente, que los pescadores que nos atendían en una islita del lago Kinkony habían capturado (y después comido). Mi ejemplar de *Latimeria chalumnae* lo vi en un pasillo exterior del Departamento de Biología de la Universidad de Antananarivo. Fue inolvidable a la par que tristísimo: una superestrella de la biología evolutiva flotando de incógnito, como un encurtido, en el turbio líquido de un acuario venido a menos. Los estudiantes pasaban de largo apresuradamente de camino a sus clases, sin tener idea de lo que se estaban perdiendo. El final de esta historia es sorprendente y feliz porque, con gran alegría por mi parte, he averiguado el destino de mi amigo (y pariente lejano). El mismo pez reside hoy, convenientemente disecado, en una espléndida vitrina del Museo Civico di Storia Naturale de Comiso, en Sicilia, donde se puede visitar.

A todos los sarcopterigios vivos —celacantos, mamíferos, reptiles, anfibios— los separa de su antepasado común (devónico) exactamente el mismo número de años; todas sus ramas arrancan de este preciso punto del árbol. Pero si usamos el grado de cambio para establecer las longitudes de sus ramas, la que va del antepasado al celacanto sería mucho más corta que las que conducen a cualquiera de los restantes descendientes. El celacanto apenas ha cambiado; los otros (ranas, elefantes, faisanes y humanos) han llegado a diferenciarse radicalmente del antepasado. El lentísimo ritmo de cambio nos dice con certeza casi absoluta que los celacantos se han adaptado perfectamente a sus largas y lúgubres vidas a cientos de metros bajo la superficie del océano. Han tenido la suerte de vivir en un medio tan estable que la selección natural ha actuado, mediante un proceso llamado «selección estabilizadora», para asegurar su conservación en ese estado ideal. El caso del celacanto demuestra que el aparente grado de diferenciación entre dos especies no siempre es un indicador fiable del grado de lejanía de su parentesco.

Quiero terminar este capítulo con una advertencia sobre lo que los árboles de la vida pueden y no pueden contarnos del pasado. El celacanto, aparentemente ajeno a cualquier cambio, nos seduce porque imaginamos que nos muestra en vivo a nuestro antepasado sarcopterigio. ¿Podría el celacanto *Latimeria chalumnae* ser un representante vivo del estadio de peces con aletas lobuladas de nuestra historia evolutiva? La idea de que hemos evolucionado desde el celacanto parece una propuesta sensata, habida cuenta de la existencia de fósiles similares al celacanto (pero no a los humanos) en rocas de hace 400 millones de años. Es una apreciación errónea pero comprensible, porque indudablemente hemos evolucionado partiendo de algo semejante a un celacanto moderno. El problema surge cuando tendemos a imaginar que siempre se pueden usar especies vivas como representaciones de los estadios por donde hemos pasado hasta convertirnos en humanos. Para entender lo absurdo de este planteamiento, pensemos en una sucesión de parientes cada vez más lejanos de los humanos. Nuestros parientes más próximos son los chimpancés, y algo más lejos quedan los lémures. No parece muy descabellado pensar que en nuestra historia evolutiva pasamos por un estadio de lémur y después por un estadio de chimpancé antes de convertirnos en humanos. El error aflora si nos fijamos en parientes más lejanos. Algo más distante es nuestro parentesco con las ballenas (ambos somos mamíferos placentarios), y después vienen los ornitorrincos, después las aves y después las ranas, celacantos, carpas doradas, estrellas de mar, moscas de la fruta, medusas, hongos, y así sucesivamente. Espero dejar bien sentado que en nuestra historia evolutiva no hemos pasado por un estadio de hongos antes de convertirnos en medusa, después en insecto, después en estrella de mar, después en carpa dorada, etc. En ningún momento de nuestra historia evolutiva nos hemos parecido a una gallina ni a una ballena. Los sucesivos estadios de evolución por los que realmente hemos pasado, a diferencia de los parientes cada vez más lejanos antes mencionados, son en su totalidad especies extintas.

Lo que sí es cierto es que, remontándonos en el tiempo, compartimos un antepasado relativamente reciente (con el que tenemos muchos caracteres comunes) con el lémur, y retrocediendo un poco más en nuestra historia encontramos un antepasado común con la ballena (con el que tenemos algunos caracteres menos en común), y antes de eso con una gallina, etc. En cada caso, las dos ramas separadas del antepasado común han experimentado —a diferencia del celacanto— cambios radicales desde su escisión. El antepasado que los humanos compartimos con las gallinas vivió hace unos 320 millones de años y no se parecía ni a un humano ni a una gallina.

Para establecer la larga serie de sucesos que determinaron nuestra evolución no basta con poner en fila parientes cada vez más lejanos. Sin embargo, por suerte contamos con otro enfoque que sí funciona: un método que requiere tomar en consideración no a nuestros parientes vivos propiamente dichos, sino los caracteres que compartimos con ellos y lo que estos nos pueden decir sobre nuestros antepasados. Sugiero que es la evolución de los caracteres, más que la de las especies, lo que realmente debería interesar a los biólogos evolutivos. Este modo de pensar centrado en los caracteres es el camino que conduce a plantearse grandes preguntas. ¿Cuándo aparecieron la columna vertebral, las plumas, las hojas o la pluricelularidad? ¿Qué fue primero, el huevo o la gallina? ¿Qué caracteres aparecieron y se han perdido (las patas de las serpientes, la cola de los humanos)? La respuesta a todas estas preguntas y muchas otras depende de dónde establezcamos el punto del árbol de la vida en el que se desarrolló un determinado carácter. Existe una manera lógica y (casi) fiable de descubrirlo, y ese truco, que también nos servirá para construir el propio árbol de la vida, es el tema de nuestro siguiente capítulo.

LA VERDADERA HISTORIA DE LAS AVES
Y LAS ABEJAS

La vida de Dmitri Mendeléiev parece salida de una novela de Dostoievski. Empezó bien: había nacido en Siberia en 1834, hijo de padres instruidos y razonablemente acomodados; su padre era director de escuela y su madre (su pobre madre, que parió diecisiete hijos, de los que él era el último) venía de una familia de comerciantes. Pero la cómoda y respetable vida familiar duró poco: su padre quedó ciego y perdió el trabajo, y su madre, para mantener a la familia, montó una fábrica de cristal que acabó incendiada. Poco después, cuando Dmitri contaba solo trece años, el padre murió. La abnegada madre estaba decidida a que su hijo más pequeño triunfara y así, a los dos años de enviudar, viajó 3200 kilómetros con Dmitri, de quince años, a través de Rusia hasta Moscú y después —como la universidad de la capital no lo aceptó— hasta la Universidad de San Petersburgo. Un año más tarde, la madre y la hermana más pequeña (que también había hecho el viaje) murieron de tuberculosis. Mendeléiev sobrevivió, se casó y, tras amenazar con suicidarse si era rechazado, se casó otra vez incurriendo en la bigamia. Murió a los setenta y dos años, después de una época más feliz en la que gozó de fama, respeto y un inmenso reconocimiento intelectual por su brillantez como científico. La gran contribución de Dmitri Mendeléiev fue la tabla periódica de los elementos, que confeccionó usando los cambios regulares (periódicos) en las características de los elementos cuando se ordenaban en razón de su masa. Pero la tabla periódica es mucho más que una mera clasificación de los elementos: su superpoder reside en la capacidad para hacer predicciones sobre los elementos y explicar sus comportamientos químicos.

Cuando Mendeléiev hubo colocado en su tabla todos los elementos conocidos, observó huecos allí donde debería existir un elemento con una masa a medio camino entre otros dos conocidos. El siguiente paso de Mendeléiev, de una osadía extraordinaria, consistió en predecir no solo la existencia de estos elementos, sino también sus características —masa atómica, densidad, punto de fusión, valencia, reactividad, conductividad, maleabilidad, etc.—, predecibles por el lugar que ocupaban en la tabla. A cuatro de estos elementos predichos los llamó «eka-silicio», «eka-aluminio», «eka-borio» y «eka-manganeso», donde el prefijo *eka* (de la voz griega que significa 'uno' o 'primero') indicaba que en su tabla iban una fila por debajo del silicio, el aluminio, etc., cuyas características previsiblemente compartirían. La fama de Mendeléiev se cimentó cuando los tres primeros de estos elementos, con características químicas notablemente similares a las que había predicho, fueron descubiertos y denominados —respectivamente— «germanio», «galio» y «escandio».*

Sin apenas cambios desde los tiempos de Mendeléiev, la tabla periódica ha crecido y se ha ampliado para alojar elementos nuevos y más pesados, pero conservando las características principales de la primigenia. La tabla no puede cambiar; en lo esencial, es inmejorable como manera de distribuir los elementos según sus características químicas, en representación de una verdad subyacente acerca de su naturaleza. Existe una razón fundamental para que haya propiedades químicas compartidas: el número y la distribución de los protones, electrones y neutrones en el átomo, y las leyes físicas que rigen la única distribución posible de los elemen-

---

* El eka-manganeso (hoy llamado «tecnecio») es un elemento inestable que no se encuentra en estado natural en la Tierra y fue descubierto en 1937 en una hoja de molibdeno que había sido bombardeada con núcleos de deuterio dentro de un ciclotrón.

tos en la tabla explican en última instancia buena parte de los procesos químicos. Estos futuros conocimientos se ocultaban en estado latente en la tabla de Mendeléiev, a la espera de su descubrimiento por los físicos y químicos del siglo XX. El inmanente poder predictivo de la tabla es un atributo que este emblema de la química comparte con su equivalente en la biología: el árbol de la vida.

Igual que la tabla periódica de Mendeléiev, solo hay un verdadero árbol de la vida por descubrir. E igual que la tabla de Mendeléiev, el árbol de la vida encierra un inmenso poder predictivo y explicativo. El árbol de la vida es fundamental para entender la historia evolutiva de todos los campos de la biología: el origen de los genes, las células, el comportamiento, la embriología, la morfología, la bioquímica, la alimentación, la reproducción y todo cuanto sabemos hoy sobre la complejidad y diversidad de la vida. Pero antes de que podamos empezar a construir el árbol, debemos tener en cuenta las trampas que nos aguardan y encontrar la manera de eludirlas.

Me encanta ver a los vencejos y golondrinas cazando insectos. Tengo la suerte de que, en la zona de Londres donde vivo, se ven muchos vencejos (y se oyen sus chillidos) en los atardeceres de verano. Y cerca del pueblo perdido de Wiltshire donde me crie había una casa señorial (por entonces un colegio privado que estuve pintando durante unas vacaciones para sacarme un dinero) bajo cuyos aleros anidaban vencejos. Lanzándose en picado desde sus nidos, los vencejos planean sobre la alta hierba y arramblan con cuantos insectos encuentran a su paso como si de una aspiradora se tratara. Tanto la forma de sus cuerpos como su habilidad sin parangón para volar me recordaban a los cazas Spitfire. La apariencia y el comportamiento de vencejos y golondrinas son extraordinariamente similares, y también se parecen en otros aspectos: a las dos especies les gusta anidar bajo altos aleros, y ambas migran con las estaciones y regresan a sus nidos en invierno.

El lugar adonde van cuando desaparecen en invierno representó un misterio durante siglos. Una historia encantadora pero de veracidad dudosa cuenta que a fines del verano el monje de los siglos XII-XIII Cesáreo de Heisterbach ató a la pata de un ave un pergamino con una nota en la que preguntaba: «¿Dónde vives, oh golondrina, en invierno?». Cuando en la primavera siguiente el ave regresó a su nido en el monasterio, llevaba una nota de respuesta que rezaba así: «En Asia, en la casa de Petrus», en supuesta referencia a Palestina, donde vivía san Pedro. Otros imaginaron que los vencejos y las golondrinas invernaban en la Luna o que, con más visos de verosimilitud (era la creencia más común en la época), hibernaban bajo el agua, enterrados como ranas en el barro del fondo de los estanques. Tal idea fue aceptada, o al menos considerada tan plausible como su vuelo hasta África, por el gran naturalista Gilbert White.** Encontramos evidencias en contra de esta suposición en un artículo publicado en 1823 por Edward Jenner (recién fallecido por entonces), famoso por la invención de las vacunas. Jenner (que por lo demás parece que era muy buena persona) realizó un experimento en el que puso a prueba la teoría metiendo a un pobre vencejo bajo el agua: «Tomé un vencejo [...] y lo sumergí en agua; pero, como la generalidad de los animales que respiran aire atmosférico, murió al cabo de dos minutos».[1] Un experimento exitoso con un

** «Pero lo que más me asombró fue que, desde el momento en que empezaban a congregarse, despreciando las chimeneas y las casas, se posaban todas las noches en los lechos de mimbreras de los islotes de aquel río. Recurrir a ese elemento, en aquella época del año, parece otorgar cierto crédito a la opinión nórdica (por muy extraña que sea) de que se acuestan bajo el agua. Un naturalista sueco se halla tan persuadido de tal extremo que, en su calendario de flora, habla con familiaridad de que el vencejo se sumerge en el agua a principios de febrero, como si dijera que sus aves de corral se posan para dormir un poco antes de la puesta del sol» (G. White, *The Natural History and Antiquities of Selborne, in the County of Southampton: With Engravings, and an Appendix*, B. White & Son, Londres, 1789).

resultado nítido, pero que imagino (espero) que dejó a Jenner sin saber a qué carta quedarse.

Además de seguir patrones migratorios similares, tanto los vencejos como las golondrinas (y los martines, parientes muy cercanos) están perfectamente constituidos para efectuar sin esfuerzo vuelos rápidos y acrobáticos: cuerpos ligeros y aerodinámicos; alas largas y curvadas; ojos grandes con vista aguda; plumas caudales largas (larguísimas en los vencejos machos debido a la selección sexual); pies pequeños (casi invisibles en los vencejos); y picos cortos y muy anchos que les permiten abrir ampliamente la boca para atrapar insectos en pleno vuelo.

He de confesar que, por ser casi idénticos la forma del cuerpo y el comportamiento de vencejos y golondrinas, hasta no hace mucho había dado por sentado que estaban estrechamente emparentados en el árbol de la vida. De ser cierto, significaría que no tendríamos que viajar muy atrás en el tiempo para encontrar a su antepasado común, si acaso unos pocos millones de años. Mi error era garrafal: el parentesco entre los vencejos y las golondrinas es tan lejano como entre un colibrí y un búho, y debemos retroceder al menos 75 millones de años para encontrar su punto de ramificación. Mi error me deja en excelente compañía: Linneo los agrupó en el mismo género, *Hirundo* ('golondrina' en latín), y llamó a la golondrina *Hirundo rustica* ('golondrina de campo') y al vencejo *Hirundo apus* ('golondrina sin pies'; los pies del vencejo son minúsculos, supuestamente porque apenas los usan, dado que pasan la mayor parte de su vida en vuelo continuo, de día y de noche).[2] El auténtico parentesco entre golondrinas y vencejos no quedó claro hasta principios del siglo XIX como resultado de la gran expansión de la anatomía comparada. La distinción no se fundó en similitudes fáciles de apreciar, sino en el análisis minucioso de sus esqueletos (los detalles —«puente óseo desde proceso transversal hasta articulatorio caudal en tercera vértebra cervical; proceso acrocoracoide de coracoides descolgado»— son de muy ardua comprensión).[3] Resulta que los vencejos están estrechamente emparentados con los colibríes y los chotacabras (parte de la rama Caprimulgimorphae, 'mamadores de cabras'), mientras que las golondrinas se incluyen entre las aves cantoras (del orden de los Passeriformes, 'con forma de gorrión'), lo que les otorga un íntimo parentesco con cuervos, herrerillos y reyezuelos.

De todo ello se desprende que las características externas compartidas por vencejos y golondrinas —pico ancho, alas curvadas, ojos grandes, patas pequeñas, dotes voladoras, dieta insectívora y hábitos migratorios— debieron de haberse desarrollado dos veces, primero en la rama que conduce a los vencejos y después en la que conduce a las golondrinas. Este proceso, denominado «evolución convergente» —casi todos los procesos evolutivos son divergentes, porque en general las especies se vuelven más disímiles—, se produce cuando organismos con un parentesco lejano encuentran soluciones parecidas para los mismos problemas. Por ejemplo, los cuerpos largos y sin patas se desarrollaron en repetidas ocasiones por separado en reptiles y anfibios: en serpientes, luciones, lagartos, eslizones y serpientes de cristal; en las familias anfibias poco conocidas de las cecilias y los sirénidos; y también en el fósil de 300 millones de años *Phlegethontia longissima*, la longitud de cuyo cuerpo es deducible del nombre de la especie. Entretanto, los delfines, los manatíes y los extintos ictiosaurios desarrollaron independientemente cuerpos acuáticos similares, a partir de tres antepasados terrestres distintos, cada uno de los cuales transformó en aletas para nadar lo que empezaron siendo patas para caminar. El ojo a modo de cámara de los humanos y otros vertebrados halla un equivalente próximo en los ojos de los calamares y pulpos, y así ocurre en todo el árbol de la vida, donde la evolución convergente se encuentra por doquier, desde las formas de los cuerpos, hojas, semillas o extremidades hasta el orden de los aminoácidos que componen una proteína.

Fue un claro error (en el que incurrimos Linneo y yo) utilizar estos caracteres de evolución convergente para vincular a las golondrinas y los vencejos en el árbol de la vida, pero este error da una pista sumamente útil sobre los caracteres que debemos buscar cuando tratamos de relacionar especies. Un carácter útil, que nos diga la verdad sobre el parentesco entre dos especies, vendría a ser aquel que comparten por haberlo heredado de su antepasado común. Estos caracteres útiles se llaman «homólogos», y la «homología» es uno de los conceptos más importantes de la biología evolutiva.

Una visión creacionista sobre el origen de las especies no maneja (¡no puede manejar!) el concepto de antepasado común ni, por consiguiente, el de caracteres compartidos por dos especies con un origen común. La idea de que dos especies tengan características comunes que, en cierto sentido, sean las mismas es, sin embargo, mucho más antigua que *El origen de las especies*. Aristóteles reconoció en diversos animales muchos caracteres que no vio necesidad de estudiar por separado, porque en esencia eran equivalentes, como las alas de una garza, un reyezuelo y un búho.

Más organizada y explícita es la comparación de caracteres equivalentes entre especies, concretamente de los esqueletos de los vertebrados, que aparece en *L'Histoire de la nature des oyseaux* [La historia de la naturaleza de las aves] (1555), de Pierre Belon, donde se muestran, en dos figuras adyacentes, los esqueletos de un hombre y un ave con sus huesos equivalentes señalados y comentados.[4] Belon indica las equivalencias exactas, pese a las diferencias notorias, tanto en su forma como en su función, entre los brazos de los humanos y las alas de las aves. Estos «homólogos», como dieron en llamarse, contrastan con los «análogos», que, aunque similares en apariencia, como las alas de aves e insectos, en lo fundamental carecen de similitudes.

La homología ha cobrado especial relevancia para construir y entender correctamente el árbol de la vida. Es una palabra que definió por primera vez el profesor sir Richard Owen (fundador del Museo de Historia Natural de Londres) en su libro *Lectures on Comparative Anatomy* [Lecciones de anatomía comparada] (1843).[5] Owen era un hombre de aspecto singular —frente enorme, pelo largo y lacio, un aire a lo Marty Feldman en *El jovencito Frankenstein*— que publicó obras extraordinariamente originales sobre distintos grupos de vertebrados vivos y fósiles. Entre sus múltiples méritos figura la acuñación del nombre «dinosaurio». Experto en anatomía comparada, a Owen se le concedió el privilegio de adquisición preferente de compra de cualquier animal que muriera en el zoo de Londres. Un día su mujer se encontró al llegar a casa un rinoceronte muerto en el jardín.

Owen era, por decirlo con palabras suaves, un poco artero, y parece que puso mucho empeño en promocionarse a sí mismo, rebajando a otros para atribuirse méritos que no le correspondían. En una reseña anónima de *El origen de las especies* criticó las ideas de Darwin:

> Estas [observaciones sobre palomas, abejas y hormigas] son las observaciones originales más importantes que se consignan en el volumen de 1859; son, a nuestro juicio, sus verdaderas joyas: escasísimas y muy dispersas, dejan la determinación del origen de las especies muy cerca de donde el autor lo encontró.[6]

De ahí pasó a hacer repetidas referencias (todavía de manera anónima) a la maravillosa labor de un tal Richard Owen. También mantuvo una acerba disputa con T. H. Huxley, el «*bulldog* de Darwin», sobre la conformación única del cerebro humano en comparación con otros simios. En efecto, la clasificación de los mamíferos establecida por Owen colocaba a los humanos en su propia subclase (basándose por entero en la supuesta diferencia en sus cerebros), dando a entender que el parentesco de los humanos con otros primates no es más cercano que con murciélagos o canguros.[7] Tan indigno comportamiento llevó a Darwin, por lo general moderado en sus formas, a quejarse: «De verdad que compadezco a Owen. ¡Qué salvaje! Tengo fundadas sospechas de que, a sus ojos, el mérito que se le concede a cualquier otro hombre es mérito que a él se le roba».[8]

En *Lectures on Comparative Anatomy*, Owen no ve necesario ofrecer una definición amplia y precisa de la homología, término que emplea profusamente, como si ya fuera de uso común. De hecho, solo apunta una escueta definición en el glosario del libro: «El mismo órgano en animales diferentes según cada variedad de forma y función».[9]

Owen, como otros anatomistas comparativos del XIX, no era darwinista. Su concepto de homología no consistía en un carácter que dos especies diferentes heredaban de un antepasado común, sino tan solo en un aspecto arquetípico de la naturaleza que determinaba cómo se constituían los animales y cualquier otro ser vivo. Owen lo explica en un libro de 1849 sobre las extremidades de los vertebrados en el que dice que la homología designa «ese carácter esencial de una parte que le pertenece en su relación con un patrón predeterminado que corresponde a la "idea" del mundo arquetípico en la cosmogonía platónica».[10] Uno de los objetivos de Owen era inferir, después de estudiar todas las variantes de un determinado homólogo (p. ej., todas las distintas extremidades anteriores de los vertebrados), cómo era la extremidad anterior arquetípica de los vertebrados. Esta versión de la homología ajena a la evolución se ha denominado, por sus fundamentos platónicos, «homología idealista».

Las implicaciones de la evolución darwiniana —que todos los organismos tienen una ascendencia común y que los caracteres se transmiten (más o menos alterados) de los antepasados a las especies descendientes— proporcionan una explicación bien distinta de la homología («el mismo órgano en animales diferentes según cada variedad de forma y función»). Las correspondencias evidentes entre los huesos del ala de un ave y los del brazo de un hombre descritas por Pierre Belon no han surgido porque fueran adaptaciones independientes de un modelo metafísico universal.

Las notables similitudes entre brazos y alas existen porque ambos son herencia de un antepasado común que poseía una extremidad anterior (todavía no era un brazo ni un ala, sino una precursora de ambos). Esto supone un importante paso adelante: cada especie con un homólogo de esta extremidad debe, por la propia definición de homología, formar parte de la rama del árbol de la vida que brotó de la criatura que desarrolló por primera vez la extremidad. Por el contrario, cualquier criatura (un pez, una lombriz, una mosca) que carezca de un homólogo de esta extremidad anterior (con todos sus huesos) no puede pertenecer a esta rama —no puede haber descendido de este antepasado con patas— y ha de ser, por tanto, un pariente más lejano.

La mera constatación de que las especies con un parentesco más cercano comparten más homólogos significa que, si queremos determinar de qué manera están emparentadas tres especies «a», «b» y «c» (el problema más sencillo posible), podemos buscar los homólogos que comparten. La pareja de especies con un parentesco más cercano, pongamos «a» y «b», tendrán más homólogos en común que cada una de ellas por separado con «c». Este planteamiento intuitivo puede extenderse a cualquier número de especies: en un conjunto dado de especies (a, b, c, d, e, f...), si identificamos en una lista de homólogos (espina dorsal, pelo, alas, leche, plumas...) los que posee cada especie, se podrá establecer el grado de proximidad o lejanía del parentesco entre unas y otras.

Como hemos visto a grandes rasgos, los homólogos son los datos brutos producidos por la evolución que podemos utilizar para establecer el parentesco entre especies. Pero los homólogos constituyen también un problema interesante en sí mismos: ¿de qué manera podemos estudiar las estructuras de dos especies —órganos, apéndices, dientes, adornos— y concluir si son homólogos o, como las alas de aves y abejas, solo similares? Y, una vez identificado un homólogo, ¿qué nos dice sobre el antepasado de todas las especies vivas que lo poseía?

Si dos especies (p. ej., palomas y humanos) poseen una estructura homóloga (brazo/ala), entonces, con arreglo a la definición de homología evolutiva, tal estructura debió hallarse presente en su antepasado común. En el caso de las palomas y los humanos, este antepasado existió en el Carbonífero tardío, un período de aumento de la temperatura, colisiones de masas terrestres e inmensos pantanos ecuatoriales, en el que las plantas sepultadas por la elevación del nivel del mar dejaron los inmensos depósitos de carbón que dan nombre a esa etapa geológica. Gracias a los homólogos, nuestro conocimiento sobre este antepasado va mucho más allá de saber que tenía extremidades. Podemos tener la certeza de que poseía todos los caracteres homólogos compartidos por sus descendientes aviares y mamíferos. Muchas de estas características se encaminaban a facilitar la vida en la Tierra: había reforzado su capacidad para respirar moviendo las costillas y el diafragma; un nuevo hueso en la pata, llamado «astrágalo», le proporcionó un tobillo; y, lo más importante, había puesto el huevo amniota resistente a la desecación que todavía se encuentra en reptiles y aves y, entre los mamíferos, solo en los ornitorrincos y los equidnas.

Este modo de pensar sobre los homólogos se vale de un truco lógico sencillo pero importante llamado «principio de parsimonia». Se trata de un método aplicado comúnmente en ciencia y filosofía para elegir entre modelos o teorías diferentes que podrían explicar cómo se generaron los datos recopilados. Es una idea antigua ya usada, cómo no, por Aristóteles y cuya formulación podría establecerse del siguiente modo: «Siendo todas las demás cosas iguales, debemos preferir el modelo que hace menos conjeturas». En otras palabras, en cualquier fenómeno debemos preferir una explicación sencilla, o «parsimoniosa», a cualquier otra que recurra a factores complicados o improbables. El principio de parsimonia suele denominarse «navaja de Occam», por el monje y filósofo de la Baja Edad Media Guillermo de Occam (u Ockham), que lo defendía con fervor. La imagen de la navaja representa el cercenamiento de las partes superfluas de un modelo dado.

Mediante un ejemplo sencillo se entenderá con más facilidad a qué me refiero con un modelo y cómo podemos usar la navaja de Occam. Imaginemos un árbol muy simple que emparenta a una gaviota, un humano y una carpa dorada, y demos por sentado que ya conocemos el parentesco entre las tres, a saber, que el humano y el ave son los parientes más cercanos y que el pez es un pariente más lejano de ambos. Usaremos el principio de parsimonia para averiguar cuándo se desarrolló un carácter (en este caso, las patas) y, al hacerlo, descubriremos si las patas de humanos y aves son homólogos.

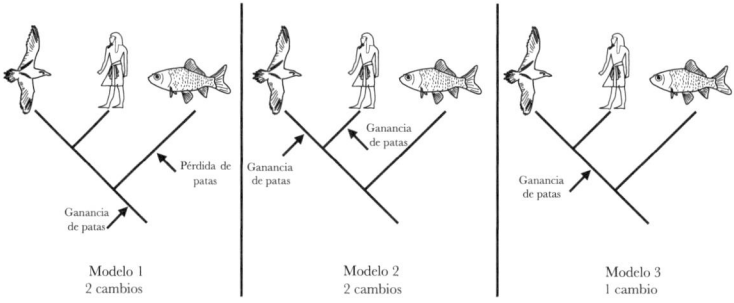

FIGURA 6: Tres modelos de cómo surgieron las patas. El modelo 3 es el más sencillo, o «parsimonioso», y, por tanto, el más probable.

La existencia de patas en aves y humanos, y su ausencia en los peces, podría explicarse recurriendo a tres modelos; nuestra tarea consiste en elegir el más simple, el que hace menos conjeturas. El modelo 1 da por sentado que las extremidades se desarrollaron en el antepasado de las tres especies, en la base del árbol. Pero, como los peces carecen de extremidades, estamos obligados a formular una segunda conjetura, y es que los peces perdieron después las extremidades. Para el modelo 1, por consiguiente, debemos plantear dos conjeturas. El modelo 2 establecería que los peces evolucionaron a partir de un antepasado sin extremidades (ninguna conjetura hasta ahora), pero después formulamos la hipótesis de que las extremidades se desarrollaron dos veces: la primera en la rama que conduce al humano y la segunda, de forma independiente, en la rama que conduce al ave. En este modelo, las extremidades del ave y del humano no son homólogos, puesto que se han desarrollado convergentemente y no han sido heredadas por ambas especies de un antepasado común. Igual que el modelo 1, el modelo 2 obliga a hacer dos conjeturas en total. El modelo 3 presupone que las extremidades se desarrollaron una sola vez en la rama que conduce al antepasado común del ave y el humano, y que posteriormente ambas especies las heredaron de este antepasado común. Este último modelo es, por supuesto, el más sencillo de los tres. Es bastante evidente que deberíamos preferir el modelo 3, porque formula una sola conjetura y es, por tanto, la explicación más parsimoniosa de cómo surgieron los caracteres observables en estos tres animales vivos.

Ahora que sabemos en qué momento del pasado se desarrollaron las extremidades, podemos deducir que el antepasado común de humanos y aves poseía extremidades y, por tanto, según se desprende de la definición de homología («estructuras similares en dos especies por haberlas heredado de un antepasado común»), que las alas de las aves y los brazos de los humanos son homólogos entre sí y de la extremidad primitiva de su antepasado común. Partiendo de este triunvirato de extremidades homólogas (de aves, de humanos y de su antepasado), hemos descubierto algo sobre la evolución de las extremidades que resulta muy útil en nuestra pesquisa sobre los sucesos evolutivos. Ahora conocemos a grandes rasgos la apariencia del punto de partida evolutivo de las extremidades en aves y humanos, e igualmente los puntos donde la evolución termina para ambos.

Esta historia encierra otros matices que también ayudan a identificar caracteres homólogos. El primero es que la homología de caracteres es más probable en dos especies con similitudes complejas que en otras que guardan un parecido superficial, algo que salta a la vista si reparamos en las extremidades anteriores de aves y humanos, donde la similitud rebasa con creces el mero hecho de que ambas sean prominencias que salen del extremo anterior de un animal. Como señaló Pierre Belon, las similitudes son numerosas, con correspondencia hueso tras hueso. Richard Owen (en *Discurso sobre la naturaleza de las extremidades*) relaciona estos huesos del siguiente modo:

> El brazo propiamente dicho es un apéndice a este arco [escapular]: su primera articulación o segmento se compone de un solo hueso largo, el «húmero»; su segunda articulación, [...] del «radio y el cúbito»; y la mano o tercer segmento, de un conjunto de huesecillos gruesos, los «carpos», y cinco rayos o dedos, uno (i) formado por tres segmentos y los restantes (ii-v) por cuatro segmentos cada uno; los cinco huesos que articulan los carpos se llaman «metacarpos», y los otros, «falanges».

El ala de un ave, que cumple una función totalmente distinta, tiene casi todos estos huesos, que se encuentran en la misma posición unos respecto de otros.

Si pensamos en estas complejísimas correspondencias entre brazo y ala en función de la parsimonia, un modelo que exija que estos dos apéndices (con todas las similitudes ya vistas) se hayan desarrollado dos veces será evidentemente menos parsimonioso que un modelo que nos diga que se desarrollaron una sola vez. El número de coincidencias evolutivas que debemos proponer se multiplica por el número de similitudes. Para exponerlo de forma clara, es más probable que sean homólogas dos estructuras con muchas similitudes complejas que dos estructuras sencillas cuya evolución sería banal. Dos autorretratos de Picasso comparten tal número de similitudes complejas (asunto, estilo, pincelada, colores, composición) que solo pueden ser obra del mismo creador; dos pinturas consistentes en un punto rojo podrían ser obra de cualquiera.

Esta importante idea puede abordarse desde la dirección opuesta pensando en un caso de características compartidas que sean *análogas* (no heredadas de un antepasado común, sino formadas independientemente —convergentemente— por cada especie). Ya hemos dado vueltas a esta idea al fijarnos en las golondrinas y los vencejos, pero quizá sea más fácil presentar el ejemplo más contundente de las alas de las aves y las abejas. ¿Heredaron sus alas estos dos animales voladores de su antepasado común de hace 555 millones de años? ¡Claro que no! Las alas del vencejo y las alas de la abeja guardan una similitud que como mucho es superficial, por tratarse en ambos casos de apéndices planos que se agitan y permiten elevarse. Sin embargo, el ala de una abeja no contiene omóplato, húmero, radio ni cúbito; de hecho, ningún hueso en absoluto.

Otra manera de abordar la ausencia de homología entre las alas de las aves y las de las abejas procede del árbol. Si las alas de aves y abejas fueran herencia de un antepasado común, entonces el ala habría existido sin solución de continuidad a lo largo de todas sus historias evolutivas. La lejanía de su parentesco exigiría entonces que el ala se hubiese perdido una y otra vez en todos sus parientes sin alas: crustáceos, arañas, ciempiés, gusanos nematodos, gusanos priapúlidos y anélidos en la rama de la abeja; dinosaurios, cocodrilos, lagartos, mamíferos, anfibios, celacantos y carpas doradas en la rama de las aves. En términos de parsimonia, este modelo —el que dice que las alas de las aves y de las abejas son homólogos— presenta un solo ejemplo de invención de alas (en el antepasado), pero muchísimos ejemplos de pérdida. El modelo alternativo —el que dice que las alas de las aves y de las abejas no son homólogos— postula sencillamente que las alas se inventaron dos veces. Por ser mucho más parsimonioso, este modelo alternativo es el que merece nuestro crédito.

Estos ejemplos demuestran cómo podemos usar el principio de parsimonia y nuestro conocimiento de un árbol evolutivo para determinar dónde, en qué punto del árbol (es decir, «cuándo»), se desarrollaron los dos caracteres y, por extensión, si son homólogos. En nuestros ejemplos de las extremidades y las alas conocíamos el árbol que emparentaba las especies, pero quizá el uso más fructífero del principio de parsimonia se produzca cuando no conocemos el árbol, cuando es el parentesco entre especies lo que intentamos dilucidar.

¿SOMOS PECES TODAVÍA?

Aunque a veces lo parezca, es raro que una interpretación errónea del árbol de la vida aboque al desastre, y más raro todavía que comporte peligro de muerte. Pero no imposible, como demuestra la historia del explorador británico Apsley Cherry-Garrard, un aristócrata que contaba veinticuatro años cuando (con un sustancioso donativo de por medio) consiguió enrolarse, como zoólogo ayudante, en la segunda (y trágica) expedición de Robert Falcon Scott al Polo Sur. Su aportación más notable a la empresa (aparte de haber sobrevivido) fue un viaje durante el mes más atrozmente frío del invierno atlántico para recolectar huevos de pingüino emperador. La historia de su papel en la expedición la cuenta en sus memorias, *El peor viaje del mundo*, libro de título rotundo en el que hace gala de un temple extraordinario.[1] Aquel viaje de pesadilla lo llevó, junto con dos compañeros, desde la base de la expedición, en un extremo de la isla de Ross, hasta el cabo Crozier, a 95 kilómetros de distancia, en la otra punta de la isla. Era el mes de junio de 1911, mediados de invierno en el hemisferio sur, y las temperaturas fluctuaban de −40 a −60 °C. Las penalidades de aquel viaje con la ropa y el equipo de la época —*tweed*, impermeables y botas de clavos— son difíciles de imaginar. Cherry-Garrard nunca se recuperó por completo de la expedición al Antártico, a la altura de su experiencia como soldado en la Primera Guerra Mundial. Una de las imágenes de su libro que se me ha quedado grabada es la de la ropa, muy húmeda después de una noche pasada en un saco de dormir poco apropiado, que se ponía rígida por la congelación al poco de abandonar la tienda. Era algo más que una incomodidad: significaba que los hombres tenían que doblar el cuerpo hacia delante, como si tiraran de un trineo, nada más salir de la tienda, so pena de pasar el resto del día (un día sin luz) en una incómoda posición erguida. Los tres hombres sobrevivieron al viaje de diecinueve días hasta la colonia de pingüinos y regresaron con tres valiosos huevos de pingüino, que llegaron intactos al Museo de Historia Natural de Londres.

Aquel terrible ejercicio físico partía de la idea errónea de que los pingüinos son el eslabón sin alas perdido entre los reptiles y las aves. Este error sobre el lugar que ocupan los pingüinos en el árbol de la vida aviar iba acompañado de la creencia equivocada (tomada nada menos que de Haeckel) de que el estudio de los huevos de pingüino revelaría un estadio embrionario, parecido al de los lagartos, en la evolución de la especie. Los pingüinos, como se ha demostrado con posterioridad, no son parientes lejanos de las aves voladoras, a mitad de camino entre los lagartos terrestres y el desarrollo del vuelo. Su verdadero lugar en el árbol de la vida es el de una ramita que sale de la rama principal de las aves (están estrechamente emparentados con los albatros y los petreles, voladores muy competentes). Hace unos 60 millones de años, los pingüinos dejaron de volar por el aire para volar por el agua.

Como estamos descubriendo, el conocimiento de los parentescos es decisivo para reconstruir los sucesos de la evolución. El bosquejo de cómo podríamos establecer el parentesco ya nos resulta familiar tras el ejemplo de la evolución de las extremidades que hemos analizado para comprender la homología. Retomando nuestro sencillo ejemplo del pez, el ave y el humano, ahora podemos preguntarnos de qué modo podría servirnos la presencia o ausencia de patas para determinar el parentesco más probable entre los tres. Igual que antes, recurriremos a la parsimonia para averiguar cuál es el árbol más verosímil de tres modelos dados.

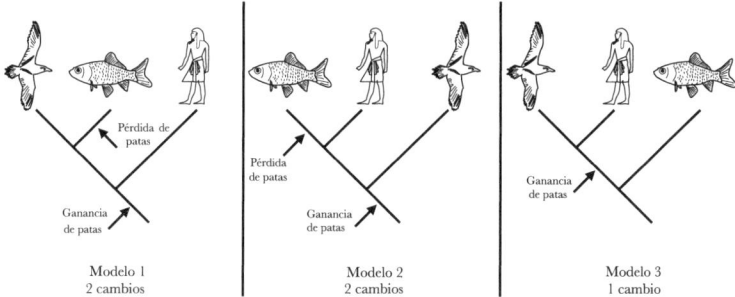

FIGURA 7: Tres modelos del parentesco entre aves, peces y humanos (con diferentes implicaciones para la evolución de las patas). El modelo 3 es el más parsimonioso y, por tanto, el más probable.

Del mismo modo que antes, podemos contar el número de ocasiones en que los caracteres (las patas en nuestro ejemplo) se ganan o se pierden en cada uno de los tres árboles de parentesco. Nuestros tres modelos son árboles en los que: (i) el ave es el más cercano al pez, y el humano un pariente más lejano; (ii) el humano es el más cercano al pez, y el ave un pariente más lejano; y (iii) el humano es el más cercano al ave, y el pez un pariente más lejano. En los dos primeros árboles debemos suponer que las extremidades se desarrollaron dos veces —una en el ave y otra en el humano—, o bien que las extremidades se desarrollaron una sola vez en el antepasado común de las tres especies, pero se perdieron después en la rama que conduce a los peces. Esto implica que en el primer y el segundo árbol debemos dar por sentado que acontecieron dos sucesos evolutivos. Por el contrario, en el tercer árbol cabe concluir que tanto las aves como los humanos poseen extremidades (y los peces no), aceptando un solo suceso evolutivo en el que las extremidades se desarrollaron en la rama que conduce al antepasado común de humano y ave. El tercer árbol es, por consiguiente, el más parsimonioso y, a mi entender, el que mejor refleja el parentesco mutuo entre las tres especies. Ahora sabemos varias cosas íntimamente relacionadas: que el ave y el humano son las especies con un parentesco más cercano; que las patas se desarrollaron una sola vez (no dos veces en convergencia); que las patas de aves y humanos son (en consecuencia) homólogos; y que las patas se desarrollaron después de que los peces se escindieran de la rama, pero antes de la separación entre aves y humanos.

Cuando queremos clasificar seres vivos, reconocemos grupos de especies y les ponemos nombre de acuerdo con sus caracteres exclusivos. Los mamíferos se definen por las glándulas mamarias y el pelo; las aves, por las alas y las plumas; los robles, por las bellotas; y los insectos, por sus tres pares de patas articuladas. Estos caracteres definitorios de cada grupo son los que se desarrollaron en la rama que conduce al antepasado común de ese grupo y, por tanto, también son caracteres homólogos exclusivos de ese grupo.

El uso generalizado de caracteres homólogos para definir las ramas del árbol de la vida se atribuye sobre todo al influyente libro del biólogo alemán Willi Hennig titulado *Phylogenetic Systematics*[2] [Sistemática filogenética] (1966). Hennig nació en 1913 en Alemania, cerca de Dresde, en circunstancias que convierten en proeza insólita que llegara a ser un biólogo de fama mundial. Venía de una familia muy pobre: su padre era empleado de ferrocarril y su madre, hija ilegítima de una sirvienta (de lo que se avergonzaba), era una mujer «taciturna y socialmente inadaptada».[3] La familia vivía en una casita junto al ferrocarril, y Willi y sus dos hermanos asistieron a la escuela local. Que Willi cursara la enseñanza secundaria y acabara entrando en la universidad parece deberse a una concatenación de pequeños milagros, combinados con su propia inteligencia e ímpetu. De algún modo se las arregló para vencer obstáculos como su extrema timidez, la pobreza y la circunstancia de que su escuela primaria (hoy lleva su nombre) no impartiera las asignaturas exigidas para acceder a la enseñanza secundaria.

Los estudios secundarios y universitarios llevaron a Hennig a formarse como entomólogo (experto en insectos), especializado en Diptera (el orden de las moscas 'de dos alas', que incluye a las moscas comunes, los mosquitos y la preferida por los laboratorios, la mosca de la fruta, *Drosophila melanogaster*), y al final consiguió trabajo en el museo entomológico de Berlín. Sus investigaciones sobre la evolución le reportaron justa fama, pero incluso sin estos logros científicos su vida podría considerarse intensa y fructífera.[4] Hennig era un antinazi que en la Segunda Guerra Mundial combatió con los alemanes en Polonia, Francia, Rusia y Dinamarca. En 1942 resultó gravemente herido por metralla en el Frente Oriental, y en mayo de 1945, durante los últimos meses de la contienda, fue capturado por los británicos en el golfo de Trieste y retenido como prisionero hasta el otoño de ese mismo año. Pasó esos meses ayudando a los británicos a combatir la malaria con sus conocimientos sobre los mosquitos. Después de la guerra, y pese a sus críticas al Gobierno comunista, Hennig se las arregló para trabajar en el Berlín oriental, haciendo un viaje diario de tres horas a través del Telón de Acero desde su casa en el sector occidental, hasta que en 1961 se lo impidió la construcción del Muro de Berlín.[5]

Fue durante su período como prisionero de guerra británico cuando Hennig empezó a desarrollar su gran aportación a la teoría evolutiva: la necesidad de que todas las ramas del árbol de la vida se identifiquen (y, a ser posible, se denominen) únicamente de acuerdo con los caracteres homólogos. Retomando nuestro ejemplo de las extremidades compartidas por mamíferos, reptiles (aves incluidas) y anfibios, las numerosas y precisas similitudes en las extremidades de este grupo de vertebrados de cuatro patas (tetrápodos) nos han permitido concluir que en todos estos animales las extremidades son homólogas. Para Hennig, esta clase de homología es un tesoro porque constituye una novedad evolutiva.[*] Puesto que todos los tetrápodos —y solo los tetrápodos— poseen

---

[*] Willi Hennig aplicó a este tipo de caracteres el aparatoso nombre de «sinapomorfia», del griego *syn* ('juntos'), *apo* ('lejos de') y *morph* ('nom-

tales extremidades, este carácter define a los «tetrápodos» como un solo grupo dentro de nuestra clasificación y como una sola rama en nuestro árbol. Los caracteres únicos compartidos son la materia prima que necesitamos para definir cada rama de un árbol y, en última instancia, construir todo el árbol de la vida.

El gran biólogo evolutivo germano-estadounidense Ernst Mayr llamó a Hennig y sus seguidores los «cladistas», por los «clados» del árbol definidos de esa manera (*kládos* significa 'rama'). Mayr y otros muchos preferían clasificar las especies haciendo hincapié en su grado de similitud. ¿En qué sentido son diferentes estos dos modos de clasificar? Pues bien, en su mayor parte no lo son: todas las especies de una rama determinada suelen ser más similares entre sí que en comparación con otras especies. Sin embargo, en ocasiones una clasificación basada únicamente en las similitudes puede distar mucho de una clasificación cladística.

Estos dos métodos de clasificar no coinciden cuando, como resultado de la evolución, una parte de una rama se diferencia mucho del resto. Los peces son uno de los ejemplos más notorios. Todos sabemos qué caracteres son típicos de un pez —cuerpo alargado, agallas, aletas, cola, escamas, etc.— y probablemente coincidiremos en qué especies de animales son peces. Entre estas se incluirían la trucha y la carpa dorada, y también, según la descripción anterior, los celacantos que hemos conocido. El problema con esta definición se presenta cuando decidimos que tales caracteres deben usarse para definir una rama de nuestro árbol (y denominarla «peces»).

Si empezamos hace 460 millones de años con el antepasado de todos los peces y seguimos ascendiendo por este rama del árbol animal, descubriremos que una de las ramas que proceden de este antepasado indiscutiblemente pisciforme

---

bre'). Un «apomorfo» es una forma nueva o modificada. Y «sin-» nos dice que lo comparte un grupo de especies.

no es, con arreglo a cualquier definición razonable, un pez. Una de las ramas —la que se escindió del resto hace 410 millones de años— conduce, de hecho, a los tetrápodos. Así pues, si queremos definir y nombrar el único grupo de animales surgido del antepasado de la trucha, la carpa dorada y el celacanto, se nos presenta una difícil disyuntiva. Lo que haría Mayr es excluir sin más del grupo de los peces a todos los descendientes del antepasado pez que han desarrollado patas. Hennig, por el contrario, aceptaría la existencia de un grupo absolutamente respetable llamado «peces», pero precisando que un vástago de esta rama generó especies que han perdido muchas de las características propias de un pez y evolucionaron hasta convertirse en tetrápodos. Según la lógica de Hennig, nosotros los humanos en realidad somos peces. Hennig, que mantenía una respetuosa discrepancia con Mayr («sus indiscutibles logros se sitúan en otro campo»),[6] ha salido como rotundo vencedor en esta discusión. Todas nuestras clasificaciones de la vida son ahora hennigianas (o cladísticas), basadas en estas ramas, cada una de las cuales viene definida por un conjunto de caracteres comunes. Y existe unanimidad en que los grupos de nuestras clasificaciones (p. ej., los peces) no deben excluir a ningún vástago de dicho grupo (p. ej., los tetrápodos) solo porque hayan perdido o modificado alguna de las características típicas del grupo. La idea de considerar las aves como dinosaurios con plumas (y, por ende, como una rama de los reptiles, en vez de como algo totalmente aparte, en consonancia con lo que se pensaba antaño) abunda en el mismo principio.

La construcción del árbol, explicada en términos de parsimonia y compartición de caracteres únicos, debería ser un proyecto relativamente sencillo, y, sin embargo, llevamos discutiendo sobre la forma del árbol por lo menos desde el primer intento de Haeckel. El capítulo siguiente empezará a indagar en estos desacuerdos, y espero demostrar de qué manera pueden enseñarnos algo sobre los extraños caminos que de vez en cuando toma la evolución. También vamos a ir más allá de los caracteres morfológicos, como las patas y las alas, para reflexionar sobre qué otras evidencias valdrían para formar el árbol de la vida. Veremos que en realidad el árbol de la vida está escrito con nitidez en nuestros genes y que nuestros genomas contienen el potencial para suministrarnos inmensos conjuntos de datos con miles de millones de caracteres que adoptan la forma de nuestro ADN.

UNOS NÚMEROS ABRUMADORES

Un gusano priapúlido es un animal feo a más no poder. La especie más común, que se dedica a hurgar en el lecho marino que rodea las islas británicas, tiene el nombre científico de *Priapulus caudatus* y es muy típica de la rama que le corresponde en el árbol de la vida. Parece un globo de agua largo, rugoso y algo desinflado (de hecho, es lo que viene a ser), cubierto por una piel espinosa. En su parte anterior tiene un bulbo cubierto de picos que termina en una boca hambrienta, ávida de tragarse a cualquier gusano de arena que pase por delante; en su parte posterior, una masa de branquias plumosas. El animal presenta en conjunto un desagradable color blancuzco. Su nombre común es «gusano del pene», que resuena también en la denominación latina —solo un poquito más decorosa— que le asignó Linneo, *Priapulida*, la cual también da fe de su indiscutible forma fálica. El *Priapulus caudatus* nunca ganará un concurso de belleza, pero su forma sumamente desagradable es una fórmula triunfadora, porque los priapúlidos, como los celacantos, apenas han cambiado desde sus antepasados fósiles, que vivieron hace algo más de 500 millones de años.

No introduzco este filo de animales con un propósito humorístico, ni siquiera para presentar otro ejemplo de fósil vivo, sino porque nos ayudará a abordar uno de los mayores problemas para determinar la estructura del árbol de la vida. *Priapulida* es uno de los filos animales más pequeños, con solo dieciséis especies vivas: una ramita insignificante del árbol de la vida en comparación con las decenas de miles de gusanos anélidos y moluscos o los millones de especies de artrópodos.[1] Pero determinar los parentescos evolutivos de los priapúlidos es intrínsecamente difícil, y el grado de dificultad indica la extrema complejidad que entraña conocer la estructura del árbol de la vida.

En los capítulos anteriores, nuestros ejemplos con tres especies mostraron cómo dar con un árbol que implique menos cambios y, por tanto, tenga más probabilidades de revelar sus verdaderos parentescos. Estos ejemplos con tres especies (usando un solo carácter) son de lo más sencillo y suponen un avance mínimo en la resolución del árbol de la vida, pero pueden ganar peso si atañen a más especies (veremos cómo nos apañamos con dieciséis especies de priapúlidos) y caracteres, a ser posible en gran número. Estas dos nuevas complicaciones traen consecuencias muy diferentes. Añadir caracteres, como es natural, complica el problema y ralentiza los cálculos; pero añadir especies introduce una complejidad de magnitud aterradora, comparable al número de granos de arena en todas las playas de todos los planetas Tierra que cupieran en una galaxia.

Para empezar, veamos qué ocurre cuando pasamos de tres especies a cuatro. En el caso de tres especies, tuvimos que contemplar los cambios de caracteres en los tres posibles árboles que las emparentaban. Para añadir una cuarta especie, necesitamos estudiar estos tres árboles y preguntarnos en qué punto de cada uno de ellos podría colocarse la cuarta especie, en este caso un lagarto. Si tomamos uno de los tres árboles (y se da la circunstancia de que es el correcto), comprobaremos que el lagarto podría añadirse en cinco lugares diferentes, como muestra la figura 8: (i) junto al humano; (ii) junto al ave; (iii) en la rama que conduce al humano y al ave; (iv) junto al pez; (v) en la rama que conduce al ave, al humano y al pez. Pero esto mismo es válido, *mutatis mutandis*, para los dos otros árboles con tres especies. Lo que esto significa es que, mientras que para tres especies hay tres árboles posibles, para cuatro especies hay $3 \times 5 = 15$ árboles posibles.

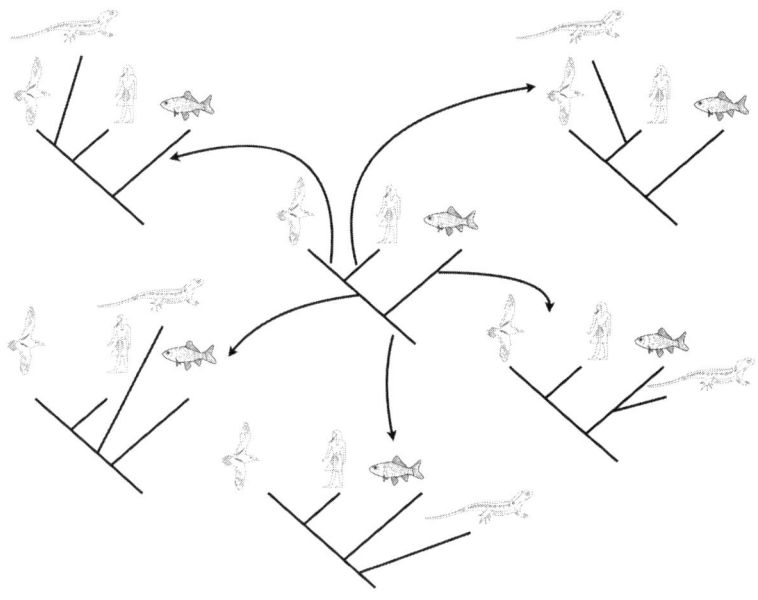

FIGURA 8: A un árbol de tres especies (ave, pez y humano) se le puede añadir una cuarta especie (lagarto) en cinco lugares diferentes.

El número de árboles posibles crece exponencialmente y con mucha rapidez a medida que sumamos especies. Añadir una sola especie se traduce en un incremento aún mayor. En cada uno de los quince árboles con cuatro especies, una quinta especie podría colocarse en siete posiciones distintas, y, por tanto, el número de árboles diferentes que podrían emparentar a cinco especies sería 15 × 7 = 105. Para seis especies hay 105 × 9 = 945 árboles posibles. No solo se incrementa el número de árboles que debemos comparar cada vez que añadimos una nueva rama al árbol, ¡sino que se incrementa el incremento!

Al ampliar el problema pasando de seis especies a diez, podemos calcular que hay unos 35 millones de árboles diferentes que podrían emparentarlas, más o menos el número de veces que nos late el corazón en un año. Dando un salto hasta quince especies, el número de árboles ya se hace difícil de concebir: equivale a una cantidad (aproximadamente 2×10^{14}, o un 2 seguido de catorce ceros) algo superior al número de milímetros que separan la Tierra del Sol. ¿Podemos siquiera hacer los cálculos que exigen todos estos árboles diferentes? Si imaginamos un superordenador capaz de efectuar los cálculos a razón de un millón de árboles por segundo, tardaríamos algo más de seis años en encontrar el mejor árbol entre todos aquellos que emparentan quince especies. La misma tarea con las dieciséis especies de priapúlidos, añadiendo solo un horrendo gusano más, llevaría 180 años. Y eso en el caso de un grupo pequeño de animales; evidentemente, estamos en apuros.

Pensando a una escala inmensamente mayor, el número de átomos del Sol (10^{57}, o un 1 seguido de cincuenta y siete ceros) equivale al número de árboles diferentes entre los que deberíamos elegir si intentáramos encontrar el árbol óptimo para emparentar las cuarenta y ocho especies conocidas de gusanos cacahuete australianos (sipuncúlidos). Y, dando un último salto, intentemos ahora concebir un número que abarque cada átomo de cada una de los 100 millones de estrellas en cada una de los 200 billones de galaxias del universo visible. La abrumadora cifra de 10^{80} átomos corresponde al número de árboles diferentes que podrían emparentar a las sesenta y cinco especies de la reducida familia de algas llamadas Klebsormidiaceae. Ya me he quedado sin números inmensos imaginables, pero la pura verdad es que nos sería imposible fabricar un ordenador capaz, en el lapso de una vida humana, de efectuar los cálculos necesarios para elegir el mejor entre todos los árboles que pudieran, en teoría, emparentar siquiera tres docenas de especies, no digamos los millones que integran el árbol de la vida.

Para enfrentarse a este obstáculo infranqueable, se impone renunciar de plano a cualquier intento de vencerlo y buscar un modo de sortearlo. Esto se consigue recurriendo a una serie de atajos denominados «heurística», que sencillamente son trucos que permiten descartar un enorme número de árboles posibles porque, por la razón que sea, no pueden contener, o es muy improbable que contengan, ese árbol óptimo que andamos buscando. Es decir, que habría que desechar de antemano cualquier árbol que tuviera a los humanos y los robles como parientes más cercanos; está claro que sería una pérdida de tiempo hacer cálculos con árboles de la vida tan raros.

Uno de los métodos heurísticos más provechosos, descartando cualquier intento de resolver de golpe un problema tan difícil, consiste en construir el árbol de la vida añadiendo especies de una en una. Imaginemos que queremos encontrar el mejor árbol que emparente a seis especies. Vamos a empezar tomando en consideración solo tres especies (poco importa cuáles). El primer paso será encontrar el mejor árbol (el de menos cambios) que emparente a las tres; como solo hay tres árboles posibles que tener en cuenta, la tarea no presenta dificultades. Nos quedamos con el mejor árbol para tres especies e ignoramos los otros dos. Puede que de entrada no se vea claro, pero al desechar estos dos árboles peores que el elegido habremos eliminado de nuestros cálculos futuros dos tercios de todos los árboles posibles con seis especies.

Ahora elegimos al azar cualquiera de las especies restantes e intentamos colocarla en todos los lugares posibles de nuestro mejor árbol con tres especies; podríamos añadir entonces cinco lugares. Una vez más, encontramos el mejor árbol entre estos cinco y descartamos los otros cuatro, eliminando así de cálculos futuros a cuatro quintos de los posibles árboles restantes. Añadir la quinta especie solo nos obliga a considerar siete lugares posibles que añadir, mientras que la sexta exige otros nueve. Con un poco de suerte, habremos encontrado el mejor árbol después de estudiar solo tres árboles (para tres especies), más cinco árboles (por haber añadido la cuarta especie), más siete árboles (por haber añadido la quinta especie), más nueve árboles (por haber añadido la sexta especie), lo que arroja un total de 3 + 5 + 7 + 9 = 24 árboles con los que debemos hacer los cálculos. Por el contrario, estudiar absolutamente todos los árboles que podrían emparentar a seis especies obliga a hacer cálculos para 945 árboles. Los beneficios que reporta este método se multiplican con muchísima rapidez a medida que añadimos especies. Para veinte especies, en vez de hacer forzosamente el cálculo con los 8 200 794 532 637 891 559 375 árboles que, en teoría, podrían emparentarlas, solo debemos estudiar 360.*

Incrementar el número de caracteres también complica las cosas, pero, por fortuna, el incremento de la complejidad no es exponencial sino lineal. Determinar cuál es el mejor árbol usando diez veces más caracteres solo lleva diez veces más tiempo, no un billón de veces. Es importante contemplar muchos caracteres, porque algunos de los que detectamos en varios organismos inducen a error: las serpientes forman parte de los reptiles pese a no tener patas; las golondrinas y los vencejos no son parientes cercanos pese a lo similar que es su apariencia, y así en otros casos. Confiamos en que los caracteres que inducen a error estarán dispersos al azar por las ramas del árbol, mientras que los caracteres homólogos y veraces (es de esperar que abundantes) estarán organizados de tal manera que se reforzarán mutuamente por el hecho de compartir una historia evolutiva real. Lo esencial es que cuantos más caracteres recopilemos, mayores serán las posibilidades de dar con el árbol correcto. Una segunda razón de la necesidad de tomar en cuenta muchos caracteres es que normalmente cada carácter nos dirá algo sobre una rama del árbol. En el árbol de la vida animal, el carácter de tener (o no)

---

* Parece demasiado bueno para ser cierto, pero resulta que lo es. Este método casi siempre nos lleva hasta un árbol bastante bueno, pero, como la manera en que añadimos especies puede afectar al punto donde terminamos, no garantiza que encontremos el mejor árbol. Por suerte, podemos recurrir a otros procedimientos heurísticos. Uno de ellos consiste sencillamente en repetir nuestro proceso pero añadiendo especies en un orden aleatorio distinto. Si lo hacemos cien veces, casi siempre obtendremos el mejor árbol.

espina dorsal solo pone de manifiesto qué especies están en la rama de los vertebrados (y cuáles no), al tiempo que permanece mudo sobre el parentesco entre especies vertebradas y sobre el parentesco entre especies en cualquier otro punto del árbol. En consecuencia, colocar muchas especies en un árbol nos obliga inexcusablemente a considerar muchos caracteres distintos.

Los expertos en todo tipo de organismos, desde mohos mucilaginosos hasta moscas, han dedicado largas carreras profesionales a encontrar características nuevas para distinguir especies y descubrir sus parentescos. En mi propio campo de estudio, el de la reconstrucción del árbol de la vida animal, el número de caracteres morfológicos de provecho se situaría en torno a unos pocos centenares. Reconocer y medir muchos rasgos morfológicos diferentes en especies con un parentesco cercano es un trabajo meticuloso, pero a medida que las comparaciones cobran más distancia —humano con medusa, humano con roble, humano con bacteria—, la dificultad aumenta notablemente. En el caso de especies con un parentesco más remoto, no hay en realidad nada que podamos comparar más allá de las características de sus células: no existe un equivalente vegetal de una pata o un ojo, ni una versión animal de la hoja de una planta o las laminillas de una seta. Los constructores de árboles, con inagotable inventiva en su búsqueda de elementos que comparar, andan siempre a la caza de cualquier carácter heredable que pueda ser de utilidad. Los biólogos evolutivos les pisan los talones —como gaviotas tras un arrastrero— desde fines del siglo XIX, cuando emergió una fecunda fuente de nuevos caracteres provenientes del estudio de las moléculas biológicas y la genética.

Las moscas de la fruta, como muchos otros insectos, pasan por dos fases muy diferenciadas en sus vidas; en realidad, por dos cuerpos totalmente distintos. La primera parte de su vida transcurre como un gusano que, en el laboratorio, se arrastra sobre su alimento, un mejunje compuesto por gelatina, levadura, harina de maíz y un poco de azúcar (o puré de plátano y levadura en los albores de los estudios genéticos sobre la mosca de la fruta). En el laboratorio, cuando llega el momento de la transición de gusano a mosca adulta, lo primero que hacen es subir por el tubo donde habitan y activar un par de glándulas de gran tamaño situadas a cada lado de la boca. Son las glándulas salivales, que segregan grandes cantidades de «glicoproteínas secretorias», las cuales funcionan como un pegamento para fijar la pupa a algún sitio donde pueda metamorfosearse en paz. Dentro de las células salivales se encuentran unos extraños cromosomas gigantes que, en realidad, son cromosomas de tamaño normal copiados una y otra vez. Parece que es así como la mosca de la fruta se las ingenia para obtener muchas copias de sus genes, lo que le proporciona una superabundancia de pegamento. Desde la perspectiva de un genetista, los cromosomas gigantes son una manera magnífica de facilitar la visión de los cromosomas de la mosca en un microscopio convencional de laboratorio. Los cromosomas gigantes (con la tinción apropiada) revelan un código de barras con unas bandas claras y otras oscuras, unas gruesas y otras finas, y los patrones de estas bandas permiten reconocer distintas zonas de cada cromosoma.

Alfred Sturtevant fue uno de los pioneros de la genética de la mosca de la fruta. De precocidad extraordinaria, se interesó por la genética desde que era un colegial y dibujaba genealogías de su familia y pedigrís de caballos. Siendo estudiante universitario, interpretó sus pedigrís de caballos a la luz de los nuevos descubrimientos genéticos, remitió los resultados al gran genetista Thoman Hunt Morgan y ganó una plaza en la famosa «sala de moscas» de la Universidad de Columbia, en la ciudad de Nueva York. El trabajo de Sturtevant (sobre la genética del color del pelaje de los caballos) se publicó cuando todavía era estudiante universitario. Más extraordinaria aún fue su invención de una de las técnicas genéticas más importantes del siglo XX: un método para descubrir el orden de los genes en un cromosoma. Se le ocurrió en el transcurso de una conversación con Morgan. Según escribió después, «me fui a casa y pasé casi toda la noche (sin atender a mis trabajos para la universidad) confeccionando el primer mapa de cromosomas».[2] Sturtevant cobró fama como genetista, pero cultivaba otros muchos intereses y, sobre todo, era un experto en una amplia variedad de moscas y su clasificación (más allá de la especie de laboratorio *Drosophila melanogaster* e incluso de las moscas de la fruta).

Las dos especialidades de Sturtevant —la genética y la diversidad de moscas de la fruta— entraron en colisión en un artículo que escribió en 1938 en colaboración con otro célebre genetista estadounidense, Theodosius Dobzhansky. Estos dos titanes de la genética estudiaron los cromosomas gigantes de muchas poblaciones de una especie de mosca de la fruta llamada *Drosophila pseudoobscura* que habían recolectado en todo el occidente de Estados Unidos, y descubrieron que, en algunas poblaciones, zonas enteras de los cromosomas de las moscas habían sido limpiamente cercenadas y reinsertadas después en el cromosoma en la orientación contraria; es lo que se llama una «inversión» y podría entenderse como un cambio de rumbo de toda una sección de bandas del código de barras cromosomático. Dobzhansky y Sturtevant se percataron de que podían considerar estas inversiones como caracteres que, igual que cualquier rasgo morfológico en evolución, pasaban de progenitores a descendientes, y que podrían servirles para comprender los parentescos entre las poblaciones de moscas. El valor excepcional de la información proveniente de los cromosomas para distinguir moscas por lo demás idénticas queda claro en el resumen que escribieron:

Hemos tenido en observación algunos centenares de cepas salvajes de lugares dispersos, desde la Columbia Británica hasta el sur de México y desde el Pacífico hasta Texas. Ninguna de ellas se ha diferenciado en grado suficiente para que podamos distinguir con certeza cultivos sin etiquetar por la apariencia externa de las moscas.[3]

En otras palabras, las poblaciones de moscas exteriormente indistinguibles podían agruparse —clasificarse en grupos emparentados— observando los cambios operados en sus cromosomas.

El estudio cromosomático de Dobzhansky y Sturtevant no requería el conocimiento de secuencias de ADN (en 1938 ni siquiera se sabía que los genes estaban compuestos por ADN), y el material genético de los cromosomas no es la única clase de molécula biológica que se ha revelado como un carácter útil para definir las ramas del árbol de la vida. Puede servir cualquier rasgo biológico que tenga un comportamiento correcto, y el significado de «correcto» es, primero, que los rasgos deben cambiar en ocasiones; después, que los cambios estén codificados en el ADN (y sean transmitidos de progenitores a descendientes); y, por último, que haya algún modo de detectar los cambios (un microscopio o un análisis químico). Las moléculas que se han empleado como caracteres para construir árboles son las siguientes: carbohidratos, proteínas, grasas y lípidos; enzimas, transmisores de oxígeno, hormonas y feromonas; partes del citoesqueleto (el esqueleto celular); y componentes químicos de conchas y dientes y de caparazones y huesos.

Las características bioquímicas han sido un complemento útil de los caracteres bioquímicos a la hora de reconstruir el árbol de la vida, pero son menos numerosas y de más difícil obtención: casi todos los componentes bioquímicos susceptibles de estudio requieren un experimento específico. Lo que necesitamos es una fuente de caracteres que se lean con rapidez y facilidad en cualquier especie. Y en grandes cantidades. Queremos, además, que sean comparables en todo el árbol de la vida, desde los más pequeños y simples hasta los más grandes y complejos. Durante las últimas décadas, los caracteres que cumplen estos requisitos, y que se han revelado como los más útiles para reconstruir el árbol de la vida, son las moléculas con información biológica: las proteínas y el ADN presentes en todas nuestras células.

LA MATERIA DE LOS GENES

Escondida dentro de la Estatua de la Libertad, extendiéndose desde las plantas de los pies hasta la corona, se encuentra la representación accidental de una superestrella de la biología molecular: dos estrechas escaleras helicoidales, una para subir y otra para bajar, que se enroscan en torno a la columna central. Esta doble hélice fue lo que más me impresionó cuando subí y bajé por esas abarrotadas escaleras la primera vez que visité Nueva York. La doble hélice es la característica más distintiva de la molécula de ADN, pero probablemente el aspecto menos interesante del ADN para el propósito que ahora nos atañe. Si aspiramos a comprender por qué el ADN (y su *alter ego* en forma de moléculas proteicas) ha llegado a ser tan útil para reconstruir el árbol de la vida, debemos conocer un par de detalles más sobre el comportamiento de esta molécula informativa.

El primer detalle es que las letras individuales de nuestro código de ADN y las letras de aminoácidos que se encadenan en nuestras moléculas proteicas pueden estudiarse exactamente igual que si fueran rasgos morfológicos: atrapamoscas, brazos y alas, vellosidad e incluso inversiones cromosómicas. Cada letra molecular puede considerarse equivalente a un carácter morfológico y se comporta de igual manera, pues sufre cambios ocasionales conforme pasa el tiempo y la heredan los descendientes.

El segundo detalle lo he esquivado hasta ahora en aras de la simplicidad. Los caracteres morfológicos de las especies que hemos estudiado hasta ahora (espina dorsal, trampa de cepo...) se hallan o bien presentes o bien ausentes. En el mundo real, si se nos permitiera usar todos estos estados disyuntivos para reconstruir el árbol de la vida, no tardaríamos en quedarnos sin caracteres, ya que casi toda la evolución radica en la mejora y modificación de caracteres después de que hayan surgido, no en la invención de caracteres completamente nuevos.

Tomemos, por ejemplo, los dientes de los vertebrados. La presencia (o ausencia) de dientes es una manera óptima de decidir si una determinada especie es un vertebrado (o no). Pero los dientes también han cambiado a lo largo del tiempo en las ramas del árbol de los vertebrados, evolucionando en distintas direcciones: largos y cortantes en los carnívoros; romos y trituradores en los herbívoros; puntiagudos en los piscívoros; enormes en los elefantes, y así sucesivamente. La existencia de tantas modalidades de dientes significa que hay una inmensa cantidad de información útil más allá de la sencilla dicotomía «tener dientes»/«no tener dientes». Podemos utilizar el carácter «diente» para comprender el parentesco entre los vertebrados: para distinguir a un león de un tigre o a una marsopa de un delfín.

Las múltiples formas (cortantes, puntiagudos, trituradores) que puede adoptar un solo carácter (dientes) se denominan «estados de carácter», un concepto matizador sin el que los caracteres moleculares no se entenderían bien. Casi todos los análisis de datos moleculares emplean estados de carácter: identificamos un carácter (p. ej., el quinto aminoácido de una proteína) presente en todas las especies (tigre, león, oveja y cabra), y después, para cada especie, preguntamos cuáles de las veinte posibles letras de aminoácidos se hallan presentes en esta posición en la proteína de cada especie. Quizá el quinto aminoácido en el tigre y el león sea la alanina, y en la oveja y la cabra, la serina. En este caso, no es el hecho de tener o no tener el carácter (todas las especies analizadas lo tienen) lo que nos dice lo que queremos saber, sino los distintos estados del carácter.

Tomando en cuentas estas consideraciones, nos toca ahora ocuparnos del funcionamiento de los genes, al menos de las partes importantes para la construcción del árbol.

Las moléculas proteicas y de ADN son polímeros, lo que significa sencillamente que están compuestas por una larga cadena sin ramificar integrada por muchas subunidades más pequeñas dispuestas en hilera, como gemas en un collar. En una molécula proteica, las subunidades (los rubíes, diamantes, amatistas, ópalos en un collar) son aminoácidos: veinte moléculas diferentes, cada una de las cuales presenta una ligera variación con respecto a un tema central constante. Todas ellas comparten la fórmula química NH_2-CHR-COOH, donde la «R» representa la única parte de la molécula que varía. En la alanina, la R representa «CH_3», y para la serina hay que sustituir la R por «OH» (te prometo que no deberás examinarte sobre esta materia). Cada R diferente proporciona a ese aminoácido un conjunto exclusivo de propiedades: la parte de R puede ser grande o pequeña; puede permitir que el aminoácido se disuelva en agua o la repela; puede significar que el aminoácido es más o menos ácido, y así sucesivamente. De igual modo que el número y orden de las letras en la frase que estás leyendo determina su significado, el número y orden de los veinte aminoácidos que componen una proteína determinan la función de esa proteína.

Las gemas de las que consta el collar del ADN, por otra parte, se denominan «nucleótidos» y son moléculas ligeramente más grandes y mucho más complejas que los aminoácidos. Sin embargo, una molécula de ADN es más sencilla que una molécula proteica, porque solo contiene cuatro letras nucleótidas: adenina (A), citosina (C), guanina (G) y timina (T). Estos nombres aluden a las circunstancias de su descubrimiento: *adenina* viene del griego *aden*, 'glándula', porque se extrajo por primera vez de una glándula pancreática; *citosina*, del griego *kytos*, 'células', porque se extrajo de las células de una glándula endocrina denominada «timo»; *guanina*, de *gua-*

no (de la palabra inca *wanu*, 'abono'), porque se extrajo de los excrementos de las aves; y *timina*, del ácido *tímico* extraído de un timo. Lo mismo rige para los aminoácidos: la *serina* se obtuvo por primera vez de la *seda* (*sericum* en latín); la *alanina* se sintetizó por primera vez del *aldehído*, y así en los demás casos.

Sin embargo, las estructuras de estos dos polímeros químicamente muy distintos se hallan en íntima conexión: el orden de las letras nucleótidas en una sección de ADN (lo que llamamos un «gen») codifica el orden de los aminoácidos en la proteína producida por el gen. Casi todos los detalles complejos de cómo el código del ADN se traduce en la serie correcta de aminoácidos revisten poca importancia para la historia del árbol de la vida. La excepción se encuentra en las pequeñas máquinas moleculares llamadas «ribosomas», presentes en las células de todos los organismos vivos. La función de un ribosoma consiste en leer letra por letra el código del ADN y traducir estas letras en la serie correcta de aminoácidos.*

El ADN puede entenderse en términos sencillos como el conjunto de instrucciones que dictan exactamente a las células cómo fabricar proteínas. Es la propia proteína la que en realidad hace algo de provecho. En función del orden de sus aminoácidos, la proteína puede ser una enzima que ayuda a digerir la comida o una globina que transporta oxígeno a los músculos, o bien su papel puede consistir en conectar (o desconectar) otro gen para que se produzca una segunda proteína en la célula.

Ignorada por Darwin, que ni siquiera conocía la existencia de los genes, y menos aún del ADN o la doble hélice, esta cadena de sucesos es el principio molecular que rige el fun-

---

* En interés de la claridad, dejo fuera muchos detalles. La omisión más clamorosa es, probablemente, el hecho de que el ribosoma no lee directamente las letras del ADN. Para no sufrir daños en la vorágine de la célula, el ADN se mantiene a salvo en el núcleo, mientras que las moléculas de ARN, más prescindibles, se construyen como copias perfectas del ADN para que las lea el ribosoma.

cionamiento de la evolución. Un cambio en la secuencia del ADN de un gen (una mutación) dará normalmente como resultado un cambio en la secuencia de aminoácidos de la proteína que codifica, y esta proteína cambiada producirá normalmente un cambio en el fenotipo del organismo. El cambio en el fenotipo puede ser perjudicial si da como resultado un organismo enfermo, una escasa descendencia y, finalmente, la desaparición de esa mutación en concreto. Por el contrario, será beneficioso si, por ejemplo, se traduce en el cuello más largo que necesita la jirafa para alcanzar las ramas altas de un árbol. Esta jirafa más fuerte y mejor alimentada tendrá más crías, lo que extenderá la nueva y beneficiosa mutación y el alargamiento resultante del cuello.

Si tuvieras que recordar algo de esta disertación sobre el funcionamiento de los genes, debería ser lo siguiente: que podemos analizar el ADN y los caracteres proteicos (las cuatro letras del ADN, los veinte aminoácidos de las proteínas) aplicando exactamente el mismo planteamiento que usamos para los caracteres morfológicos. Y lo asombroso del asunto es que en cualquier especie se encuentran muchos de estos caracteres: unos 3000 millones de letras nucleótidas en nuestro propio genoma, que puede contener unos 20 000 genes, cada uno de los cuales codifica una proteína con su secuencia exclusiva de aminoácidos a la espera de ser leída.

El primero que señaló el potencial del ADN y de las proteínas como registro de la evolución, hace casi setenta años, fue Francis Crick, el famoso codescubridor de la doble hélice del ADN. En 1958, mucho antes de que se dispusiera de las secuencias necesarias para hacerlo, Crick escribió:

Los biólogos deben ser conscientes de que en poco tiempo tendremos una disciplina que podría denominarse «taxonomía proteica». [...] Puede sostenerse que estas secuencias son la expresión más precisa posible del fenotipo de un organismo y que pueden albergar cantidades ingentes de información evolutiva.[1]

Crick iba años por delante de su época. La utilidad de las biomoléculas para construir el árbol de la vida no sería reconocida hasta que el grado de desarrollo de las técnicas para leer la secuencia de aminoácidos en una proteína y, más tarde, los nucleótidos en el ADN facilitó su uso. Por increíble que parezca, los dos métodos para determinar la secuencia de letras en ambos tipos de moléculas, pese a lo diferentes que son, los ideó el mismo biólogo: el británico Fred Sanger, cuyas dos secuenciaciones le reportarían sendos premios Nobel.

Hoy, casi todos los esfuerzos encaminados a determinar la estructura del árbol de la vida se basan en la comparación de las secuencias de letras nucleótidas de ADN y de letras de aminoácidos de las proteínas. El uso de caracteres moleculares (genotípicos) en vez de morfológicos (fenotípicos) comporta al menos tres grandes ventajas. La primera y más importante, tal como hemos visto, es una mera cuestión de números. Ahora que la secuenciación de genomas completos se ha abaratado y simplificado, las bases de datos moleculares suelen comparar mil genes distintos de la especie estudiada, lo que da como resultado centenares de miles de nucleótidos o aminoácidos individuales. Actualmente es fácil secuenciar el ADN, pero no lo era tanto en 1989, cuando empecé a investigar para mi doctorado en el Departamento de Zoología de la Universidad de Oxford. Durante tres años de trabajo en el laboratorio, secuencié algo más de 20 000 letras de ADN. Hoy bastarían unas pocas horas en el laboratorio para enseñarte, querido lector, a leer la secuencia de millones o incluso miles de millones de nucleótidos del ADN de cualquier organismo que despertara tu interés. Compárese esta facilidad con los muchos años que hacen falta para convertirse en un experto en las características morfológicas de cualquier pequeña rama del árbol de la vida.

La segunda ventaja de los datos moleculares es que muchos genes se encuentran en todas las formas de vida. Está muy extendida la creencia de que compartimos la mitad de nuestro ADN con un plátano, y no es cierto, pero sí lo es que tenemos centenares de genes en común. Un experto en insectos y otro experto en mamíferos se las ven y se las desean para dar con un puñado de caracteres morfológicos comparables entre una hormiga y un oso hormiguero, y cuanto más lejano sea el parentesco, menos caracteres morfológicos comparables hallaremos. Por el contrario, hay múltiples genes «universales», presentes en todo el árbol de la vida, que participan de los aspectos más antiguos del vivir: copiar el ADN, traducir el ADN a proteínas, fabricar energía y otros procesos bioquímicos esenciales para toda forma de vida. La existencia de genes universales implica que hay abundantes caracteres que me servirían para compararte a ti, lector, con un plátano.

La tercera ventaja de usar moléculas es que son casi inmunes a la modalidad más importante de evolución convergente. Aunque no es raro que dos especies evolucionen hasta adquirir una apariencia similar cuando tienen necesidades similares, es sumamente improbable que hayan desarrollado los mismos cambios en los mismos genes para producir esas características compartidas. Por ejemplo, los cocodrilos y los leones han desarrollado dientes grandes y puntiagudos para atrapar a sus presas, pero las múltiples maneras que existen para aguzar los dientes (millones de formas de alterar centenares de genes diferentes, todas las cuales pueden resultar en dientes más grandes y puntiagudos) hacen casi imposible que los genes de los dientes puntiagudos de cocodrilos y leones sean asimismo similares.

Uno de los primeros intentos de usar secuencias de genes y proteínas para reconstruir (en parte) el árbol de la vida lo llevó a cabo en 1958 el inventor de la secuenciación, el propio Fred Sanger, al comparar las secuencias de aminoácidos que su laboratorio había leído en las proteínas de la insulina de cinco mamíferos: una oveja, una vaca, un caballo, un cerdo y una ballena. Como los primeros pasos de un niño, este trabajo tuvo más trascendencia que éxito. Lo primero que observó Sanger fue que las proteínas de la insulina de estos cinco animales son casi idénticas: solo tres de sus cincuenta y un aminoácidos registran alguna variación.

Son pocas opciones si queremos utilizar los cambios en los aminoácidos para establecer el parentesco. En un artículo que versa más sobre la secuenciación de la insulina que sobre el árbol de la vida, Sanger llegó a una conclusión evolutiva: «Se desprende que la insulina de la ballena tiene la misma estructura que la insulina del cerdo». Pero a renglón seguido lo descarta: «Parece probable que la identidad entre la insulina del cerdo y la de la ballena se deba más a la pura coincidencia que a cualquier parentesco filogénico [sic] inesperado».[2] Qué lástima: ahora, con la ventaja del juicio retrospectivo, sabemos que la notable similitud entre la insulina de la ballena y la del cerdo no se debe a pura coincidencia, pues se ha demostrado que, entre todos los mamíferos, los cerdos son parientes bastante cercanos de las ballenas y los delfines. Sanger estuvo en un tris de descubrir algo en verdad sorprendente sobre el origen de las ballenas.

Los árboles moleculares de la vida que reconocemos hoy surgieron en la década de 1960 junto con otros avances: programas informáticos para construir automáticamente árboles de la vida; diagramas arborescentes que empiezan a parecerse a los actuales; y, por encima de todo, más y más secuencias de cada vez más especies, primero de proteínas y después de ADN.

Mi inclinación por todo esto comenzó cuando estudiaba zoología a fines de la década de 1980, y el hecho decisivo, interesado como yo estaba por las discusiones sobre el parentesco entre los principales grupos de animales, fue un artículo científico publicado en 1988 —un año antes de que emprendiera mi doctorado— por investigadores del laboratorio del profesor Rudolph (Rudy) Raff en Indiana. La autora principal del artículo fue Katherine Field, por lo que el artículo se conoce como «Field *et al.*».[3]

Ese trabajo fue el primer intento creíble de utilizar secuencias de ADN para comprender el parentesco entre determinados grupos de animales (grupos claramente diferenciados como vertebrados, moluscos, insectos, platelmintos, medusas, etc.). El análisis de Field *et al.* utilizó las secuencias de nucleótidos —A, C, G y T— en un gen llamado «subunidad pequeña del ARN ribosómico», ARNr SSU (por sus siglas en inglés).** Como descubriremos en el capítulo siguiente, el gen ARNr SSU ha desempeñado un papel clave en el árbol de la vida desde el primer uso de las moléculas.

El ARNr SSU pertenece a un grupo especial de genes cuyas secuencias de ADN no contienen el código para la proteína correspondiente. La función de estos ARN ribosómicos es formar la estructura del propio ribosoma. Las moléculas del ARN ribosómico funcionan como el chasis de un coche, pues en ellas se aseguran con pernos docenas de proteínas ribosómicas (codificadas en genes normales codificadores de proteínas) para construir la máquina molecular del ribosoma. Field *et al.* utilizaron las secuencias de nucleótidos en ARN ribosómicos animales por multitud de razones: son fáciles de extraer en forma pura de cualquier organismo; sus secuencias (por razones técnicas que no vienen al caso) resultan más sencillas de leer que las de otros genes; son lo bastante largas para proporcionar cientos de miles de caracteres; y, por último (al ser un componente del ribosoma, la máquina celular universal), son genes universales presentes en todas las formas de vida de la Tierra, lo cual significa que es posible comparar un ARNr SSU humano con el de una bacteria. El artículo Field *et al.* cobró gran importancia porque inauguró una nueva manera de trabajar que dominaría el campo de la filogenética animal durante la década siguiente, cuando personas como yo añadieron secuencias de ARNr SSU extraídas de más especies. Pero algunos de sus resultados más destacados (el más polémico

---

** Simplifico en aras de la claridad: el producto del gen es ARNr SSU; el gen es ADNr SSU. Las letras del ARN son también algo diferentes, con el uracil (U) ocupando el lugar de la timina (T).

fue que ese grupo de investigadores postuló dos orígenes independientes de los animales) se debieron a errores de los que nos ocuparemos más tarde.

Las cualidades únicas de los genes ARNr SSU sustentan la que quizá sea su mayor contribución para la reconstrucción del árbol de la vida. Un gen universal, homólogo en todos los organismos vivos, apunta a un antepasado común, y sin duda antiquísimo, de toda la vida. En la raíz misma del árbol de la vida hay una especie —la *Radix communis organismorum* de Haeckel— que vivió hace unos 4000 millones de años. Este organismo se conoce hoy como el «último antepasado común universal», LUCA (por sus siglas en inglés), y determinar a qué se parecía, qué genes tenía, de dónde extraía su energía, de qué se componían sus membranas celulares, en qué clase de medio vivió y qué otras cualidades pudo haber poseído reviste capital importancia para el proyecto de reconstruir la historia de la vida en la Tierra. LUCA es como la parte angosta de un reloj de arena, por la que todos los granos deben pasar; es el pivote entre el tiempo anterior, cuando la química se transformó en bioquímica y surgió la vida de entre las rocas, y el tiempo posterior, cuando los procesos evolutivos extendieron la pasmosa diversidad de la vida por toda la Tierra. Este es el punto de inflexión al que viajaremos en las páginas siguientes.

PARTE II
CÓMO VIAJAR EN EL TIEMPO

LES PRESENTO A LUCA, EL ÚLTIMO ANTEPASADO COMÚN UNIVERSAL

La vida surgió con una rapidez increíble y casi inverosímil poco después de las grandes conmociones que trajo consigo la formación de la Tierra. La Tierra cobró existencia hace 4500 millones de años, pero unos 4400 millones de años atrás un segundo planeta impactó en la joven proto-Tierra, y ambos se licuaron hasta quedar reducidos a lava hirviendo. De la fusión de los detritos generados por aquel suceso catastrófico de magnitud inimaginable se formó la Luna. En la primera Tierra había agua, pero no océanos; el agua solo existía en estado de nubes de vapor. Cuando la Tierra se enfrió, la lluvia caída por la condensación de las nubes formó los océanos, y concurrieron las condiciones necesarias para que la vida diera sus primeros pasos. Es difícil imaginar una cuna menos agradable, pero se cree que el árbol de la vida retoñó y arraigó a duras penas en las profundidades de esos océanos hace 4000 millones de años.

Se acepta con carácter general que las estructuras más antiguas que se conservan debidas a organismos vivos (esto es, producto de la biología y no de la química o la geología) se encuentran en rocas australianas y sudafricanas y datan de hace unos 3400 millones de años.[1] Algunos de estos fósiles, llamados «estromatolitos», son grandes y observables a simple vista como finos estratos de roca semejantes a capas de hojaldre. Se cree que los estromatolitos se formaron en un mar poco profundo, y que cada estrato es una lámina fosilizada de bacterias fotosintéticas con sedimentos incrustados. También hay microfósiles, formas minúsculas que bacterias fosilizadas dejaron en la roca. Pero LUCA debió de precederlos 500 000 años, porque se han detectado restos de los procesos de la vida, cuando no fósiles, en las extrañas rocas de esa época.[2] Estos vestigios (o «biomarcadores»), hallados en cristales de circonio antiquísimos y extraordinariamente raros de Canadá y Groenlandia, sobreviven en forma de extraños isótopos de carbono que pueden entenderse como un subproducto de la vida. Esta evidencia es como la estela de perfume que deja alguien al salir de una habitación, pero carecemos de pruebas más directas de la vida más antigua de la Tierra. No hay manera de medirla, de conocer su forma, cómo se reproducía, cómo se alimentaba, de ver dentro de sus células, de extraer su ADN, de estudiar sus proteínas o investigar su estructura bioquímica. Para comprender esta etapa fundacional de la historia de la vida en la Tierra —para viajar atrás en el tiempo y conocer a LUCA—, nuestro único recurso es extrapolar al pasado las características de sus descendientes vivos.

Una verdad incontrovertible revelada por la teoría de la evolución darwiniana es que los parentescos entre especies implican la existencia de antepasados. Las especies con un parentesco cercano tienen antepasados comunes recientes, igual que los hermanos comparten progenitores; las especies con un parentesco más lejano tienen antepasados más antiguos, igual que los primos comparten abuelos. Darwin convenció a la mayoría de los victorianos de que esta teoría valía para simios, monos y otros animales más extraños como gusanos, moscas y medusas; pero entendió que también era aplicable, sin excepción, a todos los seres vivos (hongos, plantas, amebas, y así hasta llegar a las bacterias más raras y minúsculas): «Probablemente todos los seres orgánicos que han poblado la Tierra descienden de alguna forma primordial en la que se insufló vida por primera vez».[3]

Pese a su antigüedad, LUCA no fue el primer organismo vivo, sino el resultado de cientos de millones de años de evolución. Tuvo miles de millones de antecesores, pero, de todos estos experimentos tempranos, solo la rama de LUCA ha sobrevivido para dejar descendientes hoy vivos. Todas las demás ramas que vivieron en su tiempo se han extinguido. LUCA representa el último momento de esta especie ancestral antes de su división en dos linajes filiales diferenciados, cuya multiplicación y evolución ha producido toda la vida existente hoy en la Tierra. Es la identidad de los dos linajes descendientes de LUCA lo que ahora debemos indagar, porque será la vía para saber algo sobre LUCA.[4]

Es fácil determinar algunos aspectos de LUCA (no hace falta conocer a sus vástagos), porque algunos procesos biológicos se han conservado en la totalidad de la vida. El gen de la subunidad pequeña del ARN ribosómico (ARNr SSU), que sirvió a Field *et al.* para investigar el parentesco entre los animales, existe en forma muy similar (casi las mismas letras de ADN y casi en el mismo orden) en todas las células estudiadas. Esta universalidad nos dice algo importante: que LUCA no solo debió tener un ribosoma, sino que su ribosoma estaba constituido casi de la misma manera que todos los ribosomas modernos que de él descendieron. El ribosoma de LUCA estaba construido con el mismo ARNr SSU y el mismo conjunto de proteínas ribosómicas (porque son similarmente universales). LUCA debió de tener un ribosoma, pero podemos llevar esta inferencia algo más lejos para ver que la función de un ribosoma —traducir el mensaje codificado en el ADN de un gen a la serie correcta de aminoácidos de su equivalente en la proteína— debió también de ser parte de la estructura biológica de LUCA.

La coincidencia más improbable es quizá la universalidad del propio código genético. El ADN, como se recordará, es un largo código molecular lineal escrito con un alfabeto de cuatro letras: A, C, G, T. La información almacenada en el ADN es leída (por el ribosoma) en grupos de tres letras de ADN (AAA, ACG, TGA, etc.; hay en total sesenta y cuatro «tripletes» únicos), y cada uno de estos tripletes codifica uno de los veinte aminoácidos diferentes.* En nuestras células, AAA codifica el aminoácido lisina; CCA, el aminoácido prolina, y así sucesivamente. Al leer códigos genéticos de todo el árbol de la vida, desde animales, plantas y levaduras hasta toda clase de bacterias, hemos descubierto, con unas pocas y muy sutiles excepciones, que este código genético es absolutamente universal, sin haber registrado cambios durante miles de millones de años de evolución y a todo lo largo de las innumerables ramas del árbol de la vida.

El hecho sumamente improbable de que toda la vida comparta estos rasgos —la forma, composición y función del ribosoma; la secuencia notablemente conservada de nucleótidos en los genes ARNr SSU; el mismo código genético— constituye en conjunto la demostración más convincente de que todo lo que vive hoy tuvo un único origen. Los sesenta y cuatro tripletes de letras de ADN podrían haberse mapeado en los veinte aminoácidos de un número abrumador de maneras (10^{84}, para ser exactos). Es sencillamente inconcebible que las bacterias, las algas y los cerdos hormigueros, por un insólito capricho del azar, hayan elegido el mismo código genético entre todas esas opciones. Todas las especies que viven hoy en la Tierra heredaron su código genético de un único antepasado común. Solo hay un árbol de la vida.

La universalidad del código genético nos indica que LUCA debió de utilizarlo. Algunas otras características de las especies hoy vivas quizá sean más o menos comunes en todas las ramas del árbol, pero no son universales ni, por tanto, derivan inevitablemente de LUCA. Para ver si estos caracteres, con su errática distribución, pueden remontarse a LUCA, tenemos que esforzarnos un poco más, y un capítulo anterior nos mostró la manera.

---

* Sesenta y cuatro tripletes codifican solo veinte aminoácidos porque a veces varios tripletes codifican el mismo aminoácido. Por ejemplo, los tripletes TCA, TCC, TCG y TCT codifican el aminoácido serina.

Podemos usar nuestro método de la parsimonia para determinar las características del antepasado de dos especies cualesquiera (dos ramas cualesquiera del árbol) averiguando los caracteres homólogos compartidos. El método es sencillo —lo hemos utilizado para descubrir que el antepasado común de aves y humanos tenía patas (pero no el antepasado común de aves, humanos y peces)—, pero solo funciona cuando sabemos qué dos grupos de especies comparar. No nos vale comparar dos especies cualesquiera, porque, por muy diferentes que puedan parecer, podrían tener un antepasado más reciente que LUCA. Para reconstruir las características de LUCA, necesitamos encontrar organismos vivos situados en las dos ramas más lejanamente emparentadas de todo el árbol de la vida: las que se separaron justo después de LUCA, hace unos 4000 millones de años.

Desde los años sesenta como mínimo, los libros de texto nos han enseñado que la división más fundamental de la vida puede encontrarse en la confluencia de dos grupos bien diferenciados: los procariotas y los eucariotas. Sus propios nombren ya revelan lo que los distingue: el *karyon* es el núcleo de la célula (la palabra significa 'corazón', como el de una nuez), y las células *procariotas* ('antes del *karyon*') no almacenan su ADN en un núcleo —no tienen núcleo—, al contrario que las células *eucariotas* ('con *karyon*'). Casi todos los millones de especies de procariotas son, para bien o para mal, de lo más oscuras. Las islas en este mar de oscuridad son tristemente famosas por causar numerosas dolencias: tuberculosis, tosferina, clamidia, sífilis, gonorrea, tifus, botulismo, salmonelosis, ántrax, enfermedad de Lyme, shigelosis, enfermedad del legionario, peste bubónica o lepra, entre otras.

Algunos organismos eucariotas, por lo menos, nos resultan más familiares e incluyen, por supuesto, a los grandes y complejos animales pluricelulares, los hongos y las plantas que comúnmente se clasifican como «seres vivos». Pero el grupo de los eucariotas abarca también muchas especies unicelulares (y, por tanto, microscópicas) que hasta el siglo XIX se habían asimilado a las bacterias. Estas formas de vida recibieron distintos nombres: «protozoos», «protistas», «esquizófitos». El propio Linneo fue meridianamente claro en la clasificación de lo que en realidad es una variedad increíble de vida monocelular, tanto procariota como eucariota, al agrupar todo lo microscópico en una sola especie (!) que llamó —cabe suponer que en broma— *Chaos infusoria*. Los eucariotas microscópicos son extraordinariamente diversos —algunos difieren más entre sí que los humanos de las algas—, pero, igual que los procariotas, la mayoría de los eucariotas unicelulares nos resultan conocidos por las enfermedades que causan: *Plasmodium* (malaria), *Trichomonas* (tricomoniasis) y *Trypanosoma* (enfermedad del sueño y enfermedad de Chagas).

Más allá de poseer (o no) un núcleo, las diferencias entre procariotas y eucariotas son múltiples, pero pueden reducirse a una cómoda dicotomía: los eucariotas son complejos, mientras que los procariotas —definidos casi exclusivamente por las características eucarióticas de las que carecen— destacan por su simplicidad. Los procariotas no carecen solo de núcleo, sino también de mitocondria, membranas celulares internas, mitosis (para la división celular) y cromosomas lineales. Las células procariotas son también mucho más pequeñas y tienen mucho menos ADN, ribosomas más pequeños, menos genes...

Los nombres de estas dos ramas independientes, *procariotas* y *eucariotas*, entrañan una contradicción.[5] Desde nuestra moderna perspectiva cladística (que, como nos enseñó Hennig, exige que los nombres se correspondan con ramas enteras), estos dos grupos no deberían dejar fuera nada ni a nadie. La rama eucariótica habría de contener a su último antepasado común y a todos sus descendientes, así como la rama procariota habría de incluir su propio e independiente último antepasado común y todos sus descendientes. La contradicción estriba en que el nombre *procariota* ('antes del núcleo') sugiere que los diminutos y simples procariotas son primitivos y debieron haber existido antes, y que en algún momento posterior se desarrollaron los eucariotas, más complejos y de mayor tamaño. Esto supondría que la rama eucariótica, más joven, es un vástago de la rama procariótica, más antigua. Pero los eucariotas no pueden haber surgido de los procariotas y tener al mismo tiempo un origen independiente.

En medio de esta confusión parece que tenemos dos posibles árboles de la vida que emparentan a procariotas y eurocariotas, dos árboles con implicaciones muy diferentes para nuestra tarea de determinar las características de LUCA. Si la división más antigua en el árbol de la vida es la que se produjo entre procariotas y eurocariotas, entonces LUCA debería ser su último antepasado común, y cualquier carácter que compartan lo habrá poseído también LUCA.

Si, en cambio, los eucariotas son solo una rama que brotó de algún lugar dentro de los procariotas, entonces no podríamos emplear una comparación procariota/eucariota para descubrir las características de LUCA. En este segundo caso, los eucariotas serían una desviación reciente y, en consecuencia, necesitaríamos profundizar en el árbol de los eurocariotas (que, de hecho, constituiría un clado que abarcaría toda la vida en la Tierra) para descubrir qué dos ramas procarióticas son las más lejanamente emparentadas, pues constituirían las dos ramas surgidas de LUCA.

Ocurre que el parentesco entre los eucariotas y los diferentes linajes de procariotas es más complicado y sorprendente todavía de lo que cualquiera de estos dos árboles indica. La historia del desenmascaramiento de LUCA —y de la gran sorpresa que subyace en los orígenes de la rama eucariótica— empezó en el siglo XIX, y sus últimos párrafos están aún por escribir. Pero por el momento vamos a analizar las líneas generales de su subtrama más importante, tomada del primer trabajo que usó un gen universal para estudiar las ramas inferiores del árbol de la vida.

Secuenciar hoy un gen (o un genoma completo) es coser y cantar. Basta con atrapar el organismo, pulverizar sus células, añadir unos cuantos productos químicos para eliminarlo todo menos el ADN y echar al correo el tubo con ADN para que lo procese un robot. Si el experimento de hoy en día fuera un avión a reacción, los experimentos para secuenciar genes que realicé a principios de los noventa serían el *Flyer* de los hermanos Wright, y el trabajo que se llevó a cabo en década de 1970 sería como atravesar Estados Unidos en un carromato. Estos experimentos pioneros eran lentos y agotadores, y producían un notable tedio alternado con momentos de auténtico peligro. Algunas de las primeras secuencias de ADN y ARN (del gen universal ARNr SSU) se hicieron en el laboratorio del brillante y (según se desprende de sus obituarios) cascarrabias microbiólogo estadounidense Carl Woese.

Conviene obviar las abstrusas complejidades del experimento, aunque solo sea porque revelarían el terror que reinaba en el laboratorio de Woese en la década de 1970. El objetivo final era conocer la secuencia de nucleótidos (A, C, G, T) en pequeñas muestras de los genes ARNr SSU de varias especies de procariotas y eucariotas. El primer paso consistía en alimentar las células con una fuente de comida en la que los átomos normales de fósforo (^{31}P) se hubiesen sustituido por un isótopo de fósforo (^{32}P), algo más pesado —y muy radiactivo—. El fósforo es un átomo clave en el ADN y el ARN, y, a medida que las bacterias crecían y su multiplicaban, los átomos radiactivos quedaban incorporados a estas moléculas, lo que permitía rastrearlas, algo que en otras condiciones habría sido imposible, dada su invisibilidad. Un joven estudiante del laboratorio de Woese, Kenneth Luehrsen, describió cómo el contador Geiger que medía la radiactividad «no paraba de emitir potentes pitidos a nuestro paso».[6]

El resto del experimento consistía en separar el ARNr SSU radiactivo de las otras moléculas de la célula, cortarlo en porciones más pequeñas usando enzimas, separar estos fragmentos unos de otros y, por último, leer la corta secuencia de nucleótidos ACGT contenida en cada fragmento. El método para separar los fragmentos incrementaba notablemente el

terror radiactivo del experimento.[7] La separación se efectua-
ba recurriendo a una versión temprana de un proceso denominado «electroforesis». Con una pipeta se vierte una gotita
de la muestra de fragmentos en un extremo de una hoja húmeda de celulosa y se aplica una descarga eléctrica. El ADN
con carga negativa corre por el papel atraído por el electrodo
positivo, y el truco está en que la velocidad a la que se mueven
los fragmentos depende de su tamaño. Los fragmentos pequeños se enredan mucho menos en las fibras de celulosa y se
mueven con rapidez, mientras que los fragmentos grandes se
desplazan mucho más despacio. El feliz resultado es que los
fragmentos mezclados de ARNr SSU quedan perfectamente
ordenados según su tamaño, lo que permite extraerlos en estado puro. Es como encontrar a los atletas olímpicos entre
una multitud poniendo a todo el mundo a competir en una
carrera.

La electroferesis se efectuó en un tanque con 100 litros de
líquido y un potencial eléctrico de hasta 8000 voltios. El alto
voltaje hacía que el equipo corriera el riesgo de derretirse, de
modo que añadieron al tanque litros de un líquido refrigeran-
te: queroseno refinado, un decapante de pintura. «El análisis
de secuencias de ARN con estos métodos probablemente no
podría llevarse a cabo hoy en día por las normas vigentes en
materia de seguridad», escribió Norman Pace, colaborador de
Woese, y se quedó muy corto.[8]

A lo largo de años de trabajo, Woese y sus colegas compa-
raron los ARNr SSU de un variado conjunto de eucariotas y
procariotas. Su descubrimiento más importante solo fue posible porque incluyeron en su estudio varias especies de un
tipo de procariota singularmente raro, llamado «metanóge-
no», que no produce la energía que necesita para sobrevivir
«quemando» carbohidratos en oxígeno (de hecho, el oxígeno
es letal para ellos), sino combinando dióxido de carbono e
hidrógeno para obtener metano. A los metanógenos se los
denomina a veces «extremófilos» por sus singulares hábitats:
conductos hidrotermales muy calientes en aguas marinas

profundas, lagos hipersalinos e hiperalcalinos enterrados bajo tres kilómetros de hielo en Groenlandia y —más prosaicamente— los tractos digestivos de muchos animales. En la época de las investigaciones de Woese, los metanógenos y sus parientes eran poco conocidos, y las condiciones que exigía su crecimiento dificultaban su cultivo en el laboratorio.

La primera sorpresa de las comparaciones de los ARNr SSU fue que había algunos fragmentos de la molécula de ARNr SSU idénticos en todas las especies estudiadas.[9] Aquello supuso un hallazgo asombroso: algunas partes de un gen universal son en sí mismas verdaderamente universales, pues están presentes en formas de vida tan alejadas entre sí como los seres humanos y las bacterias de nuestros intestinos. Algunas partes del ARNr SSU se han transmitido puntualmente de generación en generación en todas las especies que han existido durante más de 4000 millones de años, lo cual nos dice algo importante: que estas secuencias exactas de nucleótidos son tan decisivas para la función de la molécula de ARNr SSU que cualquier error en el copiado desemboca en la muerte instantánea de su desdichado portador; nunca se han tolerado variaciones.

El segundo y aún más notable descubrimiento —un hallazgo que muchas personas, incluido, al parecer, el propio Woese, juzgaron mérito suficiente para recibir el Premio Nobel— concierne a la raíz del árbol de la vida. El histórico resultado no se mostró con la forma, fácil de interpretar, de un árbol, sino camuflado en las entradas de la tabla 1 del artículo: una árida lista de números que registran, para cada pareja de especies, el grado de similitud de sus ARNr SSU. En concreto, la tabla 1 da una medida de cuántas secciones cortas de los ARNr SSU compartían cada pareja de especies. La primera conclusión, reconfortante en su obviedad, es que las bacterias (normales) son mucho más similares entre sí que con respecto a los eucariotas, y que, a su vez, los eucariotas son mucho más similares entre sí que con respecto a las bacterias; hasta aquí, nada que nos sorprenda.

El descubrimiento verdaderamente asombroso lo proporciona el otro grupo de procariotas: los metanógenos, rarezas biológicas que son también similares entre sí y muy diferentes de los eucariotas. La sorpresa —una auténtica bomba— fue que las bacterias de los metanógenos y las bacterias «normales» no formaban un grupo unitario. Los datos de Woese revelaron, por el contrario, que las bacterias de los metanógenos son al menos igual de diferentes de las bacterias normales que de los eucariotas. Mediante este experimento bastante rudimentario (y con esta tabla común y corriente) se comprobó que dos organismos de parecida simplicidad —bacterias normales y metanógenos—, ambos carentes de núcleo, mitocondria, cromosomas, membranas, etc., guardan entre sí un parentesco igual de lejano que el de cada uno de ellos con relación a los eucariotas.

Woese había demostrado que la vida no se divide en dos dominios —procariota y eucariota—, sino en tres ramas totalmente diferenciadas: bacterias normales, eucariotas y metanógenos. Había descubierto la existencia de un dominio de la vida completamente nuevo que nadie había previsto, una rama del árbol de la vida mucho más antigua, mucho más grande y, en todos los aspectos, mucho más relevante que el hallazgo de una nueva especie, género, clase o incluso reino. Desde entonces se han añadido otras muchas especies al dominio de los metanógenos, que Woese y sus colegas denominaron Archaea —los 'antiguos'—, mientras que designaron Eubacteria a los restantes procariotas.

Esta división tripartita —Eubacteria, Archaea y Eukaryota— no encaja del todo en nuestra idea de un árbol de la vida en el que cada punto de ramificación se escinde en dos. Woese dividió la vida en tres partes, pero no fue más allá; no pudo decir de qué manera estaban conectadas ni cuál de los tres posibles árboles que podían emparentarlas era el correcto. ¿Es la división más profunda la que se da entre Eubacteria y Archaea, por un lado, y Eukaryota, por el otro, es decir, la de la presencia de núcleo frente a su ausencia? ¿O se encuentra

Eubacteria más cerca de Eukaryota y los parientes lejanos de Archaea, siendo el núcleo una pista falsa? ¿O, por último, conduce una de las dos ramas que salen de LUCA a Eubacteria y la otra a Archaea más Eukaryota? Recuérdese que determinar con precisión las características de LUCA requiere conocer la división más antigua del árbol de la vida, es decir, saber cuál de estos tres árboles es el correcto. El problema se reduce a decidir cuál de las tres ramas brota directamente de la raíz del árbol (como es lógico, las dos otras ramas se hallarían juntas por el lado opuesto de este punto más bajo).

La respuesta la proporcionó Margaret Dayhoff, pionera de la biología computacional cuyo laboratorio demostró que la raíz del árbol de la vida se encuentra entre una rama de Eubacteria por un lado y una rama de Archaea más Eukaryota por el otro.[10] La vieja idea de una división sencilla entre procariotas simples y eucariotas con núcleo es un error.

La historia del parentesco entre eucariotas, eubacterias y arqueas lleva camino de volverse aún más extraña, pero por ahora podemos valernos de este conocimiento básico de su parentesco para viajar muy atrás en el tiempo, 500 000 años antes de los fósiles más antiguos. Nuestro nuevo conocimiento de esta parte más antigua del árbol de la vida nos dice que cualquier carácter compartido por Eubacteria (la primera rama de LUCA) y Archaea o Eukaryota (la segunda rama) debió haber procedido de LUCA. Veamos qué podemos averiguar.

Ya hemos visto cómo la existencia de genes ribosómicos universales es una pista de que LUCA debió haber poseído también lo que acompaña a los ribosomas: traducción, un código genético de tripletes y otros fragmentos celulares implicados en la decodificación de las letras de ADN y las cadenas de aminoácidos en proteínas. ¿Qué otros genes universales podrían decirnos en qué condiciones vivió LUCA, cómo obtenía su energía, cómo se movía? Para nuestra decepción, aunque el número mínimo de genes que precisa la vida ronda los 600, solo existen unos treinta genes verdaderamente universales,[11] y además casi todos están en el ribosoma, lo que refuerza la idea de lo importante que es y ha sido siempre esta máquina molecular para la vida. Pero si nos relajamos un poco y establecemos que para considerar que un gen proviene de LUCA no tiene por qué ser universal, sino que bastaría con que existiera al menos en unas cuantas especies en las dos ramas procedentes de LUCA, entonces descubrimos un número apreciable de genes que podrían tomarse por universales. Rebajando así el listón, la relación de genes de LUCA se eleva a casi 400, y con esta lista en la mano podemos empezar a hacer prometedoras incursiones en la vida de LUCA.

Uno de los genes más reveladores de LUCA es el que codifica una proteína con el estimulante nombre de «girasa inversa», cuya función consiste en añadir giros a la doble hélice del ADN, haciéndola más densa, más compacta.[12] Es una descripción algo oscura, pero nos proporciona una pista sorprendente sobre el medio en el que vivió LUCA. El estado del ADN en la mayoría de las células con las que nos topamos —las nuestras, pongamos por caso— es el contrario: cuando se compara con el ADN normal, la doble hélice de nuestro ADN está en realidad algo desenrollada, y ese desenrollamiento ayuda a las enzimas que interactúan con el ADN a encajar en los surcos de la doble hélice y cumplir su función con mayor efectividad. El gen de la girasa inversa (y el ADN densamente enrollado que produce) se halla disperso por todo el árbol de la vida, lo que incluye las especies de Eubacteria y Archaea. La pista decisiva sobre la vida de LUCA que nos proporciona la girasa inversa es que casi todas las especies que conservan este gen viven en medios extremadamente cálidos, desde 40 hasta 122 °C (estas especies se encuentran en fuentes termales, géiseres, etc.). Para situar estas temperaturas en un contexto humano, el agua a 40 °C la sentimos caliente en las manos y a 48 °C puede causarnos (aunque sea lentamente) quemaduras de primer grado. El denso enrollamiento en el ADN de estos organismos termófilos impide que las altas temperaturas separen las dos bandas de la doble hélice. La girasa inversa de LUCA implica que muy probablemente vivió en un medio cálido.

Una segunda pista de la estructura biológica de LUCA proviene de un conjunto de genes que producen metaloproteínas con cúmulos de hierro-azufre, que, como su nombre indica, son proteínas normales que se combinan con un núcleo de átomos de hierro y azufre. (La combinación de una proteína con elementos como hierro, zinc, etc., no es infrecuente: p. ej., las proteínas de la hemoglobina de nuestros glóbulos rojos tienen en su centro un átomo de hierro.) La primera y más evidente consecuencia es que LUCA debió haber vivido en un medio rico en hierro y azufre. Un aspecto interesante de las metaloproteínas es su extrema sensibilidad a las concentraciones de oxígeno, por mínimas que sean. El oxígeno convierte los cúmulos de hierro-azufre en formas inestables que se descomponen al instante, de lo que resulta que el oxígeno es en esencia letal.** Esto nos dice que LUCA no pudo haber vivido en un mundo con oxígeno. Por fortuna, un LUCA anaeróbico es una idea totalmente sensata, porque LUCA vivió unos 2000 millones de años antes del surgimiento de la fotosíntesis, origen del oxígeno en nuestra atmósfera.

El descubrimiento de que LUCA poseía girasa inversa y proteínas de hierro-azufre nos lleva a deducir que LUCA debió de vivir en agua muy caliente, en un medio carente de oxígeno y rico en hierro y azufre. Hoy por hoy, suponemos que LUCA vivió en el fondo de un océano antiquísimo, dentro de un respiradero hidrotermal de donde manaba agua a altísima temperatura. El agua caliente debía de proporcionar los diversos minerales (hierro y azufre incluidos) que permitieron a LUCA vivir con plena independencia de la luz solar que alimenta hoy casi todas las formas de vida.

** Es aún peor: el oxígeno reacciona también con el hierro para producir hidróxido férrico, que forma un cuerpo sólido en vez de disolverse, con el resultado de que el hierro deja de estar disponible para las células que de él dependen.

Sin una máquina del tiempo que funcione en la vida real, solo podemos aspirar a una visión muy parcial de LUCA. Nunca conoceremos todos los genes que poseía, ni las funciones precisas que estos cumplían, ni cómo cooperaban para formar un organismo vivo completo. Sin perjuicio de lo anterior, la imaginativa combinación de varios desarrollos nos transporta al pasado: el descubrimiento en la década de 1970 de los respiraderos hidrotermales; el nuevo árbol de la vida de Woese; la inmensa ampliación desde la década de 1980 de la diversidad de Eubacteria y Archaea; y la disponibilidad reciente de miles de genomas de todos los dominios de la vida, se están integrando para retrotraernos a la Tierra más pretérita. Cada vez escrutamos mejor por la pequeña tronera de nuestra máquina del tiempo metodológica para vislumbrar a nuestro antepasado más lejano.

Los métodos que hemos empleado para intentar reconstruir a LUCA pueden servir también para reconstruir las características de cualquiera de los innumerables antepasados comunes de todo el árbol de la vida, pero son muy contados los ancestros comunes que generan tanto interés y empeño científico como LUCA. Otra excepción a la oscuridad general en la que están envueltos los antepasados —y a la que se concede importancia suficiente para merecer un nombre— es un animal llamado Urbilateria que vivió hace unos 555 millones de años en los mares del Precámbrico.[13] El *Urbilateria*, 'bilateral antiguo', es el antepasado que dio origen a los animales con simetría bilateral (con imagen especular de los lados izquierdo y derecho). Entre sus descendientes figuran casi todas las especies animales que hoy viven.

EVOLUCIÓN DE LA CABEZA A LA COLA
Y EL PRIMER ANIMAL

Hace unos 538 millones de años se cuela en el registro fósil el primer indicio del florecimiento más espectacular de diversidad animal. Estos primeros fósiles se denominan *Treptichnus pedum*, pero, al contrario que la mayoría de los fósiles que conocemos, no son los restos petrificados del cuerpo del animal, sino de las madrigueras que hacía mientras buscaba comida. Estas marcas fosilizadas reciben el nombre de «rastros fósiles».

Los fósiles de *Treptichnus* no tienen nada de espectacular, pero algo nos cuentan sobre la identidad de quienes los dejaron. Lo primero que apreciamos es la complejidad de estas madrigueras, con ramificaciones por donde se movía el animal, probablemente en busca de comida, un comportamiento de cierta complejidad que apunta a un cerebro bastante desarrollado, o al menos a una inteligencia superior a la de la medusa. La estructura de las madrigueras —más o menos cilíndricas pero con evidencias de una parte delantera y trasera, superior e inferior— solo puede ser obra de un animal que comparta la configuración esencial de su cuerpo contigo, lector, y conmigo: una cabeza y una cola; un vientre y una espalda; y lados izquierdo y derecho. La rama más grande de todo el reino animal (ejemplificada por primera vez en el registro fósil con el *Treptichnus*) se define por la posesión de estas imágenes especulares de los lados izquierdo y derecho, y se llama Bilateria.

Pisándole los talones al *Treptichnus* —en rocas un poco más jóvenes— es posible detectar un florecimiento extraordinario y rápido de esta rama del árbol de la vida. Asistimos a la aparición, como por ensalmo, de un gran número de fósiles animales, cuya apariencia nos resulta familiar, unidos por la simetría bilateral: moluscos que parecen caracoles, artrópodos que parecen crustáceos, cordados que parecen peces y gusanos flecha y priapúlidos casi idénticos a los actuales. La aparición repentina de estos animales bilaterales en el registro fósil es un misterio que ha intrigado a zoólogos y paleontólogos durante 150 años, y nuestra imagen del abuelo de todos ellos, el Urbilateria, sigue siendo borrosa.

Para reconstruir al Urbilateria (igual que con LUCA o cualquier otro antepasado), necesitamos saber qué ramas vivas brotan de él y qué caracteres homólogos comparten. La primera de estas dos preguntas ya ha quedado respondida, y conoceremos las dos ramas a su debido tiempo; lo que ahora conviene saber es que artrópodos como la mosca de la fruta se sitúan en una rama y vertebrados como los ratones y los humanos en la otra.

La identificación de caracteres homólogos en los descendientes del Urbilateria se antojó por mucho tiempo un problema irresoluble. Durante más de cien años, los modos en que una mosca, un humano, una sanguijuela y un gusano nematodo (y todas las especies de los más o menos 25 grupos principales de animales procedentes del Urbilateria) pasan de huevo a adulto parecían presentar diferencias irreconciliables. Por tomar en consideración un solo tipo de esas diferencias, algunos embriones animales (los de los gusanos nematodos, p. ej.) siguen fielmente un conjunto de instrucciones precisas para que toda su progenie observe al crecer un comportamiento idéntico: las mismas células se producen en el mismo lugar y en el mismo momento. Otras especies (los humanos, p. ej.) son menos exigentes: hay reglas, pero mucho más genéricas. Todos los embriones llegan al mismo destino, pero cada uno habrá tomado una ruta algo distinta. Era casi impensable que pudiéramos llegar a descubrir algún detalle común de los *genes* que rigen el desarrollo embrionario de todos estos animales tan distintos.

A finales de la década de 1980 un insólito fenómeno producido en un laboratorio, una mosca con cuatro alas, cambió de raíz el panorama. El rarísimo animal —tan asombroso a su manera como un caballo con ocho patas o un perro con tres cabezas— habría de convertirse en un verdadero niño mimado de la biología. Su aparición fue el primer pinito en un viaje que conduciría a descubrir una imprevista unidad en los mecanismos que fabrican los cuerpos de todas las especies animales. Los embriones animales, por diferentes que parezcan y por diferente que sea su crecimiento, obedecen a un conjunto común de reglas. Existe una uniformidad antiquísima, solo visible en el código de su ADN, que, una vez descubierta, podría remontarse a su antepasado común: el gusano de 555 millones de años llamado Urbilateria.

Durante un breve y excitante momento en mitad de mis estudios universitarios, creí haber descubierto una de estas insólitas moscas de cuatro alas. Antes de que me ocupe de mi extraordinario hallazgo (por favor, no tengas expectativas demasiado altas), quiero explicar por qué estaba preparado para este descubrimiento. Había participado en un curso que analizaba las interesantes investigaciones sobre los procesos genéticos por los que las moscas de la fruta pasan de huevos a adultos. Estos trabajos partían de estudios muy anteriores, iniciados en la década de 1940 por el genetista estadounidense Edward *Ed* Butts Lewis. Lewis realizó sus investigaciones de doctorado en el Instituto Tecnológico de California (Cal Tech) en Pasadena con Alfred Sturtevant, a quien conocimos unas páginas atrás usando reordenamientos cromosómicos para determinar el parentesco entre moscas.[1] Lewis empezó a formularse preguntas sobre genética —el mecanismo de funcionamiento de genes y cromosomas—, pero su mentalidad abierta lo llevó a un campo muy diferente de la biología del desarrollo y al estudio de cómo los genes instruyen a los embriones en crecimiento sobre cómo formar un organismo adulto.

La elección de la mosca de la fruta como animal ideal para algunos de los experimentos pioneros en genética se debió en primer lugar a Thomas Hunt Morgan (el director de la tesis de Sturtevant).[2] Las moscas tienen un breve ciclo vital de diez días (no hay que armarse de paciencia, como Mendel a la espera de que la planta del guisante diera fruto) y se crían con facilidad. El estudio genético de la mosca de la fruta había empezado en 1910, cuando Morgan descubrió un macho mutante con ojos blancos y no los habituales de color rojo.[3]

La existencia de un determinado gen resulta imposible de detectar estudiando un solo individuo de una especie. El estudio de los ojos rojos de una mosca de la fruta nos permite formular la sensata conjetura de que tiene que haber un gen que enrojece sus ojos, pero ¿cómo podríamos probarlo? ¿Cómo estudiar este hipotético gen de los ojos rojos? ¿Cómo averiguar en qué cromosoma se encuentra, qué otros genes tiene cerca, cuántos genes más hacen falta para que los ojos se vuelvan rojos? Fue gracias a la aparición fortuita de una mutación que emblanqueció los ojos de la mosca como Morgan pudo conocer la existencia de un gen que *normalmente* enrojece los ojos. Solo con un marcador visible de la existencia del gen pudo estudiar cómo se transmite a la siguiente generación, su posición en un cromosoma específico y otros detalles.

Durante décadas de concienzudos experimentos, Lewis descubrió mutaciones que apuntaban a un conjunto de genes agrupados en el cromosoma de la mosca de la fruta.[4] Mutar cada uno de estos genes transforma una parte del cuerpo de la mosca en una parte diferente que acostumbra a encontrarse en otra posición: una antena podría transformarse en una pata para producir una mosca con una pata saliéndole de la cabeza (este gen se llama *Antennapedia*).

El más famoso de los genes de Lewis se denomina *Ultrabithorax*, y sus efectos se observan en las alas de la mosca. Aunque la mayoría de los insectos tienen cuatro alas, todas las moscas verdaderas (Diptera, orden que abarca las moscas de la fruta, moscas caseras, mosquitos y zancudos) solo presentan dos. Las dos alas se hallan en el segundo de los tres segmentos portadores de alas del tórax de la mosca de la fruta; en el tercer segmento torácico (donde todos los demás insectos tienen su segundo par de alas), las moscas poseen unos pequeños apéndices con forma de maza llamados «halterios» que dan vueltas como giroscopios para estabilizar el vuelo. La mutación de *Ultrabithorax* surte el asombroso efecto de transformar los pequeños halterios de una mosca normal de dos alas en un segundo par de alas. El resultado es el icónico monstruo de cuatro alas.

El compacto agrupamiento de estos genes en el cromosoma, sumado a sus efectos similares, llevó a Lewis a suponer que habían surgido por duplicación de un gen primigenio. Los famosos genes de Lewis (que le valieron el Nobel) se llaman «genes Hox». Un segundo descubrimiento bastante extraño fue que el orden de los genes Hox en el cromosoma (sabemos que hay ocho en total) corresponde exactamente al orden de las partes del cuerpo que cada uno controla: el primer gen era responsable de las células en la parte frontal de la cabeza, y el último, de las células en la punta de la cola.

Nuestra interpretación de los efectos de las mutaciones de Lewis —y, por tanto, de la función normal de los genes Hox de la mosca— es que cada uno de los ocho genes Hox *normalmente* se activa solo en las células de la parte específica que le corresponde en el embrión de la mosca. La función de cada gen Hox consiste en decir a cada conjunto de células (cabeza, tórax o abdomen) dónde están exactamente situadas para que sepan qué estructuras fabricar (p. ej., las células que forman apéndices deben fabricar una antena si están en la cabeza, pero una pata si se encuentran en el tórax). Cuando en una mosca muta un determinado gen Hox (desactivándose, de hecho), las células a las que suele dar instrucciones no reciben la información que les indica dónde están, y el resultado es que fabrican una parte del cuerpo en el sitio equivocado.

Al estudiar los trabajos de Ed Lewis, me obsesioné con los genes Hox y, con la ingenuidad propia de un veinteañero, confiaba en encontrar un Hox mutante. El primero que creí haber localizado estaba en una telaraña que vi fuera de mi cuarto de estudiante: una araña con seis patas en lugar de las ocho habituales. ¿Era un Hox mutante no descubierto hasta entonces? Ahorrándome bochornos posteriores, enseguida descubrí que sencillamente había encontrado una araña anciana que había perdido dos patas; ni siquiera faltaba la misma pata en el lado izquierdo y en el derecho. No había en realidad nada de lo que avergonzarse, pero poco después me acerqué mucho más al desastre cuando revisaba una placa de Petri con moscas anestesiadas.

En aquella época pasaba casi todas mis horas libres entre clases en el departamento de genética, donde había emprendido un proyecto en el laboratorio del brillante profesor David Roberts. Amable, paciente, siempre dando ánimos y calzado con zuecos, Roberts tenía un laboratorio que estudiaba la genética de la mosca de la fruta. El objetivo de mi proyecto era utilizar los cruces genéticos para intentar descubrir la ubicación en el cromosoma de la mosca de la fruta de un gen (entre otros miles) denominado *Penguin*. La mosca mutante *Penguin* presenta el único par de alas típico de las moscas, pero en lugar de bellas placas transparentes y con venas, sus alas semejan bolsas arrugadas como paquetes vacíos de patatas fritas. En el laboratorio del profesor Roberts dedicaba casi todo el tiempo a escudriñar a través del microscopio placas con moscas adormecidas con éter para encontrar los machos adecuados. Necesitaba aparear moscas macho que tuvieran la mutación *Penguin* con hembras que tuvieran otros genes mutantes —alas *rizadas*, cuerpo de *ébano* u ojos *cinabrio*— para ver si, cuando los animales mezclasen sus cromosomas al aparearse, mi mutación *Penguin* viajaba con una o con otra de estas mutaciones conocidas. *Penguin* debía agruparse en el cromosoma junto con sus compañeros de viaje, fueran cuales fuesen.

Fue mientras observaba por el microscopio las adormecidas moscas cuando me topé con el verdadero portento: una mosca de cuatro alas. Un complicado mutante que Ed Lewis había tardado décadas en criar había aparecido espontáneamente en mi placa de Petri. Echando la vista atrás, se trataba de un suceso imposible que habría exigido la concurrencia de muchas mutaciones rarísimas en una sola mosca. Me disponía a salir corriendo para contárselo al profesor Roberts cuando descubrí la verdad. Mi mosca de cuatro alas era aún más asombrosa: no tenía seis patas sino doce, no una cabeza sino dos. Mi milagro era una bestia con dos espaldas; eran, sencillamente, dos moscas, una macho y otra hembra, insensibilizadas por el éter mientras se hallaban *in flagrante delicto*. Después de mi mayúscula decepción, lo único que me consoló fue que me lo había guardado para mí, al menos hasta ahora.

La mosca de cuatro alas de Lewis supuso un gran avance en el estudio de cómo operan los genes en un embrión de mosca para construir el cuerpo de un insecto adulto, pero los genes Hox se han demostrado mucho más interesantes (y el trabajo de Lewis ha dado pie a muchos miles de artículos donde se mencionan esos genes). La relevancia de los genes Hox solo se puso de manifiesto cuando se descifró por primera vez la secuencia de letras del ADN en varios de ellos. Este experimento, difícil en la década de 1980, demostró que la suposición de Lewis de que los genes Hox debían emparentarse unos con otros por duplicación de genes era correcta: aunque muchas de las letras del ADN en cada uno de los genes Hox son exclusivos de ese gen, absolutamente todos los genes Hox comparten una secuencia muy parecida de 180 nucleótidos (lo que se llama un «homeobox»).[5] Pero fue en el momento en el que los científicos, entre ellos el director de mi tesis, el profesor Peter Holland, empezaron a buscar evidencia de homeoboxes en otros animales cuando surgieron las verdaderas sorpresas.

La primera sorpresa fue el descubrimiento de genes que contenían el mismo homeobox con 180 nucleótidos en otras especies animales. Se descubrieron homeoboxes en el ADN de otras moscas de la fruta y de otros insectos, como cabía esperar, pero también en parientes lejanos: una lombriz de tierra, una gallina, un ratón,[6] un humano, erizos de mar, estrellas de mar, caracoles y babosas marinas.[7] Para comprender lo sorprendente de este descubrimiento debemos ponernos en los zapatos (o los zuecos) de un biólogo del desarrollo a principios de la década de 1980. Recuérdese que, para un científico de esas características, los desarrollos embrionarios de una mosca de la fruta y un ratón parecían en todos los aspectos tan irreconciliables que no cabía imaginar que el eje cabeza-cola de una babosa y un ratón pudiese construirse empleando los mismos genes que el eje cabeza-cola de una mosca. Las coincidencias, sin embargo, empezaron a acumularse. Artículos publicados en años siguientes revelaron otras cuatro similitudes insólitas entre las embriogénesis de ratones y moscas. La primera fue que no solo había múltiples genes homeobox en un ratón, sino que las secuencias de ADN de cada gen Hox en ratones se correspondían casi exactamente con las de uno de los genes Hox en la mosca de la fruta. El gen Hox-1 del ratón es el más similar al gen Hox *labial* de la mosca; el gen Hox-2 del ratón es muy parecido al gen *proboscipedia* de la mosca, y así en los restantes casos.* La segunda coincidencia fue que los genes Hox correspondientes de la mosca y el ratón se encuentran exactamente en el mismo orden en el cromosoma de ambas especies. El Hox-1 *labial* de la mosca y del ratón son los primeros; el Hox-2 *proboscipedia* de la mosca y del ratón son los segundos, y así sucesivamente. La tercera coincidencia fue que la conexión entre el orden de los genes Hox en los cromosomas y las partes del cuerpo a las que afectan (conocidas a partir de la mosca) halla una réplica perfecta en un ratón.[8] La última coincidencia —y para entonces quizá ya no sorprendió a nadie— fue que la mutación de los genes Hox

---

* Estoy simplificando en al menos tres aspectos: (1) los nombres originales de los genes Hox del ratón eran terriblemente complicados y se basaban en el orden en que se encontraron; (2) el propio conjunto Hox del ratón se ha duplicado dos veces, de modo que (simplificando otro poco más) hay cuatro copias de Hox-1, cuatro copias de Hox-2, etc.; (3) la correspondencia no es exactamente 1:1, pero se acerca bastante.

del ratón provoca exactamente las mismas transformaciones homeóticas (una región del cuerpo adopta la identidad de otra) observables en las moscas.[9]

La única explicación razonable de estas insólitas coincidencias —mismos genes, mismo orden, misma función— es que tanto los propios genes como las funciones que desempeñan debieron haberse transmitido a ratones y moscas (y a humanos, babosas, lombrices de tierra y otros animales con simetría bilateral) por herencia de su antepasado común, el Urbilateria. El Urbilateria debió de haber poseído estos ocho genes, los cuales debieron de haberse distribuido en el mismo orden en su cromosoma y desempeñado las mismas funciones en las mismas partes de su cuerpo que en los cromosomas y cuerpos de sus descendientes vivos. La increíble conservación de este mecanismo antiquísimo para fabricar la anatomía de un animal de la cabeza a la cola —sin apenas cambios en 500 000 años— reveló una inimaginable unidad subyacente al proceso evolutivo de todos los descendientes del Urbilateria.

Al descubrimiento de la función de los genes Hox no tardaron en seguirle trabajos que mostraban que los genes que diferencian las espaldas de las moscas y los vertebrados de sus vientres también se conservan (y, por tanto, son herencia del Urbilateria). Y la implicación de un solo gen llamado *Pax6* en hacer tan notoriamente distintos los ojos de animales con simetría bilateral —los ojos de los artrópodos, con sus centenares de lentes; nuestros propios ojos, provistos de «cámara»; los ojos de pulpos y calamares, con una apariencia similar de cámara; los 200 ojos telescópicos de las vieiras; e incluso los pequeños ojos bicelulares de las larvas de gusanos— nos dice que el propio Urbilateria debió haber tenido alguna clase de ojo formado por el gen *Pax6*.[10] La conservación del gen *Pax6* es tan perfecta en insectos y vertebrados que si se toma este gen de una rana y se traslada al genoma de una mosca (de manera que se active), producirá unos ojos (de mosca) perfectos:

multifacetados, de vivo color rojo e indistinguibles en todos los aspectos de los verdaderos.

La mosca de cuatro alas de Lewis ha dado una imagen borrosa de cómo surgió el Urbilateria; tenemos noticia de sus ejes corporales, de sus ojos. Es posible que tuviera también un corazón latiente (reconocible por otro gen antiguo llamado «hombre de hojalata», por el personaje de *El mago de Oz*) y un cerebro y un cordón nervioso organizados más o menos como los nuestros. Pero, pese a estos rasgos comunes, la progenie superviviente del Urbilateria (moscas, ratones, lombrices de tierra, caracoles...) es tan variada que todavía no nos hemos puesto de acuerdo sobre su auténtica apariencia. En concreto, discrepamos sobre su tamaño y grado de complejidad. Como veremos, la solución de este problema afecta a otras cuestiones concernientes a la historia de los primeros animales bilaterales.

CÓMO LES SALIERON ALAS A LOS INSECTOS

«En ninguna otra parte del reino animal es el mecanismo para volar tan perfecto, tan idóneo para ese fin, como en la clase de los insectos. La libélula en vuelo no admite comparación con la golondrina», señaló Richard Owen.[1] El ala de los insectos es un verdadero prodigio de la evolución. Su invención convirtió el mundo plano y bidimensional de un insecto primitivo en un mundo de tres dimensiones; el campo de visión de un ave primitiva era en realidad el campo de visión de un insecto. Volar es mucho más eficiente que caminar, y el ala de los insectos ensanchó los horizontes de sus afortunados poseedores desde unos pocos metros cuadrados hasta muchos kilómetros cuadrados; pero por qué tan pocos grupos han adquirido la capacidad de volar es hasta cierto punto un enigma.

Durante cientos de millones de años, y en incontables ramitas de la rama de los insectos en el árbol de la vida, el ala se ha ido refinando a partir de su forma primigenia (y de su razón de ser), cambiando y adaptándose hasta llegar a ser mucho más que un elemento con una tarea única. Las alas se han coloreado y dibujado para atraer parejas, advertir a depredadores y servir de camuflaje. Los escarabajos y las tijeretas han transformado sus alas anteriores en un duro caparazón que cubre un par de delicadas alas batientes posteriores. Las moscas, como ya hemos visto, han modificado sus alas posteriores convirtiéndolas en los halterios giroscópicos. También se encuentran halterios en los machos de los diminutos parásitos estrepsípteros ('de alas retorcidas'), pero en este caso son las alas anteriores las que se han transformado (el estrepsíptero hembra, por su parte, pasa toda su vida dentro del cuerpo de su huésped y ha perdido las alas por completo, junto con sus superfluas antenas, patas y ojos).[2] Las hormigas poseen alas que se desprenden cuando ya carecen de utilidad, y muchos insectos palo han ido más lejos aún, pues nunca llegan a desarrollarlas (el vuelo es un arte impensable para estos desgarbados animales). Las langostas utilizan sus alas como violines; los escarabajos buceadores, como escafandra; y algunas libélulas tropicales, como ventiladores para refrescar sus cuerpos.[3] Incluso el modo de usar las alas para desempeñar su función primordial de volar varía de unos insectos a otros, desde el caótico batir de una mariposa hasta el zumbido del mosquito, el planeo de una libélula y el pesado runrún de una mariquita.

Las alas de los insectos son una invención maravillosa y transformadora, pero es difícil imaginar cómo surgieron. ¿Qué hacía un ala, si es que hacía algo, antes de que se volviera útil para volar? ¿Qué tenía, en otras palabras, el antepasado no volador de los insectos en lugar de alas? Para averiguarlo debemos viajar en el tiempo hasta el período inmediatamente anterior al del nacimiento de las alas en este antepasado áptero de los insectos, igual que hemos hecho con LUCA y el Urbilateria. Para ello, lo primero que necesitamos saber (porque el árbol es fundamental) es de qué manera se emparentan los insectos que tienen alas con los restantes artrópodos que no las tienen. La respuesta deparó una de las mayores sorpresas de la clasificación animal en la década de 1990 y uno de los primeros triunfos del uso de moléculas para construir árboles evolutivos. Los parientes más cercanos de los insectos resulta que son los crustáceos: cangrejos, langostas, gambas, moscas de agua, percebes, cochinillas y otras innumerables especies, casi todas acuáticas.[4] La sorpresa estriba en que se consideraba que los insectos eran parientes próximos de un grupo bien diferente de artrópodos: los miriápodos (aquellos que poseen 'miríadas de pies', es decir, los ciempiés y milpiés). Se creía que los insectos y los miriápodos se hallaban vinculados por compartir un conjunto de características ausentes en los demás artrópodos: ambos poseen un solo par de antenas (los crustáceos, dos); ambos respiran aire por unos orificios a los lados del cuerpo llamados «tráqueas» (los crustáceos respiran por branquias); ambos tienen patas no articuladas (las patas de los crustáceos suelen presentar ramas laterales que arrancan de la base); y ambos cuentan con órganos conectados con el extremo posterior del intestino que absorben la preciada agua de sus heces antes de expulsarla (los crustáceos no).

Fue una gran sorpresa, por consiguiente, la demostración de que los insectos no solo se situaban junto a los crustáceos en el árbol de la vida, sino que formaban un grupo *dentro* de los crustáceos, lo que significa que, del mismo modo que las aves *son* dinosaurios y nosotros *somos* peces, los insectos son sencillamente un grupo de crustáceos que se han trasladado a tierra firme, perdiendo unos cuantos pares de patas por el camino. Ahora los caracteres compartidos por insectos y miriápodos resultan bastante más interesantes. Es casi seguro que se inventaron independientemente en cada grupo cuando unos y otros ejecutaron los primeros movimientos para pasar del agua al medio terrestre, caliente, seco y rico en oxígeno. Esta nueva perspectiva del parentesco de los insectos con los otros artrópodos nos dice que no daremos con los precursores de las alas de los insectos buscando en el grupo de los miriápodos, sino en el de los crustáceos.

Hemos abordado, al menos tangencialmente, de dónde proceden las partes nuevas de los organismos. En vez de partir de cero, la evolución suele reciclar algo ya existente: el ala de un ave procede de una pata previa; el pelo y las plumas, de las escamas; los delicados huesos del oído medio, de partes enormes de un maxilar (presentes todavía en parientes vivos y antepasados fósiles). ¿Podemos observar este proceso en el ala de los insectos? ¿Podemos descubrir alguna parte del cuerpo de sus parientes más cercanos —los crustáceos— que sea un precursor verosímil de un ala? Se trataría de una estructura que indudablemente no es un ala, pero que así y todo es homólogo de las alas (igual que el ala de un ave es homólogo de la pata delantera de un dinosaurio).

El precursor del ala de los insectos desconcierta a los zoólogos desde hace por lo menos doscientos años. Una teoría postulaba que las alas de los primeros insectos voladores empezaron como los bordes ensanchados del caparazón del animal, que le permitían planear igual que las ardillas voladoras. Más probable es, sin embargo, que el precursor del ala haya que buscarlo en la base de la pata de un crustáceo. La próxima vez que tengas la fortuna de comerte una langosta, tómate un tiempo para inspeccionar sus diez patas. En el punto preciso donde cada pata se fija al cuerpo, podrás ver un conjunto de hojas de color gris parduzco a modo de plumas de apariencia nada apetitosa: son las branquias del animal, difíciles de ver porque se ocultan a buen recaudo bajo el caparazón. Estas branquias presentan distintas formas en función de la pata a la que vayan fijadas, pero en esencia se asemejan a la pala delgada y lisa de una raqueta de tenis de mesa, y son los precursores más probables del ala de los insectos. Las branquias y las alas se localizan más o menos en la misma parte del cuerpo de una langosta y un insecto (la más próxima a la base de la pata), pero se dan otras similitudes complejas, equivalentes al conjunto de los huesos compartidos por el brazo de un humano y el ala de una paloma. Lo más provechoso de todo es que muchos de los mismos genes se activan en las células de branquias y alas.[5]

El proceso de transición de la branquia al ala no queda claro, pero es tentador lanzarse a especular. Muchos de los primeros insectos pasaban la primera parte de sus vidas en el agua, como todavía hacen hoy las cachipollas, los mosquitos y las libélulas; es posible que conservaran las branquias de su etapa acuática cuando salieron del agua. Los primeros insectos terrestres usaron quizá estas palas para salvar distancias cortas planeando y librarse así de anfibios hambrientos. Incluso las limitadas habilidades para el planeo pudieron ser útiles en caso de necesidad, y después la selección natural debió de actuar para que las palas se agrandaran y ensancharan, y con el tiempo incluso se movieran, ayudando de este modo al animal a maniobrar en pleno vuelo, y finalmente se agitaran en el aire, permitiendo el vuelo propulsado. Las protoalas de los primeros insectos empezaron la transformación que terminaría en los dos pares de estructuras anchas, planas y batientes que hoy nos resultan familiares.

Partiendo de estos inicios simples pero funcionales, la historia de las alas de los insectos registra incontables y bellas variaciones sobre un mismo tema: la reapropiación de este rasgo anatómico básico, el robustecimiento de los músculos, la adición de color y el cambio de forma como respuesta a las nuevas exigencias de la supervivencia. Pero ¿y si todavía no nos damos por satisfechos? ¿Qué ocurre si queremos saber, en primer lugar, de dónde salieron las branquias de los crustáceos? En otras palabras, ¿a qué se parecían las alas antes de ser siquiera branquias?

Aparte del grupo de crustáceos/insectos, solo existen cuatro ramas vivas de artrópodos: los miriápodos, de los que ya nos hemos ocupado; los quelicerados (que en buena medida se corresponden con los arácnidos de ocho patas); los onicóforos (gusanos aterciopelados), parientes bastante lejanos; y los microscópicos tardígrados (osos de agua). De estas cuatro ramas, solo los quelicerados poseen apéndices que arrancan de la base de sus extremidades, pero ya son branquias y, por tanto, revisten poco interés. Para averiguar la procedencia de las branquias de los crustáceos, necesitamos retroceder aún más en el tiempo. Una posible respuesta nos aguarda en una rama del árbol de la vida que lleva extinta unos 500 000 millones de años.

El período Cámbrico podría haber empezado tranquilamente con la discreta llegada del gusano sin nombre que dejó las huellas del fósil *Treptichnus*, pero en un parpadeo geológico de 20 millones de años las rocas del Cámbrico medio regis-

tran la aparición de una extraordinaria diversidad de animales. Vertebrados todavía no hay, pero sí moluscos y anélidos,
gusanos flecha, braquiópodos y, sobre todo, una multitud de
animales emparentados con los artrópodos modernos, es decir, con las langostas y las moscas de la fruta.

La mayoría de àquellos animales cámbricos se arrastraban por los sedimentos del lecho marino o los horadaban en
busca de comida; otros llevaban una vida tranquila, fijos en
un punto, limitándose a sorber nutrientes del agua. Algunos
eran herbívoros que se alimentaban de algas y otros eran depredadores, pero en los océanos del Cámbrico medio gober-
naba una sola familia de animales: un grupo de artrópodos
primitivos denominados «dinocarídidos» (de *deinos*, 'terrible',
y *caris*, 'camarón' o 'cangrejo'). Estos espléndidos animales no
se arrastraban por el lecho marino, sino que volaban a través
del agua, navegando sobre el fondo del mar como un águila
real en busca de un conejo que atrapar.

La extraña historia del descubrimiento del primer dino-
carídido estuvo repartida al principio entre tres fósiles muy
diferentes encontrados en rocas cámbricas.[6] Al primero que
fue descrito se le dio el nombre de *Anomalocaris* ('camarón
extraño'), y es verdad que se asemeja mucho a los camarones
que se toman con una cerveza, si bien todos los fósiles parecen acéfalos. El segundo fósil se llama *Peytoia* y recuerda a
una rodaja de piña aplanada: un aro con arrugas irradiadas
desde un orificio central hasta el borde exterior; su forma circular indujo a clasificarlo como una clase de medusa. El tercer
fósil se denomina *Laggania* y, por su deficiente conservación,
se asoció erróneamente a los pepinos de mar (parientes de las
estrellas de mar) o a los gusanos anélidos segmentados (gusanos de arena y lombrices de tierra).

La primera pista sobre el verdadero parentesco entre estos
tres fósiles se obtuvo en 1978 cuando el paleontólogo de Cambridge Simon Conway Morris sometió a *Laggania* a un nuevo
examen y descubrió en su extremo frontal una forma notablemente parecida a *Peytoia* (la supuesta medusa fósil). Conway

Morris reinterpretó su *Laggania* reduciéndolo a un objeto espantoso: el cuerpo descompuesto —pensó— era en realidad una esponja, y el círculo, una medusa que había muerto por casualidad sobre el cadáver de la esponja poco antes de que ambas quedaran sepultadas en barro y se fosilizaran.

Aunque los fósiles proporcionan una información valiosísima para reconstruir los procesos evolutivos, los problemas que pueden ocasionar se explican en un artículo de Conway Morris sobre *Laggania* (que cito con algunos retoques en aras de la claridad):

> Walcott [describió] cuatro géneros nuevos, *Eldonia*, *Mackenzia*, *Louisella* y *Laggania*, y a todos los encuadró en los pepinos de mar. Sin embargo, hoy se acepta que *Mackenzia* es una medusa. [...] *Louisella* ha resultado ser un gusano priapúlido. Y *Laggania* no puede admitirse como una holoturia [pepino de mar]. Solo *Eldonia* sigue siendo un pepino de mar.[7]

Hoy parece improbable que incluso *Eldonia* sea un pepino de mar.[8] Reconstruir animales fósiles, en especial aquellos de los que no tenemos equivalentes modernos, se parece en ocasiones a leer las hojas del té.

La verdad salió a la luz tres años después cuando el director de la tesis de Conway Morris, Harry Whittington, preparó con otro alumno, Derek Briggs, un nuevo fósil de *Laggania* cortando con cuidado parte de la «matriz» (la roca que rodea un fósil) que lo cubría.[9] Al hacerlo descubrieron un primer y después un segundo fósil de *Anomalocaris* —el camarón acéfalo— adheridos claramente al extremo frontal del espécimen de *Laggania*. Entre estos dos fósiles, y situado algo más atrás, se hallaba un espécimen de otra «especie», la «medusa» *Peytoia*. Lo que Whittington y Briggs encontraron era un animal cuyo cuerpo era una especie —*Laggania*— con un par de grandes apéndices en la cabeza idénticos a los de los especímenes de *Anomalocaris* y, entre ellos, una boca circular semejante a la de una tercera especie fósil, *Peytoia*. Las tres especies fósiles eran, en realidad, partes de un solo animal cuyo frágil cuerpo se había desmembrado en el momento de la muerte, dejando intactos solo los apéndices, duros y fáciles de conservar, y la boca. A este animal lo conocemos hoy como *Anomalocaris*, nombre que tomó del primero de los tres en ser descubierto.

Los dinocarídidos, de los cuales el primer que se describió fue *Anomalocaris canadensis*, eran animales enormes, mucho más grandes que los artrópodos modernos. *Anomalocaris* era del tamaño de un gato, pero el grupo produjo verdaderos monstruos. El mayor de los conocidos, *Aegirocassis benmoulae*, medía dos metros de largo, luego su tamaño era como el de un tiburón mako.[10]

Los dinocarídidos estaban maravillosamente diseñados para las vidas que llevaban como cazadores activos en los mares cámbricos: delante se situaba la cabeza, con un prominente par de ojos y unos brazos espinosos prestos a introducir comida en la boca de «*Peytoia*»; detrás de la boca iba un cuerpo compuesto, como en todos los demás artrópodos, por una sucesión de anillos, cada uno con dos pares separados de apéndices a modo de aletas, uno más cerca de la espalda del animal (dorsal) y otro más abajo, cerca del vientre (ventral). La aleta ventral es, en líneas generales, parecida a una pata, pero la aleta dorsal resulta más interesante, y aquí, después de nuestra incursión en las tribulaciones de la paleontología, regresamos a los orígenes de las branquias de los crustáceos. La sucesión de aletas dorsales formó una estructura continua que discurría a lo largo del cuerpo, con la parte posterior de una aleta insertándose en la parte anterior de la aleta en el segmento siguiente, igual que en el ala de un ave las plumas se superponen para formar una superficie continua. Toda la estructura que discurre desde la parte delantera hacia atrás en los lados izquierdo y derecho conforma una larga aleta flexible que, según han mostrado las simulaciones por ordenador, funcionaba como una especie de ala subacuática, similar a las aletas dispuestas a lo largo del cuerpo de una mantarraya o al manto de una sepia.[11]

Se cree que estos dos pares de aletas en cada segmento de *Anomalocaris* —las más próximas al vientre y a las aletas dorsales semejantes a alas— son los precursores de las patas y branquias de la langosta, dos estructuras separadas en los dinocarídidos pero que la evolución parece haber desplazado, unido y fusionado en los crustáceos.[12] Llevada por la evolución, el ala acuática de *Anomalocaris* emprendió un extraño viaje, pasando quizá 100 millones de años en forma de aleta de crustáceo antes de cambiar otra vez para convertirse en el ala de un insecto.

Hemos visto en estos ejemplos cómo usar el conocimiento del parentesco entre dos especies cualesquiera, junto con el de los caracteres que comparten, para descubrir las características de su antepasado extinto. Como hemos observado en el caso del ala de los insectos, seguir el destino de un carácter a lo largo del tiempo nos permite asistir a su surgimiento, su desempeño de funciones diferentes en distintas ramas del árbol de la vida y, a veces, su desaparición o reconversión en algo nuevo. Reconstruir una serie de antepasados y seguirlos por el árbol de la vida significa que podemos añadir la dimensión del tiempo a nuestra reconstrucción de la historia evolutiva: si un solo antepasado es una fotografía, una serie de antepasados es una película. Sin embargo, debemos recordar siempre que la exactitud de estas instantáneas y la correcta ordenación de los fotogramas de la película dependen de que se disponga de un árbol de la vida exacto.

Ya nos ocuparemos de analizar los errores que hemos cometido, y seguimos cometiendo, al reconstruir el árbol de la vida, pero antes quiero dar un salto atrás en el tiempo para abordar la cuestión no resuelta del sorprendente origen de los eucariotas.

LOS AUTOSTOPISTAS MICROSCÓPICOS
RESPONSABLES DE TI Y DE MÍ

Con grandes dosis de suerte y el firme propósito de mirar fijamente a la arena mientras se pasea, es posible encontrar, en algunas playas del norte de Europa, lo que parecen madejas de algas verdes cubiertas de mucosidades. Esta mucosidad verde solo revela su verdadera identidad si uno se acerca; al percibir los pasos, desaparece como si se hubiera disuelto en la arena. No es un alga sino un animal llamado *Symsagittifera roscoffensis*; el nombre del género, *Symsagittifera*, proviene de las flechas microscópicas (*sagitta*, 'flecha') que lanzan sus células epidérmicas para disuadir a los depredadores.[1] El nombre de la especie rinde homenaje al pueblo costero de Roscoff, en el noroeste de Francia, en cuyas playas arenosas abunda.[2]

Symsagittifera es una rareza en el reino animal. Se trata de una criatura minúscula, como mucho de 5 milímetros de largo, que ha alcanzado cierto grado de notoriedad (al menos en los círculos donde me muevo) por la extrema simplicidad de su cuerpecillo verde, insólito porque carece de la mayoría de los órganos indispensables para otros animales: un cordón nervioso y un cerebro; células excretoras, que cumplan la función de un riñón; un ano en el extremo del intestino (en realidad ni siquiera tiene intestino, sino una masa sólida de células en su lugar). Todo bastante sorprendente, pero la verdadera singularidad de *Symsagittifera* es que tiene una boca que no come. Es un animal perfectamente capaz, como un verdadero aerívoro, de vivir —moverse, crecer, reproducirse— prescindiendo por completo de la comida.

Un pista de cómo *Symsagittifera* consigue tal proeza se detecta en el nombre común de la especie: «gusano de salsa de menta». Los gusanos *Symsagittifera* siempre se presentan en inmensas poblaciones y, vistos en conjunto, se parecen sin duda a la salsa de menta, con remolinos, espirales y ondulaciones compuestos por una masa de puntitos verdes, en una suerte de cuadro puntillista abstracto pintado por estos ingentes enjambres de gusanos. Los gusanos de salsa de menta se nutren de los miles de células de algas que viven en su interior, y la única función de su boca, por lo demás inútil, es tragarse algunas de estas algas poco después de que el gusano haya salido de su huevo.[3] A los gusanos de salsa de menta se los ha denominado «animales vegetales», una descripción acertada toda vez que ellos y las algas que hospedan constituyen un organismo compuesto, en parte animal y en parte alga.

Una obviedad que podemos decir acerca de un árbol (me refiero a un árbol de verdad, un roble o un fresno, p. ej.) es que las ramas se separan a medida que crecen hacia lo alto y que, una vez separadas, «nunca se encontrarán», como decía Kipling de Oriente y Occidente. La separación permanente de las ramas ha sido una regla general útil para el árbol de la vida. Esta separación es sencillamente la manifestación de una verdad biológica de máxima importancia: que, aun admitiendo un gran número de excepciones por lo común menores, un miembro de una especie no puede reproducirse con un miembro de otra. Este aislamiento reproductivo permite definir lo que es una especie. Determinamos que dos individuos pertenecen a la misma especie si pueden aparearse para generar una progenie.

Las especies mantienen su diferenciación por un motivo de peso, y es que mezclar genes es casi siempre un error. Los genes y cromosomas de cada especie han evolucionado para trabajar en perfecta conjunción, como los dientes, ruedas y muelles de un Rolex. El intento de combinar la precisa maquinaria de dos relojes de marcas distintas daría como resultado un reloj Frankenstein que, aun en el caso de que llegara a funcionar, difícilmente daría la hora exacta más de dos veces al día. Como los cruces suelen producir resultados muy deficientes, las especies han desarrollado maneras inteligentes de evitar reproducirse entre sí. El aislamiento reproductivo adopta muchas formas: aislamiento geográfico o temporal (no reproducirse en el mismo lugar o al mismo tiempo); indicaciones específicas para la reproducción (un canto o una danza privativa de la especie, una feromona que atraiga al sexo opuesto pero que a otras especies, incluso a aquellas con un parentesco más cercano, no les resulte atractiva); aislamiento mecánico, en virtud del cual los genitales del macho de una especie no se acoplan con los genitales de la hembra de otra especie; e incompatibilidades entre gametos (los huevos de una especie animal rechazan el espermatozoide de otra, o el polen de una especie vegetal no consigue germinar y crecer como tubo polínico en el estigma y el estilo de otra). Incluso si dos especies con parentesco cercano logran vencer todos estos obstáculos, cuando nazcan los híbridos resultantes probablemente serán, como la mula (vástago de yegua y asno), estériles. Aristóteles, como es lógico, sabía sobre mulas, pero al parecer creía en una hibridación mucho más radical entre especies (una idea ligada a la frase *Ex Africa semper aliquid novi* —'De África siempre vienen cosas nuevas'—, la misma con la que empezaba el artículo que describía al celacanto).* Según Aristóteles,

> en aquel país [África], animales de diversas especies se dan cita, por la sequedad del clima, en los abrevaderos, y allí se aparean; y esas parejas suelen procrear si son casi del mismo tamaño y sus períodos de gestación duran lo mismo [...]. Dicen

---

* La idea tan extendida de que Aristóteles también creía que la jirafa era la cría de un camello y un leopardo parece ser una confusión relativamente moderna entre su teoría de los abrevaderos y lo que no pasa de ser un descripción de la jirafa como una suerte de camello con manchas de leopardo.

que el perro indio es un cruce de tigre y perra [...]. Llevan a la perra hasta un paraje solitario y la atan: si el tigre está de talante amoroso se apareará con ella; si no es así, se la comerá, lo que sucede con frecuencia.[4]

Las ideas de Aristóteles sobre el apareamiento de un león y un leopardo, o de un perro y un tigre, se antojan bastante convincentes (y algo más extravagantes que cruces como el *golden dox*, precioso vástago del incompatible apareamiento de *dachshund* y *golden retriever*). Otras especies con parentesco cercano pueden hibridarse: una cebra con un asno (cebrasno) o un león con una tigresa (ligre). El ADN de los humanos modernos, *Homo sapiens*, también contiene evidencia de hibridaciones pasadas con *Homo neanderthalensis* y *Homo denisova*. Pasando de puntillas sobre estas excepciones, es fácil convenir con Aristóteles en que cuanto mayores sean las diferencias (y más lejano el parentesco) entre dos especies, mayor será nuestra sorpresa al descubrir que se han apareado con éxito.

Tomando esto en cuenta, es fácil imaginar el escepticismo con el que se recibió en 1967 la propuesta de la científica estadounidense Lynn Margulis[**] de hibridar dos especies cuyo último antepasado común vivió hace 2500 millones de años.[5] Ya nos cuesta creer que tenga éxito una hibridación entre un perro y un tigre, y, más todavía, entre un perro y un lagarto o un perro y un pez, pero Margulis afirmaba haber encontrado evidencias de una hibridación entre dos especies con un parentesco cinco veces más lejano que el de un perro y un pulpo. Margulis contó que su trabajo, aunque en conjunto logró crédito una vez publicado (en el *Journal of Theoretical Biology*), había sido rechazado antes por cinco revistas científicas.[6] Su enorme relevancia procede solo en parte del inesperado ejemplo de hibridación; el verdadero gancho que convierte su artículo en un clásico es que la hibridación de

---

[**] Cuando se publicó su trabajo todavía se llamaba Lynn Sagan por su matrimonio, recién terminado, con Carl Sagan.

marras produjo una especie que llegaría a fundar un dominio completo en el árbol de la vida: los eucariotas.

La rama eucariota del árbol de la vida contiene la totalidad de los organismos más complejos que vemos a nuestro alrededor: los grandes animales, plantas y hongos multicelulares, pero también la inmensa mayoría de la minúscula vida unicelular que, con ayuda de un microscopio, se observa en una gota de agua de un estanque. Las células eucariotas son identificables, casi siempre al instante, por el núcleo (*karyon*) que les da nombre. Pero su complejidad, si se las compara con las procariotas bacterianas y arqueas, es mucho más acentuada: son casi siempre notablemente mayores —un eucariota es a un procariota lo que una ballena azul a un tejón— y, junto con el núcleo, poseen numerosos «orgánulos» dentro de sus células.

Los orgánulos más visibles de los eucariotas son las pequeñas mitocondrias, con forma de submarino, que funcionan como centrales eléctricas en miniatura y «queman» carbohidratos con oxígeno para producir trifosfato de adenosina (ATP), una molécula altamente energética que se usa como moneda de curso legal en todas las operaciones bioquímicas de la célula. Una célula eucariota grande y compleja, con su multitud de genes, depende por completo de las mitocondrias para la generación constante de nuevo ATP. Las células de un humano adulto producen en conjunto (y consumen al instante) nada menos que 70 kilos diarios de esta molécula.[7] Las células de plantas y algas poseen una segunda familia de orgánulos con aspecto de lenteja, llamados «plástidos», que pueden adoptar distintas formas y cumplir distintas funciones, pero los plástidos más conocidos son los cloroplastos responsables del color verde de las plantas (y las algas y, por tanto, de los gusanos de salsa de menta). A modo de complemento del proceso que se desarrolla en las mitocondrias, los cloroplastos usan la energía procedente de la luz solar para convertir el agua y el dióxido de carbono en carbohidratos; el delicioso desecho de esta reacción se llama «oxígeno».

Las células eucariotas —pero no las procariotas— poseen también un complejo sistema de túbulos, compartimentos y cisternas con paredes membranosas que funcionan como cadenas de fabricación de diversos productos celulares, como tanques de almacenamiento o como unidades trituradoras de basura. Y muchos eucariotas tienen sus propios (y muy diferenciados) equivalentes del flagelo de la bacteria, que se agitan en el líquido que rodea la célula para generar movimiento.

La teoría de Margulis de que esta compleja célula eucariota nació de la fusión de dos especies con un parentesco lejano fue en buena medida un intento de explicar los orígenes de al menos parte de su complejidad. Pero hunde sus raíces en los trabajos de los biólogos rusos del siglo XIX Andréi Famintzin, Borís Kozo-Polianski y, sobre todo, Konstantín Merezhkovski.[8]

Merezhkovski era un hombre repugnante; es difícil expresar hasta qué punto, pero quizá sea mejor dejar de lado esa cuestión antes de ocuparnos de sus contribuciones al árbol de la vida. Nació en 1855 en Varsovia (entonces perteneciente a Rusia), y parece que su padre, un funcionario de rango medio, desaprobó la decisión de su hijo de convertirse en biólogo y prefirió que abrazara la abogacía. Merezhkovski estudió en San Petersburgo y después, ya en la veintena, se le presentó la oportunidad de trabajar en varias estaciones biológicas marinas rusas y europeas. Entretanto obtuvo su diplomatura (con matrícula de honor) y el *Privatdozent* (capacitación para la docencia). En 1883 se casó y en 1886 se trasladó «repentinamente» a Crimea.[9] En 1898, tras dejar a su esposa y a su hijo de pocos años abandonados a su suerte, se trasladó de nuevo «repentinamente» a Estados Unidos, donde vivió y trabajó con un nombre falso. Los repentinos traslados (y el alias) obedecieron, por lo visto, a un intento de huir de los escándalos por su pedofilia, que, sin embargo, finalmente le pasaron factura en 1914, cuando sus pasados abusos alcanzaron amplia difusión en los periódicos, se debatieron en el Parlamento ruso y terminaron en los juzgados. Merezhkovski huyó de nuevo, en esta ocasión a Francia, y allí vivió durante casi toda la Primera Guerra Mundial, antes de un último traslado a Suiza. Era un racista vehemente y activo, un eugenista, amén de pedófilo, y, para completar el cuadro, tenía complejo de Mesías, lo que lo llevó a escribir un libro perverso en el que fantasea sobre su mundo ideal[10] y a dejar instrucciones para sus imaginarios discípulos una vez que hubiera muerto. En 1921, tras quedarse sin dinero, se suicidó en el Hôtel des Familles —¡qué ironía en el nombre!— de Ginebra utilizando un morboso método que en cierto sentido no causa sorpresa. Su cuerpo apareció amarrado y sujeto con correas a la cama; había fabricado una complicada máscara que, cuando con la mano libre abrió una espita, le llenó los pulmones de un gas asfixiante y venenoso.

Los postulados del odioso Merezhkovski sobre los orígenes de los eucariotas no eran, ni siquiera a fines del siglo XIX, completamente originales, pero fue sin duda su defensor más tenaz y riguroso. La teoría no afecta a los orígenes de la célula eucariota propiamente dicha (aunque a todas luces preparó el terreno para ello), sino de los minúsculos cloroplastos fotosintetizadores con forma de lenteja que se encuentran en las células (eucariotas) de plantas y algas. Merezhkovski propugnaba que los cloroplastos no son estructuras fabricadas por la propia célula de la planta —como la pared o el núcleo de la célula—, sino por organismos independientes: una especie de bacteria fotosintetizadora (y, por ende, un procariota) que se ha instalado dentro de las células eucariotas de la planta. Así pues, lo que proponía era que una planta no es un organismo sino dos, que hay una célula vegetal huésped y un cloroplasto hospedado que viven en relación simbiótica. Es difícil imaginar una relación más íntima entre dos desconocidos evolutivos.

A esta relación de huésped y hospedado se la ha denominado «endosimbiosis» ('vivir juntos en el interior') y nos dice que los cloroplastos de las plantas no aparecieron y evolucionaron a la manera darwiniana clásica. Los cloroplastos no son el resultado de un proceso evolutivo gradual de las células vegetales: surgieron, *Deus ex machina*, en un instante. Una célula de una protoplanta, incapaz de fotosíntesis, se tragaba (pero no digería) una bacteria fotosintetizadora a pleno funcionamiento (una cianobacteria), y obtenía así el superpoder de crear comida a partir de la luz. Es como la historia sobre el origen de Spiderman, que obtuvo sus mágicos superpoderes de golpe por la conjunción de Peter Parker y una araña radiactiva.

Merezhkovski sustentaba su teoría en tres evidencias. Primero estaban los claros ejemplos, por entonces de sobra conocidos, de organismos antes independientes que se fusionan uno dentro del otro (ya conocemos el gusano de salsa de menta y las algas que hospeda). En 1867, el botánico suizo Simon Schwendener había propuesto que este tipo de relación se daba también en los líquenes, esas costras verdigrises, amarillas o naranjas tan familiares que van creciendo hasta cubrir lápidas, ladrillos y árboles.[11] Schwendener descubrió que los líquenes están compuestos por dos organismos separados, dos ramas separadas del árbol de la vida que viven en comunidad. El grueso de un liquen es una malla de células fúngicas; el segundo integrante, que vive cobijado entre los tejidos fúngicos, es un conjunto de células de algas, las cuales, al contener cloroplastos, pueden fotosintetizar y proporcionar al hongo huésped carbohidratos como alimento (igual que con los gusanos de salsa de menta). Merezhkovski postulaba que todas las plantas son capaces de efectuar la fotosíntesis gracias a una relación simbiótica equivalente con los cloroplastos fotosintetizadores. Sin embargo, en las plantas observó una asociación mucho más íntima entre las dos células: la bacteria fotosintetizadora vive como hospedada permanente no junto a la célula eucariota huésped, sino dentro de ella.

La segunda evidencia de Merezhkovski para sustentar la endosimbiosis procedía del modo en que los cloroplastos pasaban en una célula vegetal de una generación a la siguiente. Los nuevos cloroplastos nunca se forman partiendo de cero (por acumulación de componentes en el citoplasma de la célula vegetal), sino solo por duplicación de un cloroplasma ya existente, algo tan inesperado como que una parte del cuerpo humano —p. ej., el brazo— se formara siempre por duplicación de un brazo preexistente. Este procedimiento para fabricar nuevos cloroplastos resulta asombroso, pero parece que es exactamente así como se producen nuevas células bacterianas: una célula parental se divide por la mitad para dar lugar a dos células filiales. La autoduplicación es, de hecho, una de las características fundamentales de una célula: *omnis cellula e cellula*, 'todas las células vienen de células'.[12]

La tercera evidencia —y acaso la más directa— provino de las precisas similitudes que descubrió Merezhkovski entre los cloroplastos vegetales y las cianobacterias.*** A principios del siglo XX, antes de la invención del microscopio electrónico, esta teoría no era fácil de sustentar, pero la forma parecida en que se dividen, su ausencia de núcleo y —lo más evidente— su color verde y su capacidad para fotosintetizar sirvieron para establecer la conexión.

La teoría de Merezhkovski se difundió en la primera parte de la década de 1960, revivida de vez en cuando pero ignorada la mayor parte del tiempo, mientras la gente se distraía con la genética, la bioquímica, el descubrimiento del ADN, etc. El único adelanto significativo durante esos años, por lo demás escasamente productivo, fue la ampliación de la teoría de la endosimbiosis (defendida con especial convicción por el estadounidense Ivan Wallin en 1925)[13] para incluir el origen de las mitocondrias, productoras de energía, presentes en todas las células eucariotas. Las mitocondrias son, de

---

*** Durante mucho tiempo se creyó que las cianobacterias eran algas verdiazules, cuando en realidad se trata de bacterias (las algas son eucariotas).

hecho, los orgánulos que distinguen más nítidamente a todos los eucariotas de los procariotas.

Lynn Margulis (de soltera Alexander) era extraordinaria como ser humano y como científica. Su obituario en *Nature* (murió en el 2011) da indicios de su personalidad, empezando por su propia afirmación de que, desde cuarto grado, había aprendido a «distinguir los embustes [...] de la experiencia verdadera».[14] Con solo catorce años entró en la Universidad de Chicago, donde obtuvo su primera licenciatura (Humanidades) a los diecisiete. Allí conoció al que sería su primer marido, el astrónomo y divulgador científico Carl Sagan, no menos carismático. Tras obtener un máster en Zoología y Genética en Wisconsin y doctorarse en la Universidad de California en Berkeley, en 1965 se trasladó a la Universidad de Boston con sus dos hijos, una vez disuelto su matrimonio con Carl Sagan. El trabajo que cimentó su carrera —y su reputación— se publicó poco después, en 1967.

Merezhkovski, como hemos visto, no fue plenamente original, ni tampoco, en consecuencia, lo fue Margulis. Sin embargo, su largo y complejo artículo era tan meticuloso, se sustentaba de tal modo en evidencias y ofrecía una explicación tan completa de hechos conocidos que se convirtió en la primera versión del origen endosimbiótico de los orgánulos eucariotas ampliamente aceptada. Su teoría explica que hubo una vez una célula, un protoeucariota sin identificar, probablemente poseedor de algunos de los atributos de los eucariotas —p. ej., un núcleo—, que necesitaba desesperadamente alguna manera de lidiar con el oxígeno venenoso que había empezado a acumular siguiendo la evolución de las cianobacterias fotosintetizadoras. El antídoto para el gas venenoso se encontró en un grupo de bacterias que habían desarrollado la manera de usar el oxígeno para quemar carbohidratos y producir energía. La protoeucariota se aferró a esta bacteria que usaba oxígeno y estableció con ella una asociación cada vez más íntima hasta que, en último término, la absorbió por

completo. Ahora la bacteria residía permanentemente bene-
ficiada dentro de la protoeucariota, consumiendo el letal oxígeno mientras proporcionaba a la célula huésped grandes
cantidades de energía. En palabras de la propia Margulis (en
un rebuscado lenguaje academizante):

> El primer paso en el origen de los eucariotas a partir de los
> procariotas estuvo relacionado con la supervivencia en una
> atmósfera nueva que contenía oxígeno: un microbio aeróbi-
> co procariótico [es decir, la protomitocondria] fue ingerido
> en el citoplasma de un anaerobio heterótrofo [es decir, que
> obtiene su energía comiendo materia no proveniente de la
> fotosíntesis]. Esta endosimbiosis se convirtió en obligada y
> dio como resultado los primeros organismos ameboides [...]
> aeróbicos.[15]

Si queremos representar en el árbol de la vida el suceso
propuesto por Margulis, debemos imaginar la fusión de dos
ramas con un parentesco sumamente lejano para formar una
rama nueva: la de los eucariotas.

El siguiente postulado de la teoría de Margulis era con-
gruente con la idea de Merezhkovski sobre el origen de los
cloroplastos: un segundo ejemplo de endosimbiosis en el que
una especie de eucariota (producto de la primera endosimbiosis) absorbía una cianobacteria fotosintetizadora. La nueva rama pasaría a colorear nuestro mundo con los tonos
verdes, marrones y rojos de los árboles, las hierbas y las algas,
y los infinitos colores de las flores.

La nueva y más poderosa evidencia en apoyo de la teoría
de Margulis parece ser el reciente descubrimiento de que
tanto las mitocondrias como los cloroplastos tenían su propio
ADN, separado del ADN del núcleo celular. Esta fuente independiente de información genética contenida en los orgánulos podría explicarse con suma elegancia por su posible
origen como organismos autónomos, independientes de
cualquier huésped eucariota.

La resistencia a la endosimbiosis se demostró bastante tenaz, y su último coletazo apareció en 1982 en un artículo titulado «Has the endosymbiont hypothesis been proven?» [¿Se ha demostrado la hipótesis endosimbiótica?].[16] La respuesta a esta pregunta fue un «sí» provisional. La prueba final e irrefutable llegó con el descubrimiento de copias del gen universal de la subunidad pequeña del ARN ribosómico ocultas en los minúsculos genomas de mitocondrias y cloroplastos.[17] Este gen, como queda patente en los experimentos de Woese, que lo comparan en los dominios Eubacteria, Archaea y Eukaryota, lo ha heredado de LUCA la totalidad de la vida actual. La existencia de este gen en dos formas en las dos clases de orgánulos demostró que son (o al menos fueron en cierto momento) entidades vivas autónomas.

Aún más interesante es que, comparando los ARNr SSU cloroplásticos y mitocondriales con el mismo gen de especies de todo el árbol de la vida de Woese, debería ser posible descubrir las identidades de las dos bacterias primigenias que fueron absorbidas por la célula protoeucariota para formar la mitocondria y por la célula protovegetal para formar el cloroplasto. Se ha demostrado recientemente que las secuencias de ARNr SSU de los cloroplastos se asemejan en gran medida a las de una cianobacteria de agua dulce llamada *Gloeomargarita lithophora*. El hábitat de agua dulce quizá nos dice algo relevante sobre dónde se produjo esta endosimbiosis.[18] Los descubrimientos acerca de los orígenes del núcleo eucariota y las mitocondrias nos revelarán (en un capítulo posterior) a qué especies vivas se parecen más y, por tanto, de dónde proceden.

Si reflexionamos sobre esta cuestión, el hallazgo de que nuestras células contienen autostopistas es un tanto perturbador. Merezhkovski, Margulis y otros clarividentes partidarios de la endosimbiosis pensaron lo (casi) impensable: que dos de los sucesos más trascendentales de la evolución de la vida compleja —los orígenes de todos los organismos eucariotas complejos (animales, plantas, hongos, ciliados, amebas, foraminíferas, cocolitóforos y muchísimos organismos monocelulares) y de todos los organismos eucariotas fotosintetizadores (desde las algas hasta los musgos y las venus atrapamoscas)— dependieron de la fusión de criaturas completamente diferenciadas, separadas las unas de las otras por miles de millones de años de evolución. Ahora sabemos que los dos linajes que confluyeron para fabricar el primer eucariota son ramitas de las dos ramas más lejanamente emparentadas de todo el árbol de la vida. El huésped vino de la rama arquea de Woese, mientras que el autostopista procedía de su rama bacteriana. Estos son los dos hijos de LUCA, y desde el momento de su separación, ambos linajes coexistieron al tiempo que proliferaban, evolucionaban y se diversificaban, pero por separado, sin confluir ni mezclarse jamás, durante más de 2000 millones de años. Su endosimbiosis convierte en algo casi trivial el imaginario apareamiento de un camello y un leopardo para alumbrar una jirafa.

Lo que hizo posible este suceso inverosímil fue el modo en que ocurrió. No fue en realidad la fusión instantánea de dos genomas dispares —como el apareamiento mecánicamente improbable de camello y leopardo—, sino un proceso más gradual de dos organismos que viven juntos obteniendo un beneficio mutuo. Poco a poco, la asociación se vuelve cada vez más íntima y las especies más codependientes. En un momento dado una especie, el antepasado mitocondrial, se vio absorbida por la otra, pero no digerida, y después cada una de las dos —huésped y hospedada— fue alterando su genoma para adaptarse y beneficiarse de la nueva situación. Un proceso que duró millones de años: el tiempo de un latido en el magno plan de la evolución, pero en absoluto instantáneo. La visión amable y colaborativa de la evolución defendida por Margulis siempre se ha contrapuesto a la preponderante visión darwiniana de la competencia entre individuos y especies por los recursos, en una pugna constante por la supervivencia del más apto. Las dos, por supuesto, pueden ser verdaderas.

Desde su fusión hace más de 2000 millones de años, las mitocondrias (y, solo un poco más recientemente, los cloroplastos) se han integrado por entero en los procesos biológicos y bioquímicos de sus células huéspedes. Aunque fue la existencia de ADN en las mitocondrias y los cloroplastos, separado del ADN nuclear, lo que confirmó sus orígenes como organismos independientes, lo cierto es que, igual que algunos alopécicos se peinan con cortinilla para disimular su calvicie, las mitocondrias y los cloroplastos se aferran a los activos genéticos que les quedan. La mayoría de las bacterias tienen quizá 4000 o 5000 genes codificadores de proteínas en sus genomas, pero un genoma mitocondrial humano contiene hoy apenas 13. Las mitocondrias y los cloroplastos han perdido tantísimos genes por dos razones. La primera es sencilla: muchos ya no hacen falta; por ejemplo, las mitocondrias y los cloroplastos no necesitan fabricar más productos bioquímicos porque ya se los suministra su huésped, que es de un tamaño mucho mayor. Tal vez sean más interesantes, desde el punto de vista del árbol de la vida, los genes que todavía son útiles para los endosimbiontes pero se han trasvasado al núcleo del huésped para incorporarse directamente a sus cromosomas.[****] Estos genes endosimbiontes los controla ahora el núcleo, y este control centralizado aumenta la eficiencia del trabajo simbiótico, algo que es el *summum* de la codependencia —una cuenta bancaria conjunta— y significa que los genomas de todos los eucariotas son una quimera. Los geno-

**** Este trasvase de genes ya se previó poco después de la publicación del artículo de Lynn Margulis en marzo de 1967. En la edición de junio de 1967 de *Nature*, el noruego Jostein Goksøyr hace perspicaces predicciones sobre el destino de los genes mitocondriales: «... el socio aeróbico [la mitocondria] debe necesariamente haber perdido una gran parte de su autonomía. En un plano molecular, la pérdida de autonomía debe implicar una pérdida de ADN. Este ADN pudo haberse incorporado al ADN nuclear, lo que permitió a la célula eucariota controlar aún mejor a su socio aeróbico» (J. Goksøyr, «Evolution of Eucaryotic celles», en *Nature*, vol. 214 [1967], pág. 1161).

mas eucariotas son un batiburrillo de genes cuyos orígenes se localizan en los dos miembros fundadores del linaje. No somos huéspedes ni hospedados, sino ambos a la vez. Y si yo pudiera tomar al azar uno de tus genes y usar su secuencia de ADN para averiguar si eres un pariente más cercano de la rama arquea o de la bacteriana, el resultado dependería enteramente de si el gen escogido procedía del huésped o del autostopista.

Los orígenes de las mitocondrias y los cloroplastos de ambos linajes ahora están claros (aunque, de forma hasta cierto punto inevitable, la identidad de los parientes más cercanos todavía sea objeto de debate). Pero ¿qué ocurre con el organismo —la protoeucariota— que llevó a cabo la absorción? Si fuéramos capaces de identificar a esa criatura, podríamos investigar si ya poseía algunas o todas las características propias de los eucariotas, ausentes en los procariotas vivos. ¿Tenía ya el fagocitador un núcleo con cromosomas, mitosis y meiosis, un sistema complejo de túbulos y vesículas internos, flagelos y cilios? ¿Era ya grande? ¿De qué se alimentaba? ¿Qué tenía de particular su forma de vida para que acabara asociándose con una bacteria aeróbica? ¿A qué problema dio respuesta la endosimbiosis? La sorprendente identidad del fagocitador entre los diversos miembros del dominio de las arqueas solo ha empezado a aflorar en los últimos años, y es un punto al que regresaremos.

Durante el resto de su carrera, Margulis insistió en la colosal y (según ella) infravalorada importancia de la confluencia de ramas distintas en el árbol de la vida. La mayoría de los biólogos evolutivos de hoy creen que fue demasiado lejos. Margulis empezó siendo una inconformista digna de reivindicación pero, al menos en algunos de sus postulados, acabó en el extremo más extravagante del espectro científico. En el 2009 ayudó a un científico británico llamado Donald Williamson a publicar un artículo que, gracias a que Margulis pertenecía a la docta Academia de Ciencias de Estados Unidos, consiguió eludir el riguroso escrutinio al que normalmente se somete cualquier trabajo antes de su publicación. Williamson proponía que la fase de oruga del ciclo vital de la mariposa evolucionó cuando un onicóforo o gusano de terciopelo (un pariente lejano de los insectos al que conocimos brevemente páginas atrás) se apareó con el antepasado de las mariposas. Los gusanos de terciopelo tienen un cuerpo blando, patas cortas y una innegable semejanza con una oruga. La idea de Williamson se refutó con facilidad porque el número de genes de la mariposa que se parecen a los de los gusanos de terciopelo se eleva exactamente a cero. El artículo de Williamson llevaba por título «Caterpillars evolved from onychophorans by hybridogenesis» [Las orugas evolucionaron de los onicóforos por hibridogénesis].[19] No menos tajante fue el título del artículo escrito como respuesta: «Caterpillars did not evolve from onychophorans by hybridogenesis» [Las orugas no evolucionaron de los onicóforos por hibridogénesis].[20]

Así pues, la teoría de Williamson se vio refutada por la demostración de que los genes de la mariposa no guardan ninguna semejanza con los genes del gusano de terciopelo. Pero el mismo tipo de examen podría servir para descubrir los cruces que sí se produjeron. Cualquier gen foráneo oculto en un genoma vivo podría desenmascararse si fuera posible encontrar un gen estrechamente emparentado en una especie de la lejana rama originaria del foráneo. En cuanto se acumularon suficientes secuencias genéticas de suficientes especies, este experimento resultó posible y reveló algo que desconcertó a los constructores de árboles. El salto de genes (aisladamente o incluso en grupos) de una a otra rama del árbol ha sido, y cabe suponer que sigue siendo, un suceso bastante común. Esto plantea la vidriosa cuestión de si hay un solo árbol de la vida por descubrir. ¿Podría ser el único árbol de la vida existente un árbol de genes individuales? Tal vez sea posible seguir a cada gen en su viaje de especie en especie durante un corto período de tiempo, pero al final todas las ramas se entrecruzarían en una suerte de gigantesca e impenetrable red.

Según este pesimista parecer, podría considerarse que las propias especies se parecen bastante al barco de Teseo del que escribe Plutarco, que «los atenienses conservaron hasta los tiempos de Demetrio de Falero, pues arrancaban las viejas tablas a medida que se pudrían, colocando en su lugar maderos nuevos y más fuertes».[21] ¿Se llega a un punto en que son tantas las tablas sustituidas que este ya no es el barco de Teseo? Si la mayoría de los genes de una especie determinada provienen de otros puntos del árbol, ¿cabe en buena lógica hablar del linaje de esa especie?

El desplazamiento de un gen de una rama a otra se denomina «transferencia horizontal de genes» (HGT, por sus siglas en inglés), en contraposición a la habitual «transmisión vertical» de progenitores a descendientes. Para reconstruir el árbol de la vida, necesitamos saber si la HGT es un capricho interesante pero extraño de la evolución o algo lo bastante frecuente para complicarlo todo. Menos mal que, aunque la mayoría de los genes viajan esporádicamente por HGT, el destino más probable de cualquier gen individual en cualquier rama del árbol de la vida es ser heredado verticalmente, permaneciendo dentro de los confines de la rama de la especie.[22] Igual de útil es quizá el descubrimiento de que algunos genes son inmunes a la HGT: un conjunto central de genes —pequeño, esa es la verdad— tan esencial para la vida y tan profundamente integrado en lo que hacen con un sinfín de otros genes que, a todos los efectos, son inmutables e insustituibles. Me gusta imaginar un viaje por una rama del árbol de la vida como una travesía en el barco de Teseo desde Atenas hasta Creta. Si algunas tablas, o incluso muchas, se reemplazaran por otras durante la navegación, Teseo experimentaría el viaje como una navegación ininterrumpida en un único barco, y siempre habrá algunas tablas, en algún lugar del barco —genes resistentes a la HGT—, que llegarán hasta Creta.

Una endosimbiosis tan profunda y permanente como la que se da entre el huésped protoeucariota y sus autostopistas bacterianos es muchísimo más rara que la forma de convivencia, menos íntima, que vimos en los líquenes y los gusanos de salsa de menta, la cual constituye, aun así, una bella muestra de la fusión de ADN procedente de distintos lugares del árbol de la vida y su coexistencia en un solo cuerpo. Tomando como ejemplo nuestro gusano de salsa de menta, podemos enumerar las dispares aportaciones a su estructura biológica estudiando sus ARN ribosómicos. Estos pangenes son cifras que representan cada uno de los diferentes genomas contenidos en el gusano. Imaginemos que tomamos un pobre gusano y lo trituramos para ver qué copias diferentes de ARN ribosómico podemos encontrar. Por lo pronto, dado que se trata de un eucariota, tiene que haber un ARN ribosómico típico del núcleo eucariota y un segundo ARN ribosómico procedente del endosimbionte mitocondrial. Pero su color verde denota otro conjunto de genes y genomas. El color procede de un segundo eucariota: un alga llamada *Tetraselmis convolutae* que vive entre las células del gusano, por lo demás incoloro. *Tetraselmis* trae consigo otros tres ARN ribosómicos: el primero, de su propio núcleo eucariota; el segundo, de su mitocondria; y el tercero, de su cloroplasto. En nuestro triturado gusano de salsa de menta descubriríamos, por tanto, un total de cinco genes ribosómicos diferentes, cada uno de los cuales revelaría una contribución de una rama distinta del árbol de la vida. Con estas pistas en la mano, podemos viajar atrás en el tiempo para recrear la sucesión de fusiones que han forjado estas extraordinarias criaturas.

El gusano de salsa de menta, *Symsagittifera roscoffensis*, es probablemente la especie más popular (o, al menos, la más fácil de encontrar) de las cerca de 400 que integran el filo animal —por lo demás, poco conocido, y es una lástima— bautizado (por mí) con el palabro «Xenacoelomorpha». El punto de encaje de este filo de gusanos en el árbol de la vida animal es el *casus belli* de una prolongada controversia (¿la guerra de los gusanos?) sobre la que volveré más adelante. Como la mayoría de los debates en torno a la forma del árbol de la vida, este deja la puerta abierta a que se hayan cometido errores (por mi culpa o por culpa de mis *amienemigos*) al construir esta parte del árbol de la vida animal. A continuación indagaremos en las distintas causas de estos errores, que en mis investigaciones son el pan nuestro de cada día.

CUANDO LOS ÁRBOLES SE EQUIVOCAN

Si el roble de Ernst Haeckel se considera el punto de partida del árbol de la vida, el proyecto para encontrar el lugar que ocupan todas las especies conocidas ya dura más de un siglo y medio. Se han hecho muchos progresos, pero la controversia prosigue. Este lento avance resulta sorprendente si recordamos que, ya en la década de 1860, Haeckel concibió un árbol en su mayor parte correcto, y desconcierta aún más si tomamos en consideración la abrumadora disponibilidad de datos moleculares —miles de millones de nucleótidos de cientos de miles de especies— y de ordenadores capaces de exprimirlos. ¿Por qué quedan todavía puestos de trabajo para los filogenetistas?

La explicación genérica es que, si bien es sencillo acertar con vastas porciones del árbol —es fácil ver que los mamíferos y las aves son ramas separadas, y más fácil aún separar a los animales de las plantas y los hongos—, determinadas partes sobre las que continúan discutiendo maniáticos como yo inducen todavía a confusión. Por suerte para el común de los mortales, estas discusiones las motivan casi siempre aspectos interesantes de la biología y aportan aproximaciones iluminadoras a los cómos y porqués de la evolución.

Aunque la conexión entre su yin y su yang tal vez no se manifiesta a primera vista, la evolución convergente es una doble bendición para los biólogos evolutivos. Es el fenómeno unificador que explica todos los errores que cometemos al descubrir la estructura del árbol de la vida (recuérdense los vencejos y las golondrinas), pero a la vez proporciona el valioso caudal de datos que nos permiten poner a prueba nuestros «cuentos de así fue». ¿Por qué los leopardos tienen manchas y los elefantes trompas? ¿Por qué los humanos (exclusivamente) tienen mentón? ¿Y qué nos dice el tamaño de nuestros testículos sobre la monogamia? Volveré más adelante sobre los testículos, los mentones y los espinosos detalles de la evolución convergente, pero abordemos primero los obstáculos específicos que debemos vencer al ocuparnos de las ramas más cortas del árbol de la vida.

Las ramas cortas que inducen a confusión al configurar el árbol de la vida no son las de la copa que llevan a las hojas, sino aquellas a más profundidad dentro del árbol que separan dos ramas entre sí. Su pequeña longitud representa una ausencia de cambio y, por consiguiente, de nuevos caracteres definitorios de grupos que pudieran ayudarnos a distinguir las ramas. Para entender el problema, imaginemos que solo contamos con tres especies —un cangrejo, un caballo y una cebra— y deseamos saber cuáles son las dos con un parentesco más cercano. Está claro que se trata de un problema muy fácil de resolver, pero es precisamente la razón de esta facilidad lo que necesitamos entender. El problema es sencillo por la enorme distancia entre el antepasado común de los tres animales y el antepasado común, mucho más reciente, del caballo y la cebra. Una rama larga entre estos dos antepasados representa la acumulación de un número igualmente grande de caracteres (espina dorsal, pulmones, patas, pelo, glándulas mamarias, pezuñas, crin, etc.) heredados por el caballo y la cebra pero no por el cangrejo.

El problema causado por las ramas cortas se aclara cuando consideramos la situación opuesta, en la que la rama interna del árbol es muy corta. Tomemos otro conjunto de especies: un caballo, una cebra y un asno. ¿Qué pareja es la que guarda un parentesco más estrecho? ¡Ya no es tan fácil! La respuesta correcta (probablemente, porque en realidad no es un problema sencillo) es que las cebras y los asnos son los parientes más próximos, pero ha pasado tan poco tiempo entre la existencia del antepasado del caballo/cebra/asno y el antepasado de la cebra/asno que a las cebras/asnos casi les ha faltado tiempo para acumular caracteres que las distingan claramente del caballo. De hecho, los paleontólogos solo aciertan a distinguir a asnos y cebras de los caballos por diferencias mínimas en las espirales del esmalte de sus dientes.[1]

Si al pensar en las ramas cortas consideramos los cambios en las secuencias de genes en lugar de los rasgos morfológicos, nos topamos exactamente con el mismo problema. La probabilidad de que ocurra una mutación se corresponde con la cantidad de tiempo transcurrido (más tiempo implica más acumulación de caracteres). Si tomáramos cualquier gen de cada una de las tres especies equinas mencionadas y buscáramos diferencias entre ellos, lo normal sería que se hubieran acumulado muy pocas en la rama que separa al antepasado común de los tres animales del antepasado, solo un poco más reciente, de la cebra/asno.

Las ramas cortas existen en todo el árbol de la vida, y el problema se complica notablemente cuando más de tres ramas —en ocasiones muchas más— se separan en un espacio de tiempo muy breve. Por ejemplo, del estudio descrito anteriormente excluí varias especies vivas y decenas de especies extintas de equinos (onagros, *kiangs*, *kulans*; asnos mongoles, sirios, indios y somalíes; varias especies de cebras, y el recién extinguido *quagga*, entre otras). Estas especies de parentesco próximo se separan unas de otras siguiendo una pauta llamada «radiación adaptativa». La más famosa es, quizá, la que dio lugar a las quince especies de pinzones de Darwin en las islas Galápagos.[2] La radiación de las Galápagos aconteció cuando llegaron al archipiélago ejemplares de una o varias especies, probablemente tras volar cientos de millas desde tierra firme en América del Sur, arrastradas por una tormenta. Una vez allí, la pequeña población fundadora de pinzones se diversificó pronto en aves con una morfología diferente que vivían en hábitats diferentes de islas diferentes e ingerían comida diferente. Los nichos que ahora ocupan se evidencian en las acusadas diferencias de sus picos:* grande y robusto en *Geospiza magnirostris* (*magni rostri* quiere decir 'pico grande'), capaz de cascar nueces; afilado en *Geospiza septentrionalis* (el 'pinzón vampiro'), que picotea la piel de otras aves para extraer sangre y bebérsela; y largo y puntiagudo en *Geospiza difficilis*, que se alimenta de insectos y caracoles.

Radiaciones como la de los pinzones son un fenómeno muy caro a los biólogos evolutivos. Parece que suceden cuando se presentan nuevas oportunidades para una especie fundadora (en el caso de los pinzones, el Salvaje Oeste de una isla desocupada). De todas estas nuevas oportunidades, la más majestuosa fue probablemente la formación del Gran Valle del Rift, en África oriental, origen de la cadena de los Grandes Lagos: Victoria, Tanganica, Malaui, Turkana y otros. Estos nuevos lagos brindaron la oportunidad para la ingente radiación de peces cíclidos, quizá hasta 2000 especies de todos los tamaños, formas y hábitos, cada uno adaptado a su propio nicho como cazador, carroñero, herbívoro o molusquívoro. Algunos son de vivos colores; otros, de tonos apagados; y también los hay provistos de hábiles camuflajes. Algunos habitan en bajíos, otros nadan en aguas abiertas y otros se fijan al fondo de los profundos lagos.[3] Es casi imposible conocer con certeza los parentescos entre las especies producidas en estas explosiones de creación.

Una posible solución al problema de las ramas cortas causadas por radiaciones consiste en reunir información de mu-

---

* «El pico de Cactornis se parece algo al del estornino, y el de [...] Camarhynchus se acerca ligeramente al del loro. Al ver esta gradación y diversidad de estructura en un grupo de aves pequeño e íntimamente relacionado, podría imaginarse realmente que de un corto número de ellos, existentes originariamente en este archipiélago, una especie se ha dividido y modificado para servir a diferentes fines» (C. Darwin, *The Voyage of HMS Beagle. A Naturalist's Voyage Round the World*, John Murray, Londres, 1860. [Trad. esp. de Juan Mateos: *Diario del viaje de un naturalista alrededor del mundo*, Espasa, Madrid, 2008].)

chos caracteres (la mayoría de los cuales no habrán tenido tiempo de cambiar en los breves momentos de la radiación) para estar seguros de que escogemos al menos un puñado que en efecto hayan cambiado y puedan informarnos sobre los parentescos entre las especies. Esta recopilación de un inmenso número de caracteres es mucho más fácil ahora que podemos utilizar datos de ADN y proteínas. En el caso de los caballos y sus parientes, fue preciso analizar un enorme número de genes (más de 20 000 genes y 31 millones de letras de ADN)[4] para detectar cambios raros en cantidad suficiente para desenredar la maraña de sus parentescos. En el caso de los pinzones de Galápagos, sin embargo, incluso los datos de genomas completos arrojan respuestas incoherentes y confusas sobre los parentescos entre especies.[5]

Aunque por lo general el problema de las ramas cortas se puede abordar manejando grandes conjuntos de datos, la escasez de caracteres útiles y precisos facilita en gran medida que otras fuentes de errores ejerzan su nefasta influencia. Es de esto de lo que me ocuparé a continuación.

La producción de caracteres engañosos obedece a un fenómeno evolutivo denominado «homoplasia», que ya hemos abordado en su manifestación más habitual como evolución convergente. La homoplasia hace referencia a dos caracteres similares o idénticos observados en las ramas de un árbol de la vida pero que, en contraposición a la homología, no se heredaron de su antepasado común. Un carácter homoplásico, dicho de otra manera, es aquel que ha evolucionado de forma independiente en dos ramas e induce engañosamente a suponer un parentesco entre las ramas más cercano de lo que es en realidad. Un ejemplo patente (aquí no se corre el peligro de imaginar una homología o parentesco cercano) sería el de las alas de insectos y aves, que evolucionaron por separado en los dos grupos para permitir el vuelo. Hemos visto ejemplos mucho más sutiles, como la morfología similar de golondrinas y vencejos.

El término *homoplasia* lo acuñó E. Ray Lankester, el primer e ilustre titular de la cátedra que hoy ocupo en el University College de Londres. Discípulo de Thomas Henry Huxley («el *bulldog* de Darwin»), Lankester fue un ferviente defensor de la evolución y del método científico en general, lo que le granjeó el apodo de «*bulldog* de Huxley». Su pertinaz defensa de la ciencia le reportó éxitos notables y a veces sorprendentes, como el desenmascaramiento y puesta a disposición de la justicia de un vidente estadounidense. «El médium espiritual es un curioso y desagradable espécimen de la historia natural, y para estudiarlo hay que agarrarlo desprevenido, como se procedería con cualquier otro gusano.»[6]

Lankester, por lo general brillantísimo, también tenía puntos débiles, pues fue uno de los eminentes eduardianos que cayeron en el famoso engaño del «hombre de Piltdown», un supuesto fósil del «inglés más antiguo», que apareció completo, con un bate de críquet de hueso y todo, y cuyo cráneo era el de un humano moderno, mientras que su mentón procedía de un orangután.[7]

El símil de Lankester para la homoplasia, el de dos grupos de cavernícolas distantes que inventaron por separado las hachas de piedra y las canoas, todavía funciona bien. Aunque ninguno de los dos grupos heredó el hacha y la canoa de una población de antepasados comunes, ambos inventos son en esencia similares porque desempeñan las mismas funciones y están fabricados con los mismos materiales. Como ilustra el ejemplo de Lankester, la homoplasia, sobre todo al nivel de los fenotipos, surge cuando dos ramas independientes del árbol idean una solución parecida a un problema común (las alas de las aves y de las abejas). Se trata de análogos más que de homólogos.

El lobo de Tasmania (llamado también «tilacino» o «tigre de Tasmania») es un ejemplo clásico de evolución convergente y también el protagonista de una de las historias más tristes de extinción reciente. Los esqueletos más recientes de lobo de Tasmania encontrados en tierra firme australiana datan de hace 3200 años,[8] pero la especie sobrevivió en zonas salvajes de Tasmania hasta entrado el siglo XX. La causa inevitable de su desaparición fueron los colonos, que los persiguieron por el peligro que entrañaban para ovejas y gallinas (se pagaba una recompensa por cazarlos), igual que los lobos, por los mismos motivos, fueron en su día erradicados de Europa. Una tristísima filmación de 1933 muestra a un macho de lobo de Tasmania caminando desesperado de un lado a otro de su jaula en el zoológico de Hobart. El último ejemplar de la especie, una hembra, murió en cautividad en 1936.

Aunque el apelativo de «lobo» no les cuadra del todo —son más pequeños, con rayas y el pelaje más corto—, los lobos de Tasmania son físicamente muy parecidos a los lobos, zorros y perros. La forma de su cuerpo se asemeja a la de un *pointer*: esbeltos, con patas largas que, igual que las de un perro, terminan en un pie elevado del suelo y están provistas de garras en los extremos. Tienen los ojos orientados hacia delante como los de un depredador; orejas erectas y ligeramente redondeadas como las de un perro *corgi*; y un hocico largo que acaba en una nariz negra. El cráneo, en particular, apenas se distingue del de los perros y los lobos, perfectamente diseñados para comer carne: mandíbulas grandes, dientes grandes y huesos grandes para músculos grandes. Un examen más minucioso ha revelado que el cráneo del lobo de Tasmania guardaba una semejanza aún más estrecha con el de los chacales, coyotes y zorros, lo que paradójicamente sugiere (porque la forma sigue a la función) que, lejos de alimentarse de ovejas, el tilacino prefería presas más pequeñas como ratones, ratas y conejos.

Pese a estas extraordinarias similitudes, sabemos a ciencia cierta que los lobos de Tasmania distan mucho de ser parientes cercanos de la familia del perro, algo que solo se descubre al comparar todas y cada una de las numerosas características de ambos animales. El lobo de Tasmania es, de hecho, un marsupial, como pone de manifiesto la bolsa que posee para transportar a las crías. Es (era) pariente de los canguros, cuoles y koalas. Perros, chacales, zorros y lobos, en cambio, son mamíferos placentarios (las crías se desarrollan en el vientre de sus madres), y esto nos dice que los perros y compañía se sitúan mucho más cerca de humanos, murciélagos, vacas y ballenas que del lobo de Tasmania. El problema que entraña esta clase de homoplasia, por tanto, es que induce a creer que dos especies (o dos ramas cualesquiera de un árbol evolutivo) se hallan más estrechamente emparentadas de lo que están en realidad.

Existe una segunda forma de homoplasia no menos problemática que podría denominarse «reversión», o «pérdida de carácter», y se produce cuando una especie pierde algunas, o incluso muchas, de las características que definen la rama del árbol a la que pertenece. Un ejemplo de los efectos de esta pérdida de carácter se ve ya en el primer árbol de Ernst Haeckel, donde encontramos un rama denominada «Himatega» junto a la de los moluscos.[9] «Himatega» es el nombre con el que Haeckel designa las ascidias, unas criaturas bastante repulsivas que parecen bolsas de jalea de las que sobresalen dos conductos, muchas veces envueltas en una capa flexible pero dura llamada «túnica» (de ahí que tales organismos también se conozcan como «tunicados»). Las ascidias llevan una vida aparentemente muy aburrida: adheridas a rocas o muelles, filtran partículas de comida con un sifón interior que ocupa casi todo su cuerpo y expulsan el agua residual por el segundo conducto (por eso su nombre popular es «chorros de mar»).

El parecido de esa bolsa de gelatina con algunos moluscos (del griego *malakós*, 'suave') poco glamurosos es evidente, pero resulta que el cuerpo simple de las ascidias, similar al de los moluscos, confundió a Haeckel (y, con anterioridad, a Linneo y Aristóteles). La identidad real de la especie la reveló en 1867 el biólogo ruso Aleksandr Kovalevski, que fue el primero que estudió su ciclo vital completo.[10] Las ascidias salen del huevo en una forma llamada «larva de renacuajo», que no se parece en nada al aspecto de molusco de su cuerpo adulto. Kovalevski descubrió en las larvas de las ascidias notables similitudes (¡homólogos!) con nuestra rama de vertebrados. La más relevante de todas es un equivalente de nuestra espina dorsal denominado «notocorda». Haeckel no tardó en dar cuenta del descubrimiento de Kovalevski en su popular libro *Historia de la creación* (1868): «Los primeros estadios de los [tunicados] poseen los inicios de la *médula espinal* y la *columna vertebral* [...], los dos órganos más esenciales y característicos del animal vertebrado».[11]

La causa del error inicial de Haeckel y otros sobre el lugar de las ascidias en el árbol de la vida reside en que las ascidias adultas han desechado casi todos sus evidentes caracteres vertebrados, como la espina dorsal/notocorda, que supuestamente desaparecieron por este agujero evolutivo regresivo cuando estos animales marinos adoptaron su aburrida pero próspera forma de vida, fijados a una roca y filtrando agua de mar: ya no tenían necesidad alguna de una espina dorsal.

La evolución de la complejidad a la sencillez (en general, la pérdida de caracteres) no es algo en lo que solemos centrarnos cuando pensamos en la evolución, que viene a ser sinónimo de acumulación constante de caracteres nuevos o más sofisticados. La pérdida de caracteres y de complejidad es, sin embargo, una parte central del proceso evolutivo. Basta con pensar en nosotros mismos, sin pelaje, sin cola y sin branquias. Las pérdidas se producen en todos los niveles biológicos, desde partes grandes del cuerpo (notocorda/cola) hasta genes individuales. Aunque la pérdida de caracteres es un fenómeno habitual, algunas ramas del árbol de la vida, como las ascidias, la han llevado hasta el extremo, y estas rarezas zoológicas son las más difíciles de colocar en el árbol.

Incluso sentados en una habitación limpísima y completamente vacía no estamos solo, ni muchísimo menos. Cada uno de nosotros es, de hecho, el planeta que sirve de morada a una multitud de alienígenas. Nuestro pelo, nuestra piel y nuestras tripas (sobre todo nuestras tripas) hospedan miles de millones de bacterias, algunas beneficiosas, muchas inofensivas y otras de lo más repugnantes. Los intestinos, la sangre, las células y los órganos pueden estar infestados por una banda de forajidos formada por eucariotas unicelulares (responsables de los horrores de la malaria, la giardiasis, la disentería amebiana, el pie de atleta, las aftas, la tiña, la enfermedad del sueño y otras dolencias). Y buena parte de la miseria humana la causan organismos más grandes, animales parásitos que viven sobre y dentro del planeta humano: tenias, lombrices intestinales, trematodos y esquistosomas; pulgas y éstridos; ácaros rojos, gusanos pentastómidos y ladillas. Hasta el más sano y escrupuloso de nosotros alberga partidas de minúsculas criaturas como el ácaro de las pestañas *Demodex*, que vive (sin causar daño) como un ermitaño en los folículos de nuestras pestañas y en los poros de nuestra piel. Este breve censo nos indica que los parásitos, y no solo los que afligen a los humanos, proceden de muchas ramas diferentes, cada una de las cuales constituye un experimento independiente en esta extraña forma de vida.

Si nos centramos en los de mayor tamaño y examinamos los rasgos biológicos de los *animales* que nos infestan, observamos algunas rarezas colectivas destacables. Todos estos parásitos han tenido que adaptarse a una forma muy específica de vida y a menudo han tomado caminos paralelos. Una de las historias más habituales de la evolución de los parásitos describe una serie de pérdidas y reducciones: los animales se empequeñecen y simplifican; sus cerebros se reducen; algunos pierden la boca o el ano o carecen de intestino; sus extremidades, de haberlas tenido sus antepasados, pueden acortarse o perderse por completo; suelen quedarse ciegos; su dotación de genes acostumbra a disminuir en gran medida, y así sucesivamente. El intento de identificar a los parientes de estas menoscabadas criaturas se podría asemejar a la vana búsqueda de los rasgos del *hobbit* Sméagol en la horrenda forma de Gollum.

Entre los muchos animales parasitarios, los asombrosos campeones de la simplificación y la pérdida de caracteres son, quizá, dos grupos poco conocidos denominados Dicyemida ('dos gérmenes', en referencia a su doble reproducción sexual y asexual) y Orthonectida ('nadadores en línea recta'), en comparación con los cuales una lombriz intestinal parece el culmen de la complejidad.

Los ortonéctidos fueron descritos por primera vez a fines de la década de 1870 por el zoólogo francés Alfred Giard (a quien corresponde el dudoso honor de haber dado nombre al asqueroso parásito *Giardia*).[12] Giard encontró especies de ortonéctidos diferentes pero sin duda emparentadas que parasitaban a dos grupos bien distintos de animales: las ofiuras (parientes de las estrellas de mar) y los gusanos nemertinos (entre los que se incluyen los más largos de todos los animales, *Lineus longissimus*, que, aunque difíciles de medir por lo mucho que se estiran, pueden alcanzar hasta 55 m, casi dos veces más que una ballena azul). Los ortonéctidos son minúsculos —apenas la décima parte de un milímetro de largo (y, por tanto, unas 550 000 veces más cortos que *Lineus*)—, y su cuerpo entero se compone de apenas un par de cientos de células. En algunas especies, el sistema nervioso femenino consta de solo cuatro células; los machos, triste es reconocerlo, son más lerdos todavía: su sistema nervioso solo cuenta con dos células.

A los diciémidos los describió y les puso nombre a mediados del siglo XIX el científico suizo Albert von Kölliker, que los encontró viviendo en los riñones de un pulpo.[13] Desde entonces se han descrito algo más de 100 especies, y todas viven en los riñones de algún cefalópodo, sea pulpo, sepia, calamar o nautilo. Los diciémidos tienen menos células todavía que los ortonéctidos, y las descripciones de estos organismos incluyen inevitablemente una lista de caracteres que no poseen, la mayoría de los cuales parecería sensato haber conservado: ni órganos, ni tejidos, ni cavidades corporales, ni intestinos, ni una sola célula nerviosa, es decir, ¡son más lerdos todavía que los ortonéctidos!

Desde su descubrimiento, los ortonéctidos y los diciémidos se han reunido en un grupo más grande, un filo denominado Mesozoa. Este nombre —cuya traducción vendría a ser 'animales intermedios'— indica que los zoólogos lo consideraron una rama muy temprana del árbol de la vida, que encajaba en algún punto entre Protozoa ('primeros animales', es decir, protoanimales unicelulares) y Metazoa ('después de los animales', es decir, animales en sentido estricto, como insectos, moluscos y peces). En esencia, los metazoos fueron ampliamente considerados los descendientes vivos de una fase muy temprana de la evolución animal.

La visión popular de estos animales tan simples se ha demostrado errónea. Giard reveló una sorprendente modernidad cuando señaló:

> Los Orthonectida son animales parasitarios, y hemos de tener en cuenta el retroceso que esta forma de vida debió de producir en su estructura. Una organización que consideramos de una simplicidad primitiva es muy posiblemente una mera consecuencia de la degeneración.[14]

Como es natural, esto mismo cabe decir de los diciémidos parasitarios, más simples todavía.

Se ha demostrado que Giard tenía razón. Resulta que ninguno de estos gusanos es una rama temprana desgajada del linaje principal de los animales. Los ortonéctidos y los diciémidos están emparentados, por vías poco claras, con una rama que contiene un zoológico completo de especies mucho más complejas, incluyendo a los gusanos anélidos, los moluscos, los platelmintos y los gusanos nemertinos. Estos parientes de ortonéctidos y diciémidos son de gran tamaño; tienen intestino; responden al entorno con comportamientos complejos, controlados por sistemas nerviosos complejos formados por decenas de miles de neuronas; se mueven, cazan, se ocultan y se aparean poniendo en acción sistemas de músculos constituidos por miles de células musculares. Si los diciémidos y los ortonéctidos son en realidad parientes de estos animales grandes y complejos, entonces, al convertirse en parásitos, debieron perder casi toda su complejidad.

Hace unos años, trabajé con dos colegas —la por entonces estudiante de doctorado Helen Robertson y el investigador posdoctoral Philipp Schiffer— para intentar precisar en qué punto del árbol animal encajan los ortonéctidos y los diciémidos. Nuestra primera idea fue buscar en su ADN un carácter complejo e inusual que, según sabíamos, se encontraba únicamente en el grupo de los animales complejos al que pertenecen los anélidos, los moluscos y los platelmintos. Este carácter adopta la forma de una proteína (presente en todas las células eucariotas) llamada «subunidad 5 de la NADH deshidrogenasa» («nad5» para abreviar).

En la mayoría de las ramas del árbol animal, la proteína nad5 ha cambiado muy poco, mientras que en la rama que conduce a los anélidos, moluscos, platelmintos y compañía ha acumulado toda una serie de cambios. Casi todos estos cambios se producen en la secuencia de sus aminoácidos, pero la longitud de la proteína también se ha visto alterada, e incluso algunos aminoácidos en mitad de la proteína han desaparecido sin más. Esta versión modificada de la proteína nad5 aparece solo en este grupo de animales, por lo que se erige como prueba nítida de que todos ellos están emparentados. Como carácter, esta nad5 modificada no se diferencia en absoluto de las glándulas mamarias que definen a los mamíferos ni de las bellotas que definen a los robles. En cuanto a los diciémidos y los ortonéctidos, nuestro razonamiento fue que si podíamos demostrar que poseían esta versión singular de la nad5, esta sería la evidencia concluyente de que tales parásitos simplísimos pertenecen a ese grupo de animales complejos.

La investigación empezó planteándose de manera muy elemental: si podíamos encontrar el gen relevante en la secuencia de ADN de sus genomas (se había publicado recientemente), obtendríamos la respuesta casi de inmediato. Cuando observamos la secuencia de aminoácidos en sus proteínas nad5, quedó claro que los diciémidos y los ortonéctidos poseían exactamente la misma versión que en los gusanos anélidos, moluscos y demás. La serie de cambios necesarios para obrar esta transformación eran tan numerosos e improbables que no había manera verosímil de que los dos extraños gusanos se hubieran producido independientemente, sino que debieron haber heredado esta peculiar versión de la nad5 del mismo antepasado que la había legado a los anélidos, moluscos y otros. Nuestro descubrimiento mostró que, en lugar de ser simples por ser vástagos tempranos del árbol animal, los diciémidos y los ortonéctidos se han convertido en simples por la pérdida masiva de caracteres en el transcurso de la evolución.

Pasamos después a profundizar en el estudio de sus genes, y descubrimos que los minúsculos ortonéctidos son una ramita menor de la robusta rama de los gusanos anélidos. Los ortonéctidos, en otras palabras, son parientes de los grandes y complejos gusanos de arena, lombrices de tierra, sanguijuelas y sus parientes. Y si los anélidos no parecen particularmente complejos, compárese el cerebro de una sanguijuela, provisto de 10 000 neuronas, con el sistema nervioso bicelular de un ortonéctido. La simplificación es extraordinaria. La reducción de la capacidad neuronal, por ejemplo, equivale a que, como resultado de la evolución, el cerebro de una rama de los humanos se redujera al tamaño de un grano de sal.

Los diciémidos, los ortonéctidos y las ascidias demuestran que la pérdida de caracteres puede provocar errores en la colocación de las ramas en el árbol de la vida: cuando un miembro de una determinada rama pierde un carácter que define a dicha rama, se corre el peligro de pensar que su lugar ha de estar en otra rama. Esto podría describirse como un equivalente de la evolución convergente (golondrinas y vencejos, tilacinos y lobos): estos animales simplificados han revertido la evolución para acabar convergiendo con las características de sus antepasados.

PROBLEMAS CON LOS GENES

Ambas formas de homoplasia —evolución convergente de caracteres nuevos y pérdida de caracteres— son muy comunes en todo el árbol de la vida y generalmente se hallan dispersas por las ramas. Estos mismos problemas se presentan también, aunque en forma algo distinta, cuando usamos secuencias de ADN y aminoácidos para construir el árbol.

La homoplasia se manifiesta de dos maneras que hacen que los datos moleculares sean algo diferentes de los morfológicos. La primera es el alfabeto limitado de datos moleculares (en contraposición a las vías infinitas para el cambio morfológico). Para cada carácter (nucleótido) de un gen, hay solo cuatro estados que puede adoptar. Si el primer nucleótido de un gen es una A (adenina), solo hay tres estados nuevos que puede adoptar tras una mutación: C, G o T (citosina, guanina o timina). Y si el mismo nucleótido mutara en otra especie, la elección de resultados sería igualmente limitada. Esto significa que, si dos especies con parentesco lejano cambiaran el mismo nucleótido en el mismo gen, existiría una posibilidad entre tres (y aquí estoy simplificando en varios sentidos) de que terminaran modificando exactamente el mismo nucleótido nuevo. Es como si, cuando en el curso de la evolución el pico de las aves estaba adoptando una nueva forma, solo hubiera podido elegir entre cuatro modelos; en tal caso, encontrar el mismo pico en aves sin parentesco sería bastante habitual.

La convergencia es también probable, si bien en un grado algo menor, en los aminoácidos. Aceptando una vez más, en beneficio de la claridad, que todos los cambios son igual de probables (no lo son), si el mismo aminoácido cambia en dos especies sin parentesco, entonces existe una posibilidad entre diecinueve de que terminen siendo idénticos. A diferencia de mis picos imaginarios, casi ningún carácter morfológico se halla tan constreñido como los caracteres moleculares en cuanto a los cambios que se les permite experimentar. Un examen minucioso de caracteres morfológicos en apariencia idénticos casi siempre revela diferencias, aunque sean sutilísimas. Los pequeños alfabetos de las moléculas biológicas conspiran para que se den con bastante frecuencia cambios convergentes *producidos aleatoriamente* en las moléculas de dos especies.

La segunda manera en que el desarrollo de genotipos se diferencia del desarrollo de fenotipos actúa en la dirección opuesta y conduce al problema de los alfabetos limitados. Las innumerables maneras posibles de cambiar el genoma de un organismo para alterar su fenotipo implican que dos caracteres casi nunca desarrollarán el mismo carácter fenotípico usando exactamente los mismos cambios en sus genes. Un flamenco y una jirafa, por ejemplo, no han cambiado ciertamente los mismos nucleótidos, aminoácidos o incluso genes para desarrollar sus largos cuellos.

Una ilustración sencilla de esta verdad la ofrecen los extraños huevos azules de algunas razas muy preciadas de gallinas (la araucana de Chile y la *dongxiang* y *lushi* de China). Del estudio de la base genética de este insólito carácter en las gallinas chinas y chilenas se desprende que las tres razas han desarrollado huevos azules mediante la mutación del mismo gen. El gen lleva el nombre bastante prosaico de SLCO1B3, y su función consiste en desplazar sales biliares de colores por las células. En las tres razas de gallinas, las mutaciones responsables de los huevos azules provocan la activación de SLCO1B3 en el útero, donde se está formando el huevo, con el resultado de que las sales biliares verdiazules terminan en la cáscara.[1] Sin embargo, cuando se estudiaron las secuencias de ADN de los genes SLCO1B3, quedó claro que las mutaciones en las tres razas afectaron a partes totalmente distintas de sus genes SLCO1B3. Los caminos por entero diferentes que tomaron para converger en un huevo azul idéntico demuestran sin lugar a dudas que lo consiguieron por separado. El mensaje es que, allí donde una presión selectiva común puede producir una evolución convergente en el fenotipo de dos organismos, a nivel genético las especies casi siempre continúan divergiendo.

La conclusión general que se obtiene de la mezcla de estas dos fuerzas es que, aunque sin duda se producirán cambios convergentes (debido a los pequeños alfabetos de ADN y proteínas), por lo general estos cambios se dispersan aleatoriamente por las ramas del árbol. Y aunque se produzcan cambios convergentes al nivel de las letras individuales del ADN y de los aminoácidos, es muy improbable que converjan para alcanzar por pura casualidad una similitud engañosa. De hecho, siempre y cuando estudiemos suficientes nucleótidos o aminoácidos, es seguro que en conjunto se diferenciarán con el paso del tiempo.

En la década de 1990, durante una discusión sobre la forma del árbol de la vida de los insectos, se reivindicó la evolución convergente del fenotipo y el genotipo, lo que curiosamente enlaza con la mosca de la fruta mutante de cuatro alas que ya hemos visto en un capítulo anterior. Para refrescar un poco la memoria antes de abordar el asunto: aunque la mayoría de los insectos tienen dos pares de alas, las moscas (al menos las que no han mutado) solo cuentan con un par; la evolución ha convertido el segundo par de alas de la mosca en unos pequeños órganos con forma de pesas llamados «halterios», que ayudan a los insectos a mantener el equilibrio en vuelo. También hemos conocido de pasada un segundo grupo de insectos denominado Strepsiptera ('alas retorcidas'), o estrepsípteros, que igualmente tienen un solo par de alas y un par de halterios. ¿Podrían ser homólogos estas estructuras de apariencia similar, heredadas por ambos grupos de un antepasado común que asimismo poseía halterios?

La idea se vio refrendada por los primeros estudios que utilizaron secuencias moleculares para comprender el árbol de la vida de los insectos. Estos primeros árboles colocaban a las moscas y los estrepsípteros en una sola rama, y este íntimo parentesco parece decirnos que los halterios que poseen ambos grupos deben por fuerza ser homólogos, heredados de un antepasado común aparentemente cercano. Sin embargo, tal conclusión a primera vista sensata plantea un problema interesante: aunque los halterios de las moscas han reemplazado a las alas posteriores, los halterios de los estrepsípteros ocupan el lugar de las alas anteriores. La explicación de las posiciones diferentes de los halterios en los cuerpos de las moscas y los estrepsípteros (publicada en *Nature* y recuerdo que tomada muy en serio en aquel momento)[2] era que los halterios se habían desarrollado una sola vez en el antepasado de los dos grupos (y que, por tanto, los halterios eran homólogos), pero una cadena de mutaciones había cambiado de sitio las alas y los halterios en los estrepsípteros, como si nuestros brazos y piernas hubieran intercambiado posiciones. Algo muy raro, pero que representó el apogeo de la mosca de cuatro alas. Transformaciones similares (inducidas artificialmente), como la mutación del gen *Antennapedia*, que hacía que en la cabeza de una mosca de la fruta surgieran patas en lugar de antenas, avalaban la verosimilitud de la idea.

Unos cambios tan drásticos y repentinos en el cuerpo de un animal suelen desaprobarse como inverosímiles «monstruos prometedores».[3] Esta historia depende, recuérdese, de que haya un parentesco cercano entre los dos grupos. El problema es que no existe tal parentesco. El árbol de los insectos de mediados de la década de 1990 contenía un error de bulto: las moscas y los estrepsípteros no son ni por asomo parientes cercanos.

Una vez descubierto el error, quedó demostrado, como habían sostenido los morfólogos todo el tiempo, que en realidad los estrepsípteros mantienen un parentesco más cercano con los escarabajos. Y esto sí que tiene sentido, porque ambos poseen alas frontales que se han transformado en una nueva estructura: los halterios en los estrepsípteros y los élitros (los caparazones blandos que cubren las delicadas alas posteriores) en los escarabajos. Orden restaurado. Monstruo prometedor muerto. Pero ¿qué provocó el error fatal en el árbol? ¿Hemos aprendido a evitarlo?

El problema con el árbol de los insectos, conocido como «atracción de las ramas largas», lo descubrió y explicó por primera vez el profesor Joe Felsenstein (hoy profesor emérito en la Universidad de Washington en Seattle). Felsenstein es uno de los gurús de la construcción del árbol molecular. Lo conocí (él seguramente no se acordará) en 1991, en un curso al que asistí durante mis estudios de doctorado. Lo recuerdo como alguien aterrador, con una gran barba negra y un intelecto temible (aunque una búsqueda rápida en Google de fotos recientes muestra a un hombre de aspecto afable y amplia sonrisa). El curso se impartió en el bonito laboratorio marino de Woods Hole en Cape Code (Massachusetts). La fecha exacta del curso es fácil de comprobar: fue la semana en que el huracán *Bob* asoló Cape Code. El 20 de agosto, el *Washington Post* informó: «El huracán azota Nueva Inglaterra. [...] "Todas las carreteras de la isla han quedado intransitables", dijo Timothy Rich, el jefe de policía de Chilmark, un pueblecito en el extremo sur de Marha's Vineyard. "Hay árboles caídos por todas partes. Los cables del tendido eléctrico están en el suelo"».[4] Mientras el extraordinario fenómeno natural causaba estragos por fuera, descuajando árboles, amontonando yates en las playas e inundando el aparcamiento, nuestro curso seguía dentro, y ni siquiera los cortes en el suministro eléctrico bastaron para interrumpir las clases. El espectáculo debía continuar.

La atracción de las ramas largas es el asunto más importante de una familia de problemas interrelacionados que afligen a nuestros árboles cuando los caracteres cambian de manera distinta en ramas distintas. Igual que en el ejemplo de la mosca y los estrepsípteros, nos topamos con el problema de la rama larga (entramos en la llamada «zona Felsenstein»)[5] cuando ciertas ramas del árbol evolucionan a mayor velocidad que otras.

El famoso artículo de Felsenstein en el que describía la atracción de las ramas largas se publicó allá por 1978, pero su relevancia se desprende de las aproximadamente cincuenta veces que todavía se cita cada año (la mayoría de los artículos científicos se citan menos de cinco veces en total).[6]

El artículo describe un árbol evolutivo que emparenta cuatro especies: Apple y Banana se emparentan en un lado del árbol y Yak y Zebra en el otro. La rama del medio que separa A y B de Y y Z es corta (algo inverosímil a la luz de mi ejemplo, espero que fácil de entender), lo que nos dice que son muy pocos los cambios que diferencian A y B, por un lado, de Y y Z, por el otro.

El problema de la atracción de las ramas largas se presenta porque las cuatro especies han evolucionado a ritmos muy diferentes. A e Y han evolucionado muy deprisa, mientras que B y Z apenas han cambiado. El gran número de cambios acumulados en las dos ramas de evolución rápida (es decir, largas) revela que ambas especies han evolucionado para diferenciarse cada vez más de sus parientes más cercanos (A ha evolucionado alejándose de B; Y, de Z).

El error al establecer su parentesco se comete porque solo en contadísimas ocasiones se opera el mismo cambio en los nucleótidos de ambas ramas largas por convergencia aleatoria. Estos nucleótidos modificados son ahora caracteres compartidos por las dos especies de evolución rápida (y caracteres ausentes en las dos especies de evolución lenta). Pero estos esporádicos caracteres compartidos presentes en A e Y no son herencia de un antepasado común.

El error de la atracción de las ramas largas deriva de la fatal combinación del pequeño número de cambios que separan *correctamente* A y B de Y y Z, por un lado, y del mayor número de cambios convergentes que nos dicen *erróneamente* que las dos ramas largas A e Y están unidas, por otro. El resultado es un árbol incorrecto en el que las ramas largas se hallan agrupadas; de ahí lo de «atracción de las ramas largas».

La atracción de las ramas largas es una cuestión terriblemente complicada, de cuyas sutilezas voy a prescindir por completo. Lo único que realmente necesitamos saber es que, tal como hemos visto con las moscas y los estrepsípteros de ramas largas, provoca que las especies de evolución rápida, aun cuando no estén estrechamente emparentadas, se agrupen en el árbol como si lo estuvieran.

Pese a toda su enojosa ambigüedad, la evolución convergente constituye una parte importante de la historia evolutiva y en ocasiones es el grano de arena que forma la perla. El valor de la evolución convergente deriva de su capacidad para decirnos por qué surgen determinados caracteres. Darwin nos enseñó que las características surgen porque otorgan ventaja a algunos miembros de una especie sobre otros. Con frecuencia, pero no siempre, podemos presentar una conjetura razonada de cuál puede ser esa ventaja practicando un género literario que alcanzó su apoteosis en los *Cuentos de así es*, de Rudyard Kipling. Nuestra obsesión a este respecto se aprecia en las preguntas que nos hacemos constantemente sobre todo lo que es privativo y definitorio de los humanos, desde lo sagrado hasta lo profano. ¿Por qué las culturas humanas creen en dioses o en una vida después de la muerte? ¿Por qué caminamos sobre dos piernas? ¿Por qué los hombres tienen pezones? ¿Por qué las mujeres tienen orgasmos?

Ya que muchas especulaciones de este tipo abordan cuestiones relativas al sexo, vamos a tomar el testigo con entusiasmo y a preguntarnos por qué los testículos del colobo blanco y negro abisinio (*Colobus guereza*) pesan solo 3 gramos, mientras que los del macaco coronado (*Macaca radiata*) alcanzan nada menos que los 48 gramos.[7] Y para responder a esta pregunta vamos a utilizar el fenómeno de la evolución convergente.

Las explicaciones que podríamos ofrecer de por qué se ha desarrollado un carácter como el de los testículos grandes (o pequeños) pueden, por supuesto, ser muy verosímiles, pero por lo general solo hacemos cábalas (¡y eso no es ciencia!). Si planteáramos esas preguntas acerca de un organismo de laboratorio —una mosca de la fruta, un gusano nematodo, un ratón o una levadura—, podríamos realizar algunos experimentos para verificar nuestras suposiciones. Tendríamos la posibilidad de manipular el carácter y observar sus efectos —quitarle las alas a una mosca, p. ej., o mutar un gen—, pero los experimentos que esto requiere son imposibles en la mayoría de las especies. Nos gustaría mucho tener otra manera más sencilla de verificar nuestras conjeturas, que pudiera aplicarse en todo el árbol de la vida.

Existe un tipo de experimento científicamente *kosher* que podemos usar para responder a la pregunta de por qué se ha desarrollado algo. Este método consiste en encontrar múltiples ejemplos de la aparición de un carácter y averiguar si siempre va de la mano de un suceso o causa explicativos. Es como probar la teoría de que fumar provoca cáncer no mencionando a un tío nuestro que era fumador y enfermó de cáncer, sino fijándonos en muchos fumadores y muchos no fumadores para averiguar si existe una correlación sistemática. Para nuestros fines, este método requiere encontrar varios ejemplos separados de la aparición del carácter que nos interesa, lo cual, como se habrá adivinado, significa que esperamos encontrar casos de evolución convergente.

El colobo blanco y negro es un animal llamativo. Uno de sus nombres comunes es «guereza de manto», en referencia al pelo blanco, largo y sedoso que exhibe a la manera de un abrigo, el cual contrasta con el pelaje corto y negro que le cubre el resto del cuerpo. Su cabeza es especialmente distintiva y, en conjunto, no se diferencia mucho del tocado de una monja: en medio, una franja gris le cubre el hocico y le rodea los ojos;

los cachetes, la barbilla y las cejas son de color blanco; y en torno a todo ello destaca el tono negro, también en lo alto de la cabeza, donde tiene un par de lóbulos negros bastante parecidos a nalgas. Vive en grupos pequeños de diez a quince individuos que constan de un solo macho, un harén de hembras y sus crías. Todos los machos abandonan el grupo familiar en la adolescencia para intentar, con el tiempo, formar su propio harén. El colobo macho dominante ha luchado para conquistar un acceso fácil y sin trabas a sus hembras; como un ciervo rojo, hace valer su posición y su territorio con un concierto de rugidos al alba.[8]

Muy diferente es el modo de amar de los macacos coronados (*Macaca radiata*). Abundantes en el suroeste de la India, para mí encarnan el ideal platónico de un mono: pelo corto, orejas grandes y cola larga; lo de «coronado» alude a los mechones de pelo más largo con raya en medio que exhibe en la cabeza y lo asemejan a un corredor de bolsa eduardiano. Los macacos viven en grupos de unos treinta individuos con parecida proporción de machos y hembras, y son simultáneamente polígamos y poliándricos: los machos se aparean con varias hembras y las hembras con varios machos; y en ocasiones los machos se montan entre sí.[9]

Esa disparidad en los sistemas de apareamiento —harenes monógamos de los colobos frente al amor libre de los macacos—, en dos especies por lo demás bastante similares, es el rasgo que se ha propuesto para explicar la diferencia multiplicada por dieciséis en el tamaño de sus testículos. Los promiscuos macacos, según esta teoría, necesitan producir muchos espermatozoides para sus múltiples apareamientos (y más aún porque, en la carrera hacia el óvulo, sus espermatozoides compiten directamente con los de otros machos). El colobo macho, por el contrario, no compite para aparearse con su harén, de manera que le basta una pequeña cantidad de espermatozoides para garantizar la fertilización de los óvulos de las hembras. El vínculo entre promiscuidad y tamaño de testículos parece una explicación muy sensata, pero

¿podría haber otras igual de probables? Quizá el tamaño de los testículos sea consecuencia de un mayor aporte de proteínas en la dieta del macaco. Quizá los macacos tienen testículos más grandes para producir más testosterona y no para producir más espermatozoides. Igual que la justificada asociación entre el tabaco y el cáncer, podríamos reforzar nuestra creencia en un vínculo entre testículos grandes y promiscuidad (hablando con propiedad, esto es una «competición de espermatozoides») si encontráramos múltiples ejemplos en los que coincidiesen ambas circunstancias.

Desde luego, no debemos limitarnos a estudiar muchas especies de macacos —todos son promiscuos y tienen los testículos grandes— simplemente porque cada una haya heredado estas dos características de su antepasado común. Esto solo nos serviría como una observación aislada, equivalente a la de un solo fumador con cáncer de pulmón. Si aspiramos a obtener una respuesta convincente para la pregunta, debemos fijarnos en muchos grupos de mamíferos. En otras palabras, nos interesa encontrar muchos ejemplos separados de evolución convergente de las características que estamos estudiando.

Cuando se adopta este planteamiento más matizado, nuestra conjetura inicial queda confirmada: en todo el árbol de los mamíferos, los machos de especies polígamas tienen testículos proporcionalmente más grandes que los machos de especies monógamas. La relación entre estas dos características es lo bastante sólida para tentarnos a formular suposiciones bien fundadas sobre el comportamiento sexual de cualquier mamífero basándonos en el tamaño de sus testículos. Los delfines y marsopas, por ejemplo, poseen unos testículos enormes, en torno al uno por ciento del total de su masa corporal (equivalentes a unos testículos humanos que pesaran casi un kilo), lo que indica un alto grado de promiscuidad. Pese a la evidente dificultad de estudiarlos en estado salvaje, al menos en el caso de los delfines giradores esta predicción parece cumplirse, porque se han observado apareamientos masivos (léase orgías).[10] Los testículos de los machos humanos —por si a alguien le interesa— se sitúan en un término medio; ¡que cada cual se tome esa ambigüedad como quiera! Podemos encontrar un contraste interesante si nos preguntamos por qué los humanos hemos desarrollado un mentón. Puesto que somos el único animal con mentón, no cabe hablar de evolución convergente, lo que significa que la razón por la que desarrollamos un mentón (si la hay) será siempre un misterio.[11]

La evolución convergente se ha revelado como un arma de doble filo, porque al tiempo que provoca errores en el árbol de la vida nos enseña por qué se desarrollaron determinados caracteres. Los siguientes capítulos demostrarán que el árbol de la vida nos permite preguntar no solo «¿cómo?» y «¿por qué?», sino también «¿cuándo?», pues una gran parte de los cambios evolutivos se producen a un ritmo más o menos constante. En particular, los que conciernen a las secuencias de ADN y proteínas se suceden como el tictac de un reloj de pie no muy fiable. Si somos capaces de determinar la cadencia del tictac de este reloj, podremos fijar las coordenadas de nuestra máquina del tiempo. Y la posibilidad de añadir una escala temporal a nuestros árboles nos permitirá situar los sucesos evolutivos en la cronología de la Tierra antigua.

ROCA DE LOS SIGLOS (O SIGLOS DE ROCAS)

El pueblecito de Fortune se encuentra en la costa norte de la península de Burin, una prominencia yerma salpicada de lagos en la isla canadiense de Terranova. Una ensenada protegida por un espolón rocoso forma el puerto natural junto al que se levantó Fortune. En el escarpado litoral al oeste de Fortune, una cautelosa ascensión por los acantilados depara un sorprendente añadido a la roca: algo que parece una pequeña placa de metal sobre la faz del despeñadero. En realidad no es una placa, sino la cabeza de un largo clavo de bronce incrustado a martillazos en la roca: un extraño objeto que se conoce como «clavo dorado». La enorme importancia del clavo dorado reside en que marca la revolución que acontecía en la Tierra en el momento preciso en que se formaron los estratos de roca sedimentaria en los que se inserta.

Las discusiones sobre dónde debía colocarse el clavo empezaron en 1969 y duraron hasta que a principios de la década de 1990 paleontólogos y geólogos de todo el mundo convinieron por fin en su ubicación (aunque hubo otras propuestas).[1] En todo el mundo solo hay unas docenas de clavos similares incrustados en rocas, y cada uno de ellos indica el punto exacto del registro geológico en el que la Tierra antigua pasó de un período a otro.

La tierra sobre la que se construyó Fortune no siempre estuvo bañada por mares subárticos. Hace 550 millones de años, los estratos de roca se estaban depositando como sedimentos en los límites de una masa de tierra asentada directamente sobre el ecuador. El clavo señala el momento en que sucedió algo maravilloso en estos mares templados: una repentina transición de lo sencillo a lo complejo en la vida animal, de informes masas sedentarias a activos y curiosos cazadores y recolectores de alimento. Fue entonces cuando surgieron los primeros animales bilaterales que podemos reconocer como fundamentalmente similares a nosotros.

Primero vemos restos de *Treptichnus pedum*, el primer bilateral del registro fósil, cuyas madrigueras fosilizadas dejan constancia de su movimiento hacia delante, con la cabeza al frente y mirando a izquierda, derecha, arriba y abajo en busca de comida. Después, en rocas algo más jóvenes, un poco más arriba del acantilado, detectamos la aparición repentina de un gran número de animales nuevos, reconocibles y, sobre todo, diferentes: protoartrópodos, protovertebrados, gusanos anélidos, priapúlidos, moluscos, gusanos flecha y otros. Esta súbita y famosa eclosión de diversidad animal se conoce como «explosión del Cámbrico» y es un suceso en la historia de la vida que ha obsesionado a paleontólogos y biólogos desde principios del siglo XIX.

El verdadero enigma del Cámbrico es que estos animales de aspecto tan dispar no parecen haber tenido una existencia previa registrada en las rocas inmediatamente inferiores de los estratos cámbricos. La evolución de animales tan diferentes como artrópodos y peces requiere tiempo, lo que nos deja con ganas de saber de dónde surgieron de pronto. El misterio desasosegaba a Charles Darwin, que en *El origen de las especies* escribió:

> De ser cierta mi teoría, es indiscutible que antes de que se depositara el estrato silúrico [cámbrico] más bajo transcurrieron largos períodos [...] y que durante esos períodos inmensos y todavía desconocidos el mundo era un hervidero de criaturas vivas. A la pregunta de por qué no encontramos registros de estos vastos períodos primordiales, no puedo dar una respuesta satisfactoria.

¿Qué fue lo que prendió la mecha de la explosión? ¿Qué desencadenó esta estampida de animales en direcciones diferentes? ¿Por qué ocurrió en ese momento preciso del tiempo y no en otro? Y, por encima de todo, ¿de verdad pudo suceder todo ello en un período tan corto, o se trata más bien de los rescoldos del Cámbrico? Todas estas preguntas, como quizá se haya advertido, están relacionadas con el tiempo. Para explicar qué pudo provocar tal revolución necesitamos conocer qué más sucedía en el mundo en aquel momento; para determinar si fue una explosión o unos rescoldos, tenemos que saber cuánto tiempo duró realmente. Necesitamos, en síntesis, poder dar la hora evolutiva.

El árbol de la vida que hemos trazado hasta ahora ha existido casi siempre en espléndido aislamiento: una descripción de lo que ocurría en sus diferentes ramas, pero sin referencia al mundo exterior. Una historia más completa de la vida en la Tierra requiere contexto. ¿Qué más sucedía en el mundo cuando el primer pez se arrastró hasta la tierra? ¿Cuándo dejaron de volar los pingüinos? ¿Cuándo murió el último de los amonites gigantes en el fondo de un océano antiguo? ¿Cómo era el clima cuando un humano guisó por primera vez, pronunció las primeras palabras o hizo el primer dibujo? En los 4500 millones de años de existencia de la Tierra se han producido variaciones drásticas en la composición de la atmósfera; vaivenes del clima planetario desde una Tierra gélida como una bola de nieve hasta un mundo con calor de invernadero; movimientos tectónicos que han formado y deshecho continentes, desplazado tierras desde el ecuador hasta el polo, alzado cordilleras, abierto abismos entre masas de tierra y hecho brotar islas volcánicas en mitad de los océanos. Y la evolución de cada especie se ve influida por las otras especies con las que por azar comparte el mundo: el desarrollo de una mandíbula en una rama del árbol animal puede producir el desarrollo de una coraza en otra; la aparición de la fotosíntesis en las cianobacterias exigía forzosamente la entrada en escena de otras formas de vida que toleraran la presencia de oxígeno en la atmósfera y al final le sacaran partido. Todas estas fuerzas extrínsecas han de tener un papel en nuestra historia.

Podríamos elucubrar, por ejemplo, sobre la suerte de los trilobites, artrópodos semejantes a langostas cuyos fósiles abundan en rocas depositadas en el mar desde el período Cámbrico, hace unos 520 millones de años, hasta el final del Pérmico, 270 millones de años después. Dentro de los estrechos confines del rudimentario cuerpo del trilobites, este grupo adquirió una gran diversidad, con miles de especies conocidas. Los fósiles de trilobites varían en tamaño desde las dimensiones aproximadas de una cabeza de alfiler hasta un monstruo de 72 centímetros de largo.[2] Algunos tienen ojos complejos que despuntan de sus cabezas como los torreones de un castillo medieval; otros, un enorme caparazón en la cabeza o el cuerpo erizado de largas espinas; uno, *Walliserops trifurcatus*, posee una proyección cefálica casi tan larga como su cuerpo que recuerda al tridente de Neptuno.[3] ¿Qué fuerzas externas hicieron posible la aparición de los trilobites, el crecimiento y merma de su población, sus cambios de tamaño y forma y, por último, su total extinción?

Se dan casos —rarísimos— en los que la coincidencia de un suceso geológico con el destino de los organismos de aquel momento se aprecia con claridad en el registro fósil. Los dinosaurios (junto con muchas otras especies) se extinguieron cuando un asteroide de nueve kilómetros y medio de diámetro impactó en el golfo de México, lo que causó una explosión diez mil millones de veces más violenta que la de la bomba lanzada sobre Hiroshima y dejó el planeta cubierto de iridio.[4] Una extinción masiva de semejante magnitud puede datarse con extrema precisión. Recientemente los científicos incluso han logrado establecer la época del año en que se estrelló el meteorito estudiando fósiles de peces que, por los residuos encontrados en sus branquias, se sabe que murieron a consecuencia del impacto. Muchos peces crecen con intermitencia a lo largo del año, lo que deja en sus huesos marcas recurrentes (como los anillos de crecimiento de los árboles), y se descubrió que los desafortunados peces fósiles debían de hallarse aproximadamente en un cuarto de su ciclo de crecimiento anual cuando murieron. Así que era primavera en el hemisferio norte y otoño en el hemisferio sur cuando chocó el asteroide y los dinosaurios empezaron a morir. El impacto marcó el abrupto inicio de una oleada de extinciones que acabaron con más del 70 % de las especies del planeta.[5]

Pero el registro fósil dista mucho de ser perfecto, y una información tan precisa es rarísima. La posibilidad de que cualquier especie deje un fósil depende de la concurrencia de un conjunto ideal de condiciones, y esto significa que, aunque un individuo de cierta especie portador de un carácter de nuestro interés (quizá uno de los primeros peces con patas) llegue por suerte a fosilizarse, su fósil solo nos proporcionará la fecha más reciente de la aparición del carácter. Es perfectamente posible que las patas de los peces existieran desde millones de años antes de que uno de sus propietarios tuviera la fortuna no solo de fosilizarse, sino también (lo que es más improbable aún) de ser descubierto por un paleontólogo. En otras palabras, datar sucesos en el árbol de la vida partiendo directamente del registro fósil es casi siempre, y sin remedio, impreciso.

En realidad, para dar la hora evolutiva necesitamos no uno sino dos relojes precisos, el primero para datar los sucesos en el registro geológico y el segundo para situar los puntos de ramificación en el árbol de la vida. Como los ladrones de bancos que preparan un atraco, necesitamos sincronizar estos dos relojes independientes. Para ajustar el primer reloj debemos preguntarnos cuál es la antigüedad de la Tierra, cuál la de los diversos estratos de roca y cuál, por consiguiente, la de los fósiles que encontramos en esas rocas.

Las ideas más antiguas sobre la edad de la Tierra de las que se tiene constancia (y de acontecimientos posteriores tanto míticos como históricos) se encuentran en narraciones religiosas de la creación: en la Torá judía, en el Canon Real de

Turín o en el Bundahishn zoroástrico, por ejemplo. La mayoría de estos textos dan una fecha de la creación de la Tierra que oscila desde unos pocos miles hasta un centenar de miles de años antes del momento presente. Las excepciones a esta regla son las tradiciones mayas e hinduistas, hasta cierto punto similares en sus conceptos de la eternidad y los ciclos históricos. Las unidades de tiempo hinduistas varían según la entidad que las experimenta: los 100 años de vida de Brahma corresponderían a más de 300 billones de años en un humano mortal.

La tradición occidental sobre la fecha de la creación, todavía aceptada hoy por los creacionistas de la Tierra joven, se suele atribuir al obispo Ussher, primado de Irlanda, antipapista furibundo y erudito religioso (y ni mucho menos el primero ni el último que calculó los años transcurridos desde la creación bíblica).[6] Son frecuentes las mofas a costa de Ussher por la precisión en su cálculo del día exacto (22 de octubre del 4004 a. C.) e incluso la hora (al anochecer) de la creación bíblica, pero no se puede negar que fue una portentosa muestra de erudición, pues requería un conocimiento profundo de lenguas antiguas, historia, astronomía y numerosos textos religiosos no pocas veces contradictorios. Su problema principal, en vista de todos los datos, fue alcanzar una conciliación exacta entre las fechas del Antiguo Testamento, contando hacia delante a partir de la creación hasta que pudo llegar a fechas históricas conocidas y después contando hacia atrás desde el presente hasta esas mismas fechas históricas. La datación del Antiguo Testamento empieza, por supuesto, con el Génesis, y los 2082 años siguientes pueden contarse como los que vivieron Adán y Eva y sus descendientes (Set, Enoc, Matusalén, etc.) hasta llegar a acontecimientos señalados en la vida de Abraham. A partir de ahí, 430 años llevaron hasta el Éxodo desde Egipto, y los 480 años posteriores, desde el Éxodo hasta la construcción del templo de Salomón. El reinado de los Reyes de Judá hasta el principio de la cautividad por los babilonios se calculó en 424 años, y es aquí donde estos datos pueden conciliarse con fechas históricas registradas: la muerte de Nabucodonosor y la ascensión al trono de su sucesor, Evil-Merodac. «El año trigésimo séptimo de la cautividad de Joaquín, rey de Judá, el día vigésimo séptimo del duodécimo mes, Evil-Merodac, rey de Babilonia, el año primero de su reinado, alzó la cabeza de Joaquín, rey de Judá, y lo sacó de la prisión» (2 Reyes 25, 27).

Que la Tierra podía ser más antigua, incluso mucho más antigua, que los 6000 años del relato bíblico se fue haciendo evidente con los sucesivos descubrimientos de paleontólogos, geólogos y físicos a partir del siglo XVII. Uno de los pioneros más relevantes de la geología fue el danés Niels Steensen (o Nicolás Steno), que, además de sus aportaciones a la ciencia, se convirtió del luteranismo al catolicismo, llegó a ser obispo y en 1988 fue beatificado por el papa Juan Pablo II.[7] En el otoño de 1666, con Londres todavía humeando tras el gran incendio, el mecenas de Steno y amante de la ciencia Fernando II de Médicis le envió la cabeza de un tiburón para que la estudiara. Durante la disección, Steno comprobó que los dientes del tiburón eran en lo esencial idénticos a unas extrañas piedras —las conocidas como *glossopetrae*, 'piedras linguales'— que se encontraban a menudo enterradas en rocas toscanas. El salto intelectual de Steno, facilitado por sus hallazgos previos de conchas de moluscos fosilizadas, consistió en percatarse de que las *glossopetrae* eran en realidad dientes de tiburón, lo que lo obligó a preguntarse cómo era posible que aparecieran dientes en medio de roca sólida en la cima de una montaña. Su conclusión, asombrosa para la época, fue que habían quedado depositadas allí durante el período de formación de la roca. El corolario era que los dientes, y los estratos nuevos de roca que los rodeaban y cubrían, debieron haberse asentado sobre algo ya existente —un estrato de roca aún más antiguo— y que, por tanto, cabía suponer que los estratos de roca se habían formado en un orden sucesivo, uno sobre otro. Las rocas estratificadas, en vez de ser creaciones instantáneas de Dios, tuvieron que acumularse gradualmente a lo largo del tiempo.

Más o menos contemporáneo de Steno, el científico inglés Robert Hooke reconoció la importancia de unos fósiles que, aunque se asemejaban a moluscos marinos vivos, habían aparecido enterrados en unas rocas lejos del mar. Escribió que «certificarán un Anticuario Natural, que tales y tales lugares han estado bajo el agua, que ha habido tales y tales especies de Animales, que ha habido tales y tales Alteraciones y Cambios precedentes en las Partes superficiales de la Tierra».[8] En otras palabras, las rocas constituían un registro del mundo tal como era en el pasado, poblado por animales desconocidos que se arrastraban por los lechos marinos pero estaban destinados a terminar en la cima de una montaña.

Steno puso los cimientos (nunca mejor dicho) para el desarrollo de la estratigrafía, ya en el siglo XIX: descubrió que las rocas nuevas debieron haberse depositado sobre un sustrato preexistente y que, por el influjo de la gravedad, se formaron de manera natural rocas nuevas en estratos horizontales continuos. En consecuencia, las rocas más profundas deben ser más antiguas que las superficiales, y los estratos rocosos no horizontales —se ven muchos— debieron haberse desplazado en el transcurso de un largo período de tiempo desde los horizontales. Los estratos de roca, interpretados a la luz de este nuevo marco teórico, proporcionaban indicios de procesos pasados que tuvieron que haber durado muchísimos años, el tiempo suficiente para que finas capas de sedimentos blandos alzaran acantilados de roca viva de mil metros de altura y los ríos abrieran, milímetro a milímetro, profundos valles, cañones y gargantas. La evidencia que Steno y otros empezaban a descifrar en las rocas era incompatible con la idea de una Tierra joven labrada únicamente por catástrofes esporádicas como el diluvio bíblico.

El cálculo de la edad verdadera de la Tierra se abordó de diversas e ingeniosas maneras. Darwin incluyó una estimación parcial en la primera edición de *El origen de las especies*, en una sección que llevaba por título «La denudación del Weald». El Weald es un valle poco profundo de Kent que se encuentra entre los North Downs y los South Downs (dos cordilleras calizas paralelas). Los *downs* son los dos lados de lo que en su día fue un domo calizo, una gruesa capa de roca que se formó en mares cretácicos poco profundos con el carbonato cálcico presente en las conchas de billones de minúsculos organismos marinos; el Weald, por su parte, es el espacio entre las cordilleras calizas donde la erosión hizo desaparecer el domo.

Darwin, deseoso de reforzar su idea de que la Tierra era lo bastante vieja para que se produjera el lento proceso de la evolución, hizo un cálculo somero del número de años que tuvieron que haber pasado para erosionar una roca de tanto espesor. La capa caliza de los *downs* modernos (y, en consecuencia, la antigua roca caliza en el interior del domo) tiene 1100 pies de espesor, y la anchura de la superficie que debió erosionarse —la distancia entre los North Downs y los South Downs— es de 22 millas. Darwin calculó que una pared caliza de unos 1000 pies de altura se erosionaba a razón de media pulgada cada siglo. Por tanto, la erosión de 1 393 920 pulgadas necesaria para producir el *weald* debió durar más de 306 millones de años. No fue un error abismal: puesto que el Cretácico acabó hace 66 millones de años, la estimación de Darwin solo multiplicó la antigüedad por cinco. Y para su propósito inmediato, que era revelar un planeta viejo, el cálculo bastaba y sobraba.

El trabajo que finalmente nos dio la edad de la Tierra y del sistema solar (y también de los estratos de roca y los fósiles que contenían) no vino de geólogos ni biólogos, sino de físicos. Un primer intento lo llevó a cabo el cosmólogo francés del siglo XVIII Georges-Louis Leclerc, conde de Buffon, un plutonista (o vulcanista) que creía (en gran parte con acierto) que las primeras rocas sólidas de la Tierra se formaron a partir de lava (en contraposición a los neptunistas, que sostenían que se habían formado por sedimentación en un antiguo océano). Buffon, desde su perspectiva plutonista, supuso que la Tierra primigenia empezó siendo extremadamente caliente.[9] Partiendo de este principio, ideó un experimento que consistía en calentar unas balas de cañón de hierro de distinto diámetro para representar la Tierra caliente primigenia. Buffon dejó que las balas se enfriaran hasta alcanzar la temperatura ambiente; las de mayor tamaño tardaban más que las pequeñas. Después, extrapolando estas mediciones a esferas cada vez más grandes, llegó por fin a calcular el tiempo que tardaba una esfera de las proporciones de la Tierra en enfriarse hasta alcanzar su temperatura actual: «22 595 086 068 minutos, es decir, cuarenta y dos mil novecientos sesenta y cuatro años y doscientos veintiún días, es el tiempo necesario para enfriar un globo del tamaño de la Tierra como para poder tocarlo sin quemarse», mientras que «... noventa y seis mil seiscientos setenta años y ciento treinta y dos días [es el tiempo necesario para llegar] a la temperatura de hoy».[10] Buffon ajustó después la insensata precisión de estos números explicando que la Tierra no estaba formada solo por hierro sino también por otros materiales de enfriamiento más rápido (había efectuado mediciones de enfriamiento en un gran número de materiales) y estimó la edad de la Tierra en 74 047 años: un error de bulto, pero que iba en la dirección correcta.

Buffon cometió una grave equivocación al dar por sentado que podía extrapolar los datos de las balas de cañón (cuyo diámetro máximo era de 13 centímetros) a toda la Tierra (cuyo diámetro es de 12 742 kilómetros). El error, detectado por el matemático e ingeniero británico William Thompson (después lord Kelvin, el primer científico elevado a la Cámara de los lores en 1892), consistía en que, si bien una bala de cañón pequeña se enfría del todo, una esfera más grande conserva el calor en su núcleo mucho tiempo, de modo que, por conducción, el exterior se mantendrá caliente durante períodos muy largos.[11] La capa superficial del planeta, en otras palabras, debió enfriarse mucho más despacio que una minúscula bala de cañón. El nuevo cálculo de lord Kelvin, en 1864, asignó a la Tierra una edad mucho mayor, y mucho menos precisa, de entre 20 y 400 millones de años. Más cerca de la realidad, sí, pero al parecer no lo bastante antigua para Darwin, que decidió suprimir la sección «La denudación del Weald» de ediciones posteriores de *El origen de las especies*.

Lord Kelvin estaba equivocado, y se cree que erró porque no conocía el calor adicional que proporciona la radiactividad de la fisión nuclear. Esto, según se dice, lo llevó a subestimar la cantidad de calor proveniente del centro de la Tierra y, por tanto, la lentitud de su enfriamiento; luego también la edad de nuestro planeta.[12] Pero el verdadero origen de la subestimación de Kelvin proviene de ignorar la transferencia adicional de calor por convección: la roca bajo la corteza terrestre está derretida, y este líquido caliente en movimiento sigue transportando calor hasta la superficie, manteniéndola caliente durante mucho más tiempo que por conducción a través de un planeta sólido. El antiguo ayudante de lord Kelvin, John Perry, hizo sus propios cálculos y estableció una antigüedad de 2000-3000 millones de años, lo que sí se acerca mucho a la edad real de la Tierra: 4500 millones de años.[*13]

En vez de provocar confusión, la fisión nuclear resultó ser la pista para descubrir la edad exacta de la Tierra. Los elementos pesados inestables (uranio, plutonio, etc.) se descomponen en elementos más ligeros a un ritmo constante, medido en razón de su «media vida», que es el tiempo que tardan la mitad de los átomos de ese elemento pesado en dividirse y convertirse en el más ligero. Si tenemos una roca que, en el momento de su formación, contenía un número conocido de átomos del elemento pesado, entonces la media vida del elemento nos dice cuántos átomos pesados quedarán tras un período de tiempo determinado. Si logramos contar el número de átomos pesados que permanecen en la roca, entonces podremos conocer su edad. Los isótopos de

---

* La vacilación del pobre Perry es palpable en los primeros párrafos de su carta a la revista *Nature*: «Se me ha pedido en ocasiones [...] que critique el cálculo de lord Kelvin sobre la edad probable de la Tierra. Normalmente he dicho que es imposible esperar que lord Kelvin haya cometido un error de cálculo».

algunos elementos, como el uranio-238 (U238) y el uranio-235 (U235), tienen medias vidas muy largas, lo que nos permite datar sucesos muy antiguos. La mitad de una cantidad cualquiera de átomos de U235 se descompondrán en átomos de plomo-207 (Pb207) en el transcurso de un período de 700 millones de años; el isótopo U238, más pesado, se descompone en Pb206 más despacio todavía, con una media vida de 4500 millones de años.

El circonio es el mineral más útil para datar sucesos verdaderamente antiguos, lo que se debe a un puro capricho de la química. Los cristales de circonio, al formarse, excluyen cualquier átomo de plomo que pueda rondar por los alrededores, pero están encantados de incluir cualquier átomo de uranio que pase por allí. Esta chiripa química significa que todos los átomos de plomo que se encuentren hoy en cualquier cristal de circonio solo pueden ser producto de la descomposición radiactiva del uranio que había allí al principio. Una sencilla comparación de la proporción entre átomos de uranio y átomos de plomo nos revela cuántos años hace que se formó un cristal de circonio. Encontrar un cristal de este elemento que contenga cantidades iguales de U235 y el producto de su descomposición, Pb207, nos indica que la mitad del uranio original se ha descompuesto en plomo. Y, por la media vida inalterable del U235, sabemos que este proceso tuvo que haber durado 700 millones de años. Mediante esta sencilla medición de las cantidades de dos elementos podemos datar con exactitud la formación de este cristal 700 millones de años atrás; un circonio más antiguo contendría más plomo y menos uranio, y viceversa.[14]

La datación radiométrica nos ha proporcionado los medios para juntar la primera mitad de las piezas de nuestro rompecabezas: podemos determinar las edades absolutas no solo del planeta entero, sino también de los muchos estratos rocosos y de los fósiles que estas rocas contienen.

La datación de la roca de Terranova donde se incrustó el clavo dorado ha arrojado una antigüedad de 538 millones de años. Esto nos da la fecha de la primera aparición en el registro fósil de animales bilaterales como nosotros, con un cerebro, boca y ojos agrupados en la parte anterior, un intestino que discurre a todo lo largo del cuerpo y termina en un ano en la parte posterior, y —por supuesto— un lado izquierdo y otro derecho en el cuerpo que son reflejo el uno del otro.

Las rocas nos han proporcionado una fecha para los animales complejos fosilizados más antiguos de los que tenemos conocimiento, pero ¿cómo saber si son realmente los primeros de sus especies? Es bien sabido que el registro fósil deja huecos, lo que significa que los animales complejos pueden ser anteriores a su primera aparición como fósiles. Para verificar esta posibilidad (y, en un sentido mucho más general, para conciliar las edades en el árbol de la vida con la información descubierta dentro de las rocas), debemos poner en hora el segundo reloj. Necesitamos encontrar un modo de medir el paso del tiempo en el árbol de la vida que nos diga las edades de nuestros antepasados. La solución a este segundo problema nos obliga a encontrar en la biología algo que sea afín al tictac regular de la media vida radiactiva. Este péndulo biológico se descubrió oculto en algo de lo que ahora disponemos en abundancia: las secuencias en continuo cambio de las moléculas de proteínas y ADN.

NUESTROS GENES DAN LA HORA

Para trazar el árbol de la vida, Ernst Haeckel se inspiró, al menos en parte, en el trabajo de August Schleicher, colega suyo en la Universidad de Jena que, a principios de la década de 1850, había empezado a pensar en las lenguas como seres vivos que nacen, florecen y a veces se extinguen.[1] Schleicher, antes incluso de la publicación de *El origen de las especies*, propuso un modelo arbóreo para describir la evolución de las lenguas, pero su objetivo más ambicioso fue retroceder en el tiempo, descendiendo por las ramas de su árbol de las lenguas, para reconstruir lo que llamó la *Ursprache* ('lengua antigua'): el antepasado común de todas las lenguas indoeuropeas.[2]

Cien años después de Schleicher —y haciendo uso de un método que lleva el aparatoso nombre de «glotocronología»—, el iconoclasta lexicógrafo estadounidense Morris Swadesh llevó esta idea más lejos aún: intentó calcular la fecha en que las lenguas se dividieron, quizá con el propósito final de datar la *Ursprache*. El método que empleó resulta instructivo porque, a grandes rasgos, es el mismo que sirve para datar a los antepasados en el árbol de la vida. Swadesh era un lingüista extraordinario y un hombre dotado de una tremenda energía, ánimo y determinación.[3] Como lingüista, los inicios de su vida fueron perfectos, pues en casa hablaba inglés, ruso y yidis. En la universidad se especializó en lenguas nativas estadounidenses y después mexicanas. Entretanto, aprendió por su cuenta, en el transcurso de un año, a hablar y escribir español con el nivel suficiente para dar conferencias y escribir el primero de varios libros de texto en este idioma. Parte de su carrera posterior la pasó en México, tras haber sido tildado de «rojo» durante la época de McCarthy por actividades como «defender enérgicamente las manifestaciones estudiantiles» y protestar contra la pena de muerte para los espías Julius y Ethel Rosenberg. Swadesh era, en efecto, militante comunista.

Interesado en el análisis estadístico de las lenguas, Swadesh postuló que cuando dos lenguas se separan (por lo general, cuando dos culturas se distancian geográficamente) las palabras que al principio compartían (todas ellas) son reemplazadas a un ritmo previsible a lo largo de los siglos.[4] Extrajo un conjunto de cien palabras universales (*all* [todo], *and* [y], *animal*, *ashes* [cenizas], *at* [a, en], *back* [atrás], *bad* [malo], *bark* [ladrido], *because* [porque], *belly* [vientre], *berry* [baya], *big* [grande], *bird* [ave]), y así todo el alfabeto) que suponía existentes en todas las lenguas, con independencia de influencias culturales, geográficas o de cualquier otro género. Swadesh pudo medir el grado actual de similitud entre dos lenguas contando las palabras universales que seguían compartiendo, pero ¿cómo transformar este cómputo en una fecha de separación?, o, dicho de otro modo, ¿con qué rapidez deberíamos esperar cambios en las lenguas?

Para determinar el ritmo de cambio —con la esperanza de que fuera universal—, Swadesh contó el número de diferencias entre muchos pares de lenguas con fechas de divergencia conocidas, como el egipcio medio y el copto o el latín clásico y el rumano, y descubrió que, para las cien palabras de su lista universal, dos lenguas cualesquiera se volvían diferentes a razón de unas veinticinco palabras por cada mil años. Si su regla valiera para todas las lenguas, este sencillo cómputo nos permitiría datar la antigüedad del antepasado común de dos lenguas cualesquiera contando el número de palabras universales que siguen compartiendo. Su método se ha demostrado menos exacto de lo esperado debido al desorden que preside la evolución de las lenguas, pero aun así este ejemplo muestra el camino que podríamos seguir para averiguar cuánto tiempo hace que existió cualquier antepasado en nuestro árbol de la vida. Podríamos, por ejemplo, estar interesados en la edad del antepasado común de los animales bilaterales, cuyos fósiles, recuérdese, aparecieron por primera vez en rocas con una antigüedad de 538 millones de años. Con todo, ¿podrían los primeros bilaterales ser mucho más antiguos que esta primera entrada en escena?

Para averiguar la manera de datar este antepasado animal, veamos primero cómo nos podría ayudar el equivalente genético —las secuencias evolutivas de las moléculas biológicas— de la lista de palabras de Swadesh. Hemos visto que las longitudes de las ramas en los árboles evolutivos pretenden representar el grado de cambio producido, de tal modo que la rama que separa a un humano de un chimpancé, por ejemplo, es relativamente corta porque desde el punto de vista físico (fenotípico) son similares y las secuencias de nucleótidos de sus genes son también parecidas, mientras que la rama que separa a un humano de una medusa es mucho más larga, porque representa muchas diferencias morfológicas y genéticas. Como mostró Swadesh, si medimos en qué grado se diferencian dos especies, siempre y cuando el ritmo del cambio sea predecible, deberíamos poder medir la lejanía de su parentesco (en años), es decir, cuánto tiempo hace que tuvieron un antepasado común.

Aunque sin duda cabe esperar una relación entre el tiempo y el cambio evolutivo, un reloj solo será útil si es constante. Para entender el tipo de problema que encontraríamos en una escala temporal humana, pensemos en usar la estatura de un niño para determinar su edad. Por supuesto, la estatura aumentará a medida que cumpla años, pero esto dista mucho de ser una medida exacta de su edad: algunos niños están destinados a ser altos y otros bajos, y algunos adolescentes pegan pronto el estirón, mientras que otros (yo mismo) tardan más. Necesitamos el ritmo de cambio para predecir períodos inmensos de tiempo evolutivo, de igual manera que el

tictac de un reloj llena horas, días y años con un número de-
finido de segundos.

Manejamos dos tipos de datos cuyo ritmo de cambio podría servirnos para medir el paso del tiempo: el cambio
morfológico y el cambio genético. Ya hemos visto indicios
de que el cambio morfológico podría no ser útil como péndulo fiable. Hemos conocido fósiles vivos como el celacanto, cuya forma, preservada en un medio estable, apenas ha
sufrido alteraciones desde el Devónico inferior (hace 410
millones de años). Durante ese mismo período, algunos parientes del celacanto han evolucionado hasta convertirse
en ranas, murciélagos y serpientes. Celacantos, ranas, murciélagos y serpientes han evolucionado en el trascurso del
mismo número exacto de años partiendo de un antepasado
común con aletas lobuladas, pero sus grados de cambio morfológico son completamente distintos. Añadir cambios
morfológicos no puede dar la hora con fiabilidad.

Si queremos encontrar un péndulo biológico con oscila-
ción regular, tendremos que buscar caracteres cuyo ritmo de
cambio se vea mucho menos influido por el medio y por los
efectos de la selección natural. Necesitamos buscar al nivel
de nuestros genes.

La constatación de que las secuencias de aminoácidos en las
proteínas y de nucleótidos en los genes podían demostrar el
cambio constante que buscábamos llegó inmediatamente
después de que se leyeran las primeras secuencias de proteínas a fines de la década de 1950. La primera versión de lo que
ahora llamamos el «reloj molecular» apareció en 1962 en un
largo artículo que se ocupaba más bien de lo que las nuevas
secuencias de proteínas podían contarnos sobre las enfermedades.[5] El artículo, escrito por Émile Zuckerkandl y el doble
ganador del premio Nobel (Química y Paz) Linus Pauling,
incluye una extensa sección sobre cómo evolucionan las secuencias proteínicas, centrándose en la hemoglobina —la
proteína en las células de los glóbulos rojos de los vertebra-

dos que transporta oxígeno—, para lo cual se disponía por aquel entonces de varias secuencias de aminoácidos. Zuckerkandl y Pauling observaron que cuando dos especies aumentan sus diferencias, sus genes deberían cambiar conjuntamente. La evidencia de esta tendencia se encontró en las secuencias de hemoglobina de distintos vertebrados que acrecentaban sus diferencias con respecto a la hemoglobina humana a medida que se comparaban parientes más lejanos.

En otras palabras, las especies con un parentesco más lejano tienen proteínas más diferenciadas. Hasta ahora, lo esperable. Después, sin hacer ostentación de una teoría que ejercería un impacto tan grande, dicen lo siguiente: «Es posible evaluar de modo muy aproximado y provisional el tiempo transcurrido desde que dos cadenas cualesquiera de hemoglobina presentes en una determinada especie [...] divergieron de un antepasado [...] común».* De ahí pasan a efectuar el primer intento de usar este método para datar un antepasado real —el de humanos y gorilas—, y ahora vamos a seguir su relato, que muestra los tres pasos que debemos dar cuando usamos relojes moleculares.

Lo primero que hacen, y con bastante sensatez, es contar el número de aminoácidos que difieren en las hemoglobinas de varios mamíferos. Observan, en concreto, dieciocho diferencias en las secuencias de aminoácidos entre las hemoglobinas del caballo y las del humano, y solo una o dos diferencias entre las del gorila y las del humano. El segundo paso es reconocer la importancia de que el cambio se produzca con regularidad a lo largo del tiempo: «Se supone [...] que el ritmo de mutación evolutivamente efectiva [...] fluctuó [...] en torno a una media, sin mostrar una tendencia predominante a au-

---

* Aquí se están refiriendo a datar la divergencia entre los genes duplicados dentro de una especie —las hemoglobinas en adultos y fetos, por ejemplo—, pero el mismo principio rige para datar la divergencia entre especies.

mentar o disminuir». El número de mutaciones por millón de años es más o menos constante.

El tercer y último paso consiste en utilizar los conocimientos previos para calibrar su reloj, para determinar la rapidez de su tictac; necesitan calcular a cuántos millones de años corresponde una sola mutación. Este es el punto donde normalmente el reloj molecular coincide con el registro fósil, porque, para calibrar cualquier reloj molecular, necesitamos evidencia de al menos una parte del árbol en la que sepamos con certeza la edad de un antepasado.

La calibración del reloj es fundamental. Saber que hay un 10 % de diferencia en la secuencia de un determinado gen en dos especies no nos dice cuánto hace que vivió su antepasado común, a menos que sepamos también que el gen cambia, pongamos por caso, un uno por ciento cada millón de años. De igual manera, saber el número de kilómetros que has recorrido te dice cuánto hace que saliste de tu casa, pero solo si sabes también a qué velocidad conducías. Para las moléculas, el ritmo puede medirse como cambio de porcentaje por millón de años, y para obtener la cifra correcta hemos de conocer la edad de al menos un antepasado en nuestro árbol. Zuckerkandl y Pauling sacan un conejo de la chistera al suponer (equivocadamente) que el antepasado común de humanos y caballos vivió «en el Cretácico o probablemente en el Jurásico, digamos que hace entre 100 y 160 millones de años». Dieciocho cambios de aminoácidos en un período de 100 a 160 millones de años significa más o menos que el reloj hace tictac (en cada rama) cada 7 millones de años.

Calibrar los relojes moleculares no es nunca tan sencillo como el cálculo inexacto de Zuckerkandl y Pauling podría inducir a creer, entre otras cosas porque el antepasado común de humanos y caballos vivió hace unos 85 millones de años. El problema viene en parte de las carencias en el registro fósil, que, tal como hemos visto, hacen casi imposible encontrar un fósil que se corresponda con el momento en que aparece una rama en el árbol. El otro problema que implica calibrar nuestro árbol con fósiles se presenta al intentar imaginar un fósil que fuera el antepasado común de un humano y un caballo. ¿Qué aspecto tendría? ¿Cómo lo reconoceríamos si lo desenterráramos? Pese a las dificultades, los paleontólogos han aportado dataciones fiables de muchas ramas del árbol de la vida que anclan el árbol en el mar del tiempo. Estos puntos conocidos nos sirven para ajustar el ritmo del tictac de los relojes moleculares en todo el árbol.

Con su reloj optimistamente calibrado a razón de un cambio por rama cada 7 millones de años, en referencia con la datación de un antepasado «conocido», Zuckerkandl y Pauling pasaron a calcular la edad del simio extinto que fue el antepasado común de humanos y gorilas (recuérdese que solo difieren en uno o dos aminoácidos de sus hemoglobinas).[**] En la década de 1960, la creencia general entre los biólogos era que el antepasado del humano-gorila había vivido hace 35 millones de años. Zuckerkandl y Pauling calcularon que el antepasado del humano-gorila había vivido en una época mucho más reciente, hace unos 11 millones de años, y su cálculo — fruto de la pura casualidad, dada la imprecisión de su reloj— fue casi correcto. Hoy pensamos que este antepasado vivió hace unos 10 millones de años.

Los siguientes avances se produjeron con rapidez. Mientras que la regularidad del tictac del reloj molecular era un artículo de fe para Zuckerkandl y Pauling, en 1963 el bioquímico de origen egipcio Emanuel Margoliash, que trabajaba en Chicago,[6] aportó evidencias de que tal suposición era acertada.[7] Su método para probarlo empezó por la observación de que la distancia evolutiva de un ave con respecto a todos los mamíferos es exactamente la misma.

Centrémonos en la gallina. Partiendo del antepasado común de aves y mamíferos, una gallina actual habrá evolucionado durante 310 millones de años. De igual manera, cada

---

[**] La incertidumbre —una o dos diferencias— viene de que tenemos más de un gen de hemoglobina.

especie de mamífero vivo debe estar separada de este antepasado común exactamente por el mismo período de tiempo. Hoy, el tiempo que separa a la gallina de cada especie de mamífero vivo es, por tanto, idéntico (2 × 310 millones de años). Es sumamente útil saber esto, porque implica que si (y solo si) el reloj molecular marcha a un ritmo constante, el número de diferencias en aminoácidos entre las proteínas de una gallina y las de cada uno de los mamíferos vivos debe ser aproximadamente igual. En otras palabras, siempre y cuando el reloj molecular ande con regularidad, deberíamos esperar el mismo número de diferencias entre una gallina y un humano que entre una gallina y un perro, una gallina y un delfín, y una gallina y una cebra.

Los resultados de Margoliash se acercaban mucho a esta idea. Trabajando con las secuencias de aminoácidos de proteínas citocromo C (que cumplen una función en la central eléctrica mitocondrial de la célula), comparó el número de diferencias entre una gallina y un cerdo, un conejo, un humano y un caballo, y encontró que es casi idéntico, con 12, 10, 11 y 14 cambios respectivamente. Y descendiendo más en el árbol, entre un atún en una rama y una gallina, un cerdo, un conejo, un humano y caballo en la otra, encontró 19, 17, 19, 21 y 18 diferencias respectivamente.[***] Margoliash había demostrado, en efecto, que el reloj molecular, a diferencia del morfológico, había andado a un ritmo bastante uniforme durante cientos de millones de años.

Usar un reloj molecular para datar sucesos relevantes y la existencia de antepasados fundamentales en nuestro árbol

---

[***] Margoliash, especialmente en colaboración con Walter Fitch, llegó a ser uno de los pioneros en el uso de secuencias moleculares para trazar árboles evolutivos, empezando por las secuencias de citocromo C que había producido en su laboratorio. Los datos de su laboratorio incluyeron las primeras secuencias moleculares de un celacanto. Como el presidente De Gaulle había declarado al pez un tesoro nacional francés (las islas Comoras, donde fue capturado, eran en 1970 una colonia francesa), Margoliash se vio obligado a viajar a Francia para llevar a cabo sus experimentos.

de la vida, y ponerlos en relación con el registro geológico (datado haciendo uso de medias vidas radiactivas), es un perspectiva muy estimulante. Es como añadir un instrumento esencial a nuestra máquina del tiempo, quizá un profundímetro que indique cuánto hemos descendido en las honduras del tiempo. Aunque la idea del reloj molecular tiene ya sesenta años, su empleo suscita todavía enconadas discrepancias. Lo que ha quedado claro es que, por muy aislados que puedan estar los genes del campo de batalla de la selección natural, el reloj molecular no es del todo regular. Los genes de ramas diferentes del árbol de la vida han evolucionado a ritmos distintos. En términos generales, son tantas la fuentes de incertidumbre sobre su avance que, tomándolas todas en consideración, cualquier cálculo para datar un antepasado extinto hace mucho tiempo será tan vago que servirá de bien poco. Para saber si los grupos principales de mamíferos aparecieron inmediatamente después de la extinción de los dinosaurios hace 65 millones de años, es de escasa utilidad manejar una estimación para la aparición del mamífero que la sitúa «en algún momento hace entre 40 y 90 millones de años».

Además, los cálculos del reloj molecular arrojan a veces dataciones de sucesos pasados que no casan con la evidencia fósil. El problema más frecuente se presenta cuando el reloj molecular nos dice que una rama extensa del árbol parece haber existido durante decenas o incluso cientos de millones de años antes de dejar que un fósil acredite su existencia.

Estos problemas tienen solivantados a algunos paleontólogos, y ninguno hay menos activo que mi amigo Graham Budd. Graham se distingue por su divertida y peculiar manera de hablar (es como un meme que se viraliza y contagia los patrones lingüísticos de quienes lo rodean), por el bastón con el que camina (llamado «señor Bastón») y por sus vastos y profundos conocimientos de las publicaciones científicas. Es, además, un pianista de talento que se precia por encima de todo de haber acompañado una vez a Christiane Nüsslein-Volhard, ganadora del Premio Nobel, cantando *lieder* de Schubert. Graham es hijo académico (quiero decir, alumno de doctorado) del paleontólogo de Cambridge Simon Conway Morris, y, por tanto, nieto académico del director de la tesis de Simon, Harry Whittington. Conway y Whittington participaron en la historia de *Anomalocaris*, como quizá se recuerde, y ambos gozan de una merecida fama por su redescripción y reinterpretación del célebre conjunto de fósiles de animales antiguos conocido como la «fauna del esquisto de Burgess». Estos restos constituyen un ejemplo en perfecto estado de conservación de los animales complejos cuyos fósiles aparecieron por primera vez por encima del clavo dorado de Terranova. Una de las batallas más feroces libradas a cuenta del uso del reloj molecular tiene que ver con la verdadera edad del antepasado de estos animales del esquisto de Burgess.

Los fósiles del esquisto de Burgess se descubrieron en 1909, en lo alto de una ladera de las Montañas Rocosas canadienses, cerca de unas rocas que contenían fósiles de trilobites. El descubrimiento fortuito del esquisto de Burgess se debió al geólogo canadiense Charles Doolittle Walcott. Parece ser que descubrió aquel maravilloso afloramiento cuando el caballo de su esposa Helena movió una de las rocas fosilíferas (albergaba un fósil de un artrópodo llamado *Marrella*) que se habían deslizado por la ladera de la montaña hasta el borde del sendero, aunque es probable que esta pintoresca historia narrada en sus obituarios y repetida a menudo solo guarde una vaga relación con la verdad. Lo seguro es que la formación rocosa de la que se había desprendido la laja con el *Marrella* fue descubierta al año siguiente, y que Walcott, su esposa y sus hijos, así como varios colaboradores, pasaron allí muchos otros veranos dedicándose a la recolección.[8]

En varios cientos de millones de años que precedieron al Cámbrico, una sucesión de glaciaciones afectaron a inmensas regiones del globo y llevaron hielo casi hasta el ecuador, y los niveles del mar descendieron mucho por toda el agua que había quedado aprisionada en hielo. Con el calentamiento climático del Cámbrico, el hielo se derritió y los océanos superaron los bordes continentales y formaron mares templados y someros. Los animales del esquisto de Burgess, que datan del Cámbrico medio, hace unos 508 millones de años, vivían en los confines de un continente llamado Laurentia, que por entonces ocupaba el ecuador.

Los animales del esquisto de Burgess son las rutilantes estrellas de los fósiles del Cámbrico por las características de su conservación. Los animales que produjeron los fósiles vivían en aguas poco profundas, sobre un saliente en lo alto de un acantilado submarino. Cuando algunas secciones del acantilado se desprendían y se hundían en las profundidades del océano, se llevaban consigo unos cuantos de estos animales. La ausencia de oxígeno en los fondos marinos fue la magia que impidió la descomposición inmediata de los animales muertos (o su ingesta por parte de los depredadores), que quedaron enseguida cubiertos por una fina capa de sedimentos. Tales condiciones permitieron la conservación de fascinantes detalles de su morfología, como las partes blandas, que normalmente se descomponen con rapidez dejando solo huesos, dientes y conchas. El esquisto de Burgess es lo que se denomina un *Laggerstätte*, un conjunto de fósiles en extraordinario estado de conservación.

La súbita aparición de animales bilaterales (y, posteriormente, de los fósiles del esquisto de Burgess) es bastante extraña, y el misterio se ahondó considerablemente con el uso del reloj molecular para calcular la edad de su antepasado común. Estos primeros estudios concluyeron que los bilaterales existieron por primera vez hace mil millones de años, quizá incluso antes.[9] Los fósiles bilaterales más antiguos tienen menos de la mitad de esta edad. Gracias a los avances en los métodos y la recopilación de datos, la brecha entre el cálculo del reloj molecular para la edad de los animales con simetría bilateral y su primera aparición como fósiles se había reducido a unos más razonables 120 millones de años.[10] Pero debemos poner en contexto esta etapa del Precámbrico sin fósiles:

es una franja de tiempo más larga que la historia completa de 100 millones de años de los mamíferos placentarios, en la cual ni un solo espécimen de estos primeros grupos de animales quedó conservado en un fósil. ¿Dónde demonios —podríamos preguntar— se escondieron?

Si los bilaterales realmente existieron durante 120 millones de años sin haber dejado ni un solo fósil, necesitamos una explicación. Quizá se deba, sencillamente, a que no hemos buscado en los lugares adecuados, o a que vivieron en regiones hoy inaccesibles a los paleontólogos modernos. Pero la explicación más popular es la que, invocando las características biológicas de los animales precámbricos, dice que si los bilaterales existieron mucho antes de la explosión cámbrica, debieron haber sido minúsculos o incluso microscópicos. La aparición repentina de animales en rocas cámbricas representaría, en consecuencia, no los primeros momentos de su existencia, sino más bien el impacto global de alguna fuerza externa —tal vez un aumento de los niveles de oxígeno— que provocó un súbito incremento de su tamaño. Según esta teoría, los animales no surgieron de pronto, sino que crecieron en grado suficiente para dejar fósiles.

Para decidir si esta historia de los minúsculos animales precámbricos tiene fundamento, podemos preguntarnos si los descendientes vivos de las primeras ramas de los bilaterales son minúsculos y simples, en cuyo caso es improbable que dejen un fósil, y si lo dejan es fácil que se pase por alto. Esta pregunta nos devuelve al árbol de la vida animal, y antes que nada debemos preguntarnos cuáles son las primeras ramas de los bilaterales.

Te he llevado por un camino tortuoso desde los relojes geológicos y moleculares hasta la edad del antepasado de un animal antiguo y el enigma de algunos fósiles perdidos, y hemos ido a parar nuevamente al árbol de la vida animal. La pregunta sobre las primeras ramas de la rama bilateral concierne a algunos de los animales más pequeños y simples, y menos conocidos. Es, por tanto, un poco esotérica, pero dio origen a una polémica en la que llevo enfrascado más de dos décadas.

El problema se reduce a determinar el verdadero lugar que ocupa en el árbol de la vida un grupo de gusanos en su mayoría diminutos, muy simples y fáciles de pasar por alto. Son los gusanos que para muchos constituyen la rama más antigua de los bilaterales que estamos buscando, y cuya pequeñez y simplicidad explicarían sin duda la ausencia de fósiles precámbricos. Estos gusanos se denominan «acelomorfos», y los conocimos más atrás al ocuparnos del gusano de salsa de menta *Symsagittifera roscoffensis*.

Estoy nadando contra corriente, lo sé, pero pertenezco a un grupo bastante reducido que discrepa de la idea de que estos gusanos sean la primera rama diminuta y simple de los bilaterales. Mi opinión es que los acelomorfos, junto con otros parientes suyos igual de simples llamados *Xenoturbella bocki*, están emparentados con algunos animales grandes y complejos, vertebrados incluidos. Si tengo razón, estos gusanos simples no nos dicen nada sobre el tamaño de los primeros bilaterales y no ayudan a resolver el misterio de los animales precámbricos perdidos. La historia de las andanzas de los acelomorfos y *Xenoturbella* por el árbol de la vida, y las polémicas que han suscitado y continúan suscitando, se contarán en los capítulos siguientes, donde me complaceré en hablar de estos gusanos y otros menos conocidos que han sido mi pasión durante más de treinta años.

EMBRIONES Y GUSANOS FLECHA

Si se sacara un cubo de agua del canal de la Mancha al final del verano y se observara una gota al microscopio, casi seguro que se vería, flotando entre un sinfín de diminutos crustáceos planctónicos y peces larvales, una sola célula de claridad cristalina dentro de la esfera de una membrana igual de cristalina. Para tratarse de una célula es grande, quizá de un milímetro de diámetro, y tiene la membrana exterior dura, aunque cede bajo la presión de una pipeta de cristal. Voy a explicar cómo se podría descubrir mucho sobre esta célula —especialmente su identidad— solo con esperar y observar.

El tamaño de la célula, a menudo mayor que una bacteria, nos dice al instante que pertenece a la gran rama de los eucariotas, lo que significa que hay muchas probabilidades de que sea un organismo unicelular y, por tanto, que no haga gran cosa. Pero el asunto se pone un poco más interesante cuando nuestra célula no tarda en dividirse y vemos que las dos células hijas se mantienen juntas y se dividen una y otra vez, hasta formar una esfera hueca con células copiadas unas de otras. Nuestra paciencia se ha visto recompensada con una pista valiosa sobre la identidad de esta especie. Podemos, en este juego de *Quién es quién*, descartar todos los eucariotas unicelulares. Hemos reducido las opciones a una de las contadas ramas eucariotas con especies multicelulares. Estos eucariotas pluricelulares comprenden las tres clases de algas (rojas, verdes y pardas), las plantas verdes, algunos hongos y todos los animales. Nuestra célula carece de cloroplastos, así que podemos descartar las algas y las plantas, y los hongos marinos nunca presentan esta complejidad, lo que nos aboca a la conclusión de que nuestro organismo en fase de crecimiento ha de ser un animal. Pero ¿qué clase de animal?

Lo que sucede a continuación —los complicados movimientos de las células durante el resto del desarrollo embrionario— nos puede dar más pistas sobre la rama principal del árbol de la vida animal a la que pertenece este pequeño animal embrionario. Aparece primero una indentación, o hendidura, que penetra en la bola hueca para formar un tubo (su futuro intestino); después, masas de músculo y un sistema nervioso; ojos, aletas y una cola; una boca rodeada de temibles mandíbulas espinosas. Nuestra bella célula transparente va a transformarse al final de todo el proceso en un gusano marino llamado «gusano flecha», sobre cuyo dudoso lugar en el árbol de la vida animal se viene discutiendo desde hace más de 150 años. Durante casi todo este tiempo, estos numerosos elementos de su desarrollo embrionario fueron cruciales en el debate.

Una importante innovación de fines del siglo XIX para determinar los parentescos entre grupos animales lejanamente emparentados provino en gran medida de Ernst Haeckel, quien sugirió que la manera en que se van formando los animales durante su desarrollo embrionario da pistas sobre los parentescos entre criaturas que en su estado adulto parecen presentar diferencias irreconciliables. Ya hemos visto cómo las larvas de renacuajo de la ascidia (que al principio el propio Haeckel creyó emparentada con los moluscos) demostraban que sus verdaderas afinidades correspondían a los vertebrados. Las similitudes embriológicas han servido también para descubrir, por ejemplo, que los percebes, a los que se creía emparentados con los moluscos, como las lapas junto a las que viven, son en realidad crustáceos (parientes cercanos de cangrejos y langostas).

El zoólogo austríaco Karl Grobben fue un ferviente seguidor de las ideas de Haeckel. Hoy, ochenta años después de su muerte, Grobben podría haber caído fácilmente en el olvido (destino ineludible de casi todos los científicos). Los hitos de su oscura vida y su sólida carrera se enumeran con rapidez: nació en 1854 en el Brno austríaco; se licenció y doctoró en Viena; realizó algunos descubrimientos importantes (hoy olvidados) sobre las características embriológicas de crustáceos y moluscos; dio nombre a media docena de especies (entre ellas, un gerbil en peligro de extinción); y revisó una nueva edición de un famoso manual de zoología escrito por su mentor, Carl Claus.[1] En la universidad coincidió con Sigmund Freud; ambos habían ganado sendas becas en la estación zoológica de Trieste, donde Freud investigó los órganos sexuales de la anguila (y adquirió el hábito de fumar que acabaría con su vida).[2] En otro roce con la grandeza, el cuñado de Grobben, Erich von Tschermak, fue uno de los redescubridores de los trabajos de Mendel sobre la genética de los guisantes. Grobben triunfó sin duda en su vida académica —profesor titular a los treinta y nueve años, director de un instituto científico y miembro de varias academias ilustres—, pero la influencia que su obra ejerce todavía hoy se debe a un artículo que publicó en 1908.

Ese artículo de Grobben, titulado «Die systematische Einteilung des Tierreichs» [La división sistemática del reino animal], resumía sus teorías sobre el parentesco entre los grupos animales más diferenciados.[3] Usando una selección de las características de la embriología animal, dividió Bilateria en dos grandes ramas a las que denominó «protóstomos» y «deuteróstomos».

La diferencia que observó Grobben entre las dos ramas se reduce a un suceso temprano en el desarrollo de un animal, cuando el embrión es una esfera hueca de células y la indentación que formará el intestino empieza a penetrar en el interior (imagina que metes un puño en un globo para formar un túnel). La abertura inicial de este tubo intestinal al mundo exterior (el lugar por donde meterías el puño en el globo) corre dos posibles destinos en diferentes grupos de animales. En una de las grandes ramas de Grobben, la de los protóstomos, la abertura del tubo acabará convirtiéndose en el extremo bucal del intestino (*proto stoma* significa 'primera boca'). En la otra rama, la de los deuteróstomos, la abertura se convierte en el ano, mientras que la abertura bucal, en el extremo opuesto del intestino, se formará más tarde (*deutero stoma* significa 'segunda boca').

La rama de los protóstomos de Grobben comprende casi todos los grandes grupos de invertebrados que nos resultan familiares, como los artrópodos, los gusanos nematodos (redondos), los gusanos anélidos, los moluscos y los platelmintos, además de al menos otra docena de filos no tan conocidos. Su rama de deuteróstomos es más pequeña y abarca los equinodermos ('pieles espinosas', con especies tan familiares como los erizos y las estrellas de mar), los quetognatos (gusanos flecha), un grupo poco conocido llamado «hemicordados» y los cordados, de los que los más importantes son los vertebrados.* Es fácil convenir en que las estrellas de mar (equinodermos) no parecen parientes cercanos de los humanos (vertebrados). Si Grobben hubiera establecido correctamente su parentesco solo comparando su desarrollo embrionario, sin duda habrían quedado refrendadas las ideas de Haeckel sobre la utilidad de las características embrionarias.

Mi interés por el artículo de Grobben empezó cuando estudiaba los quetognatos (gusanos flecha) para mi doctorado. Mi objetivo era verificar la idea de Grobben de que (junto con las estrellas de mar) los gusanos flecha eran deuteróstomos y, por tanto, uno de los parientes invertebrados más cercanos a nuestra rama de vertebrados. Cuando comencé mi trabajo, la teoría de Grobben sobre el lugar de los gusanos flecha en el reino animal se había mantenido vigente más de ochenta años. En cualquier manual de zoología del siglo XX, los gusanos flecha aparecen invariablemente en el penúltimo capítulo, antes de llegar a los vertebrados. Si yo era capaz de probar

---

* Las ascidias son cordados, lo mismo que otro animal pisciforme conocido como «lanceta» o «anfioxo» ('agudo por los dos lados').

este parentesco cercano entre gusanos flecha e invertebrados usando por primera vez la información en las secuencias de ADN, podríamos confiar en que el estudio de los gusanos flecha proporcionaría indicios valiosos sobre la apariencia de los antepasados de los primeros vertebrados.

Los gusanos flecha adultos son al tiempo bellos y espantosos. Largos, esbeltos y translúcidos, semejan diminutas astillas de cristal, pero son depredadores voraces con mandíbulas aterradoras (al menos para los minúsculos crustáceos y larvas de peces de los que se alimentan en cantidades ingentes) y forman, además, unos embriones maravillosos, de cerca de un milímetro de diámetro y totalmente transparentes, como hemos visto. Esta transparencia facilita el seguimiento de su desarrollo embrionario, y mientras seguimos la proliferación de sus células embrionarias, el agrupamiento de estas células en una bola hueca, la indentación que penetra en sus células y otros procesos, lo que observamos es que los gusanos flecha convierten la abertura de su intestino embrionario no en una boca, como los protóstomos, sino en un ano, como las estrellas de mar y los vertebrados.

Durante mis experimentos de doctorado comparé una porción de ADN de los gusanos flecha con la misma sección de ADN de otros animales. En aquellos años, secuenciar un solo gen de media docena de animales era difícil y llevaba mucho tiempo; de hecho, aún faltaba por secuenciar el ADN de la mitad de la treintena aproximada de filos animales. En aquella época, lo único que se podía estudiar de los genes era la subunidad pequeña del ARN ribosómico, del que ya he hablado sobradamente. Para abreviar, lo que descubrí fue que la idea de Grobben ampliamente aceptada sobre los parentescos entre gusanos flecha, estrellas de mar y vertebrados (basada en la embriología) era errónea. La comparación de los genes ARNr SSU demostraba que los gusanos flecha eran parientes más cercanos de las moscas y los caracoles (protóstomos) que de los vertebrados y los equinodermos (deuteróstomos). Las similitudes en las características embriológicas de gusanos flecha, vertebrados y estrellas de mar se había demostrado una pista falsa, y ahora demandaban una explicación.

Corregir esta mínima porción del árbol de la vida fue todo un logro, por supuesto, y reviste cierta importancia intrínseca sencillamente porque queremos conocer la forma del árbol de la vida. Pero la verdadera recompensa fue que una parte de la historia de la evolución animal había cambiado. Yo había partido de una teoría según la cual tanto los gusanos flecha como los vertebrados surgieron de un antepasado común relativamente reciente. Si este parentesco era verdadero, nuestro método de la parsimonia nos diría que su antepasado común debió haber compartido esta manera singular de formar un embrión, que después se transmitió a vertebrados y gusanos flecha. Mi descubrimiento de un parentesco más lejano exigía una nueva explicación de sus similitudes. Nos quedan dos posibilidades interesantes: o bien los vertebrados y los gusanos flecha desarrollaron por casualidad, por evolución convergente, sus extrañas características embriológicas, o bien esta manera de formar un embrión es muy antigua y se ha modificado o perdido en casi todos los animales excepto, por alguna razón, en los vertebrados, las estrellas de mar y los gusanos flecha.

Repasando el artículo que escribí en 1993 con mi director de tesis, el profesor Peter Holland (hoy profesor Linacre de Zoología en Oxford), veo que nuestros resultados no eran tan claros como los recordaba. Cometimos errores, varios resultados se contradicen y la evidencia era débil.[4] Llegamos a la conclusión correcta de que los gusanos flecha no son deuteróstomos, pero no estoy seguro de que demostráramos con argumentos convincentes dónde encajaban. Pese a todo, nuestra conclusión no tardó en verse refrendada por otras investigaciones,[5] y este nuevo lugar para los gusanos flecha en el reino animal —junto con los protóstomos— fue rápidamente aceptado por la comunidad científica.

La cuestión de los parientes invertebrados más cercanos de los vertebrados parecía resuelta una vez más. La rama vertebrada es la más próxima a los equinodermos (y a los hemi-cordados, que se encuentran muy rara vez), y todos los demás filos bilaterales, incluidos los gusanos flecha, pertenecen a los protóstomos. No pensé mucho más sobre el asunto hasta que, diez años después, participé («me lie» sería más exacto) en un debate sobre la pertenencia taxonómica de un segundo grupo de gusanos marinos, y si estos humildes gusanos podrían encerrar las claves sobre los orígenes de los vertebrados que parecían haberse perdido cuando eliminamos a los gusanos flecha de la rama de los deuteróstomos.

LA DIETA DE LOS GUSANOS

El gusano marino *Xenoturbella bocki*, que se pasa la vida embarrado en el fondo de un fiordo sueco, parece un pariente improbable de nuestra noble rama vertebrada, algo así como el equivalente zoológico de ese tío que produce vergüenza ajena en una fiesta familiar. Sin embargo, y aunque no todo el mundo es de la misma opinión, mi trabajo de dos décadas con el equipo de mi laboratorio y otros colaboradores apunta a que el reducido ámbito vital de *Xenoturbella* en el presente oculta una existencia anterior de más alcurnia como miembro de la familia de los deuteróstomos, de modo que vendría a ser un pariente venido a menos de las estrellas de mar y los vertebrados.

Casi todos los especímenes de *Xenoturbella bocki* vistos por el género humano han sido recolectados de la misma manera y más o menos en el mismo lugar: las aguas de Gullmarsfjorden (*Gullmarn* significa 'mar de Dios' en nórdico antiguo). El fiordo se encuentra unos 70 kilómetros al norte de Gotemburgo, en la costa occidental de Suecia, y penetra unos 25 kilómetros tierra adentro desde el Skagerrak, pero se puede cruzar cerca de su desembocadura en dos pequeños ferris pintados de amarillo para transporte de vehículos que se llaman *Gullmaj* y *Gullbritt* (quiero pensar que por la actriz sueca Maj-Britt Nilsson). La estación marina de Kristineberg se emplaza en la orilla meridional de la desembocadura del fiordo, a un corto trecho a pie del pueblecito de Fiskebäckskil, un sitio precioso lleno de casas de verano construidas con tablas y unos cuantos restaurantes ribereños finos (y caros) con vistas a los yates del puerto. Kristineberg y Fiskebäckskil son maravillosos en las largas tardes de los veranos suecos. Los inviernos —estuve una vez en noviembre— son harina de otro costal. La estación marina es una de las más antiguas del mundo, fundada por la Real Academia Sueca de las Ciencias en 1877, y nos ha proporcionado durante más de dos décadas acceso a un laboratorio y el uso de una pequeña embarcación oceanográfica llamada *Oscar von Sydow*, junto con la experiencia de su capitán y del único tripulante.

Para recolectar *Xenoturbella*, primero hay que navegar hasta el lugar preciso. La extensión del fiordo se acerca a los 100 kilómetros cuadrados, pero el punto de recolección más fiable ha resultado ser un paraje del tamaño de un campo de fútbol en el flanco norte, frente a la estación marina y cerca del pueblo de Lyseskil. Los gusanos viven en la capa superior del barro presente en el fondo del fiordo, a unos 50 metros de profundidad. Para recolectarlos usamos un aparato denominado «draga de Warén» unido al extremo de un largo cable. El lento arrastre por el fondo del fiordo de este trineo de aluminio tirado por el barco desprende la capa superior de sedimentos hasta llenarlo de barro. Después se iza la draga y se vierte el barro en grandes cajas de plástico. Un par de cientos de litros de este barro aguado se lleva al laboratorio en tres o cuatro cajas para proceder al siguiente paso.

Para encontrar, con suerte, media docena de gusanos en toda esta masa marrón, necesitamos eliminar todo el barro pasándolo por dos cedazos superpuestos. El primero, con agujeros grandes, retiene solo los objetos mayores, por lo general madrigueras de gusanos de barro solidificado, erizos de mar «irregulares» con forma de corazón y, de vez en cuando, un pez. Los materiales de menor tamaño pasan al segundo cedazo, con agujeros más pequeños, y una vez eliminado todo el barro fino nos quedan muchos restos menudos como pequeños gusanos anélidos, trocitos de conchas, diminutos moluscos bivalvos y —cabe esperar—, escondidos en un caos de residuos, algunos especímenes vivos de *Xenoturbella*. Dar con los gusanos entre los detritos es un arte que se adquiere con la práctica, pero que siempre exige observar durante horas el contenido de una bandeja de plástico que no huele muy bien: un tedio aliviado por los ocasionales fogonazos de emoción al encontrar lo que la mayoría de las veces resulta ser un platelminto que no se buscaba.

Empecé a pensar en *Xenoturbella* en el 2002, cuando trabajaba en el Departamento de Zoología de Cambridge. Al principio, nuestras investigaciones con *Xenoturbella* nos depararon emociones y sorpresas, pero pasado un tiempo suscitaron polémica y dieron lugar a una discusión que llevo disfrutando (cuando voy ganando) o soportando (cuando parece que mis adversarios llevan razón) desde entonces. Todavía investigo esporádicamente sobre la misma materia, y la discusión continúa causándome algún sueño angustioso. No es fácil explicar por qué me interesa tanto, pero lo voy a intentar.

La dificultad para explicarlo se debe en gran parte a la apariencia anodina del protagonista: ni es un dinosaurio enorme, ni un espléndido pavo real ni un carismático lémur (ni siquiera un bonito gusano flecha), sino un pequeño gusano parduzco que lleva una vida aburrida hocicando el barro en busca de pequeños moluscos que comer. Si bien conocemos su alimentación (y su dieta es el MacGuffin de un giro de guion anterior), sabemos muy poco sobre sus actividades porque los únicos especímenes observados han sido arrancados de su medio natural.

Xenoturbella fue descubierto en Gullmarsfjorden en 1915 por Karl Alfred Sixten Bock. Sin embargo, no fue hasta 1950, cuatro años después de la muerte de Bock, cuando otro científico sueco, Einar Westblad, publicó un artículo donde describía a *Xenoturbella*, le ponía nombre (el *bocki* en el nombre de la especie era un reconocimiento a la labor de Bock) y reflexionaba sobre su posición en el árbol de la vida.[1]

Desde la perspectiva de alguien interesado en la evolución animal a la mayor escala posible, la característica biológica más importante de *Xenoturbella* es que se trata de un animal muy simple: no tiene un verdadero cerebro (las neuronas se extienden por todo su cuerpo), ni órganos de ninguna clase, ni cavidades dentro del cuerpo (celomas), y —quizá lo más insólito de todo— solo tiene un orificio en su intestino, sin separación de boca y ano, lo que significa que la comida entra y los desechos salen por el mismo agujero. Todas estas ausencias hacen que parezca una criatura simple (algunos dirían primitiva), y se podría sacar la sensata conclusión de que *Xenoturbella* es un superviviente de una rama temprana de animales que se separó de los vertebrados, los moluscos y los artrópodos (que presentan todos los rasgos de los que *Xenoturbella* carece) antes de que surgieran estas características avanzadas.

Existe un segundo filo de animales casi igual de simples llamados «gusanos planos» (platelmintos) cuyo parentesco con los otros animales resulta instructivo. Los platelmintos más conocidos son desagradables parásitos como las solitarias, las duelas hepáticas y los esquistosomas (los cuales provocan la bilharzia), pero también comprenden algunas especies no parásitas, y muchas veces hasta bonitas, conocidas en conjunto como «turbelarios». Durante buena parte del siglo XX, la simplicidad de los platelmintos (como *Xenoturbella*, carecen de boca y ano separados y de cavidades corporales/celomas) llevó a pensar que pertenecían a la rama animal más antigua.

Las primeras secuencias de ADN obtenidas de platelmintos demostraron, para sorpresa del grueso de los zoólogos, que los simples platelmintos se emparentan con animales complejos como los moluscos y los gusanos anélidos. El verdadero lugar que ocupan en el árbol de la vida nos indica que su simplicidad es engañosa. Los platelmintos, como las ascidias, los ortonéctidos, los diciémidos y otros animales simples que hemos conocido, emprendieron su viaje evolutivo siendo criaturas complejas. En algún punto de su historia, y por razones que tal vez nunca averiguaremos, perdieron parte de su complejidad (¡es difícil conjeturar por qué renunciaron a separar la boca del ano!).

Volviendo a *Xenoturbella*, Westblad pensaba, como es natural, que la rama más lógica para buscarle acomodo era la que conduce a los platelmintos simples (Turbellaria). Sin embargo, su elección del prefijo (*xeno* significa 'extraño') transmite la idea de que *Xenoturbella* parece incluso más simple, más primitivo, que un platelminto típico, por carecer de las características apreciables en el grueso de los restantes animales. La opinión de Westblad sobre el lugar de *Xenoturbella* en el árbol de la vida se desprende del título del artículo en el que describió y dio nombre al gusano: «*Xenoturbella bocki* n.g., n.sp., un tipo singular y primitivo de turbelario».* Pero antes de abordar la cuestión de cuál es el verdadero sitio de *Xenoturbella*, debemos tomar un camino inesperado que conduce a un callejón sin salida algo incómodo.

En 1995, el zoólogo danés Claus Nielsen publicó un libro maravilloso donde plasmaba con espléndido detallismo sus ideas sobre el parentesco entre los distintos filos animales, así como las características de las que se servía para distinguir entre las ramas del árbol animal. Nielsen terminaba su libro con un capítulo titulado «Cinco taxones enigmáticos» en el que reflexionaba sobre los grupos de animales que todavía le costaba situar. Uno de estos enigmas era *Xenoturbella*. Pero si avanzamos seis años, hasta el 2001, cuando vio la luz la segunda edición del libro de Nielsen, descubrimos que ya no incluye a *Xenoturbella* entre sus enigmas. Lo cierto es que, lejos de ser un misterio resuelto, *Xenoturbella* había iniciado un nuevo período de confusión y menor fama.

La creencia de Nielsen de que el misterio de la posición de *Xenoturbella* en el árbol de la vida estaba resuelto provino de dos artículos publicados en 1997 en la revista *Nature*.[2] Ambas investigaciones, cada una por su lado, habían llegado a la misma y sorprendente conclusión de que *Xenoturbella* era un molusco de aspecto extraño. No solo eso, sino que afirmaban

---

* n.g. = género nuevo; n.sp. = especie nueva.

haber demostrado que su lugar se hallaba cerca del heterogéneo filo de los moluscos y, por si fuera poco, pertenecía a un grupo específico, el de los protobranquios, que se sitúa en medio de los moluscos bivalvos (ostras, mejillones, almejas, etc.).

Cada artículo llegaba a esta conclusión empleando métodos muy diferentes. En uno se habían estudiado especímenes antiguos de *Xenoturbella* seccionados (es decir, troceados en láminas muy finas para que pudiera verse su interior) por Bock y por Westblad a principios del siglo XX. El autor sostenía que había encontrado embriones enterrados en la piel del gusano adulto que parecían larvas de moluscos. La insólita interpretación era que el embrión de *Xenoturbella*, al crecer en la epidermis de su progenitor, pasa por una fase en la que parece una larva de ostra antes de transformarse en un adulto que no se parece en nada a una ostra. Es, sin duda, una idea osada, pero una cría humana crece dentro del vientre de su madre, y el embrión pasa por una fase con arcos branquiales de pez y con cola antes de transformarse en algo sin cola y en absoluto pisciforme. El segundo artículo daba cuenta de que las primeras secuencias de ADN extraídas de un espécimen de *Xenoturbella* se asemejaban notablemente a las secuencias análogas de los moluscos bivalvos.

Cualquiera de estos dos extraños resultados podría haber suscitado escepticismo, pero por el apoyo recíproco que se prestaban gozaron de una amplia aceptación en la comunidad científica. Uno de los autores, en lo que era (como ya descubriremos) un sano ejemplo de orgullo desmedido, informaba de que «las características embriológicas de *Xenoturbella*, hasta ahora desconocidas, corroboran un inequívoco parentesco con los bivalvos y, por consiguiente, descartan la existencia de un posible filo nuevo». De ahí pasa a reconocer lo extraño del resultado: «¿Por qué un animal que no es ni parásito ni microscópico ni de corta vida iba a perder todos sus órganos y cambiar su sistema nervioso central?».[3] Buena pregunta.

Me resulta imposible reconstruir cómo llegué a dudar de estos resultados. Todavía conservo cajas con viejos disquetes de 3,5 pulgadas que deben de contener mis correos electrónicos desde principios de la década del 2000, pero me falta la motivación para leerlos y rememorar cómo sucedieron las cosas. Lo que sí recuerdo es haber visto a Claus Nielsen en Ámsterdam, quizá en el 2001, cuando los dos formamos parte de un tribunal de tesis doctoral. Me había recogido en su utilitario rojo y, durante el trayecto, saqué a colación mis sospechas sobre los artículos que vinculaban a *Xenoturbella* con los moluscos. Mi escepticismo venía seguramente del improbable vínculo de semejanza con los bivalvos, pero también estaba el hecho concluyente de que los moluscos bivalvos constituían al menos una parte de la dieta de *Xenoturbella*. Si bien la dieta de *Xenoturbella* no explicaba del todo el aspecto de moluscos de los embriones enterrados en su piel, podría al menos explicar el ADN de molusco encontrado en los tejidos de un animal adulto.

Nielsen, que murió en el 2024 después de una larga y sobresaliente carrera, era un fantástico zoólogo de campo que no pasó su vida profesional en un laboratorio de biología molecular, ni sentado frente a un ordenador analizando secuencias de ADN, sino de viaje por el mundo observando, recolectando e identificando animales marinos.[4] Estaba familiarizado con *Xenoturbella* y sabía dónde y cómo recolectarlo, y accedió a ayudarnos (la doctora Sarah Bourlat se había incorporado por entonces a mi laboratorio en Cambridge) para obtener algunos especímenes.

Decidimos comparar las secuencias de ADN de dos especímenes de *Xenoturbella*: una completa, que incluía el intestino con la última comida; y una segunda de la que habíamos extraído el intestino (y, con él, cualquier posible fuente de contaminación procedente de su comida). Primero, Bourlat utilizó distintos productos químicos y enzimas para purificar el ADN (disolviendo, digiriendo y eliminando los otros componentes que formaban el animal). A continuación, mediante una técnica mágica llamada «reacción en cadena de la polimerasa» (PCR, por sus siglas en inglés, base de la obtención de la huella de ADN a partir de cantidades mínimas de ADN), Bourlat logró extraer del genoma completo del animal un pequeño número de secuencias genéticas para compararlas con los genes equivalentes de otros animales.

El producto final de un experimento con PCR es una gota de líquido en un tubito de plástico (como los que usan en las pruebas de flujo lateral para detectar la covid-19). El tubo contiene billones de copias de la pequeña porción de ADN que se quiere analizar, pero estas copias nadan todavía en una sopa compuesta por los restantes fragmentos del genoma del animal que entraron al principio del experimento con PCR. Para separar los fragmentos amplificados por la PCR que nos interesan, todo el ADN del tubo se pasa con un pipeta a una pequeña depresión en una placa con gel de agarosa (muy parecido a gelatina) y se aplica un campo eléctrico; en esencia, se trata del mismo proceso de electroforesis que usó Carl Woese para separar porciones de ADN/ARN de diferentes tamaños allá por la década de 1970. Al final del proceso habrá fragmentos de todos los tamaños extendidos por el gel, pero el fragmento amplificado por la PCR de un determinado tamaño se hallará presente en enormes cantidades y, por tanto, será fácilmente visible en el gel mediante electroforesis.

Cuando realizamos el experimento usando ADN extraído de un animal entero (con intestino), encontramos altas concentraciones de fragmentos de ADN de dos tamaños algo distintos: nuestro experimento con PCR había amplificado dos versiones del gen que nos interesaba. Encontrar dos versiones distintas de un gen es exactamente lo que cabía esperar tras haber amplificado el gen a partir de una muestra que contenía ADN de dos especies diferentes. Cuando repetimos el experimento usando el ADN de la muestra sin el intestino del animal, una de las dos porciones de ADN —llamémosla «versión 1» del gen— había desaparecido. Como la versión 1 del gen había desaparecido al extraer el estómago del animal, quedó demostrado a todos los efectos que no procedía del animal sino de la criatura que había comido. La siguiente fase del experimento consistió en averiguar de qué tipo de animal procedía el ADN hallado en el intestino. Tal como sospechábamos, el ADN resultó ser idéntico a la secuencia de ADN parecida a la de un molusco que se había publicado. Habíamos probado que el resultado era un error y el ADN un contaminante. *Xenoturbella* no es un molusco, pero se los come.

Hasta aquí todo bien, y todo el mundo coincide todavía con nosotros en que *Xenoturbella* no es un molusco. Pero aún nos quedaba por observar la versión 2 del gen, el que había aparecido en los dos experimentos, con intestino y sin intestino. La versión 2 del gen tiene que ser por fuerza uno de los genes de *Xenoturbella*, y por eso compararlo con el gen equivalente de otros animales debería decirnos por fin cuál es el sitio de *Xenoturbella* en el reino animal. Nuestros resultados demostraron, para sorpresa de todo el mundo, que *Xenoturbella* se emparenta con los animales deuteróstomos: los vertebrados y las estrellas del mar. Ese mísero gusanito es (todavía lo creo) uno de los parientes más cercanos de los vertebrados y una importante fuente de pistas sobre nuestra evolución temprana.

Una vez más, pasados veinte años, compruebo que no puedo reconstruir la serie de sucesos que rodearon el descubrimiento: ni lo que esperaba encontrar en aquel momento, ni las circunstancias del análisis, si había sido un súbito y emocionado ¡ajá! o el desvelamiento gradual de un resultado nuevo y asombroso. Lo único que recuerdo es mi preocupación por la posibilidad de haberme equivocado y que Bourlat comprobó una y otra vez que el ADN del molusco era en efecto el contaminante. El artículo que daba cuenta del trabajo, igual que aquellos otros que defendían el parentesco con los moluscos, fue publicado en *Nature* con el sencillo título de «*Xenoturbella* is a deuterostome that eats molluscs» [*Xenoturbella* es un deuteróstomo que come moluscos].[5] (Las reglas de *Nature* sobre determinados signos de puntuación en los títulos nos impidió añadir tras dos puntos «the diet of worms» [la dieta de los gusanos].) Durante unos cuantos años felices, el resultado contó con la aprobación general.

Todo cambió (imagina el sonido de una aguja arañando un disco) cuando se hizo evidente que *Xenoturbella* no estaba solo en su ramita del árbol. Hemos descubierto, empleando más secuencias de ADN, que en realidad *Xenoturbella* se halla estrechamente emparentado con los acelomorfos (los gusanos simples entre los que se incluye el gusano de la salsa de menta). La unificación de estos dos grupos de gusanos simples ha sido la causa de dos décadas de discusiones. La controversia existe porque se creía que el lugar de los acelomorfos en el árbol era otro: en la base de la rama de los bilaterales.

Aunque está claro que *Xenoturbella* y los acelomorfos son parientes cercanos (sus ramas se han combinado en un filo llamado Xenacoelomorpha), los dos lugares diferentes que parecían ocupar en el árbol de la vida suscitaron un debate entre la escuela (mala) de «los xenacelomorfos son una rama simple al pie del árbol de la vida» y la escuela (buena, por supuesto) de «los xenacelomorfos están emparentados con las estrellas de mar y los vertebrados».

Creo que, llegados a este punto, merece la pena dar marcha atrás y preguntar por qué —además de por conocer la estructura del árbol y dar a estas ramas el nombre adecuado— debería preocuparnos el lugar que ocupa Xenacoelomorpha. La trascendencia (me resisto a emplear la palabra «importancia») de resolver este problema es inherente a cuanto hemos visto con anterioridad: conocer la verdadera forma del árbol es la clave que nos permite reconstruir el pasado. Repasemos, pues, la evidencia para los dos árboles rivales —intentaré presentar una exposición fiel de la versión de la que discrepo— y preguntémonos cuáles son sus diferentes implicaciones para la reconstrucción de nuestros antepasados.

El primer árbol coloca a estos gusanos cerca de la base del tronco del árbol animal, del que se desvían en una línea evolutiva independiente antes de la primera aparición de los otros animales con simetría bilateral. Esta posición tiene sentido por el conjunto de caracteres de los que carecen (boca y ano separados, cerebro, gónadas organizadas, celomas, riñones, etc.). Este árbol proporciona una explicación parsimoniosa de la evolución de estos caracteres, según la cual cada uno apareció solo una vez en la rama que conduce a todos los animales bilaterales excepto los xenacelomorfos, que se marcharon de la fiesta demasiado pronto.

Los caracteres morfológicos no son lo único que parece faltar en los xenacelomorfos. En la mayoría de los bilaterales hay en torno a ocho genes Hox, que son —recordémoslo— los famosos genes que en el cuerpo de un animal les dicen a las células dónde deben ir en el eje cabeza-cola (y que, cuando mutan en una mosca de la fruta, producen cuatro alas en vez de dos, o patas en el lugar de las antenas). En los xenacelomorfos, en cambio, solo se encuentran cinco genes Hox como máximo. Este pequeño número se ha interpretado como la representación de una fase intermedia en la evolución de los genes Hox antes de que apareciera el conjunto de ocho. Todo lo cual encaja: un cuerpo sencillo y un conjunto sencillo de los genes que conforman ese cuerpo son fáciles de explicar porque los xenacelomorfos constituyen una rama temprana del árbol de la vida animal.

Ahora vale la pena retomar la controversia sobre la edad de los animales bilaterales. Recordemos que los relojes moleculares parecen decirnos que el antepasado de los bilaterales es mucho más antiguo que el primer fósil bilateral. Y una de las explicaciones para los millones de años sin fósiles estribaba en que los antepasados de los bilaterales eran minúsculos, simples e insustanciales.

Para sustentar esta teoría sobre los animales precámbricos, los xenacelomorfos nos vienen como anillo al dedo: son por lo general minúsculos, muy simples y blandos —sin ninguna de las partes duras de fácil fosilización, como conchas, mandíbulas o caparazón, que se encuentran en otros grupos de bilaterales—, sirven como modelo para los primeros bilaterales y sus características biológicas podrían explicar satisfactoriamente la ausencia de fósiles durante 120 millones de años.

Los antiguos xenacelomorfos también demostrarían los pasos evolutivos que conducen a los primeros bilaterales. Sin los xenacelomorfos se nos abre un abismo evolutivo entre los bilaterales complejos y sus parientes más cercanos (las simplísimas medusas y las anémonas de mar). Los xenacelomorfos vendrían a rellenar este hueco: más complejos que una medusa pero no tanto como un pez, un molusco o un insecto; con más genes de Hox que una medusa pero sin el conjunto completo; con simetría bilateral pero todavía sin características avanzadas como cerebro, gónadas, celomas, etc. Si mis *amienemigos* estuvieran en lo cierto situando a los xenacelomorfos en la base del árbol, estos organismos serían un fantástico eslabón perdido.

El árbol alternativo tiene implicaciones para la evolución animal que van en la dirección contraria. En lugar de interpretar que los xenacelomorfos han cambiado muy poco durante 500 millones de años, el segundo árbol implica que han cambiado mucho más que la mayoría de los animales. Este árbol —que sitúa a los simples xenacelomorfos dentro de los complejos deuteróstomos, cerca de las estrellas de mar y los humanos— es el que creo correcto.

Si tengo razón y efectivamente los xenacelomorfos han de colocarse en medio de los deuteróstomos, entonces la historia de su evolución debe estar definida por la pérdida. Al haber evolucionado desde el mismo antepasado complejo que todos los restantes animales complejos, en algún momento de su pasado debieron haber poseído todas esas complejidades. Para explicar por qué parecen hoy tan simples, hemos de concluir que perdieron todos estos caracteres por razones desconocidas. El lugar que propongo para estos gusanos en el árbol de la vida requiere una explicación menos parsimoniosa, según la cual todos estos caracteres tuvieron que aparecer una vez (en el mismo punto que en el otro árbol), pero después todos debieron perderse hasta desembocar en los xenacelomorfos simples que viven hoy.

Por suerte para mí, este no es un caso totalmente desesperado, entre otras cosas porque ya sabemos que la evolución puede ir en sentido inverso, que los organismos pueden perder caracteres; si alguien lo duda, que se mire la espalda a ver si tiene cola. Los propios platelmintos, con los que los xenacelomorfos estuvieron mucho tiempo vinculados, se han revelado como un magnífico precedente para esta explicación. La idea de que los xenacelomorfos pudieron aparecer también como resultado de la evolución de animales grandes y complejos no es la explicación más simple de su apariencia actual, pero dista de ser imposible.

El primer artículo que publicamos sobre *Xenoturbella* recibió una amplia cobertura en prensa y radio, y el canal de televisión de la BBC llegó a entrevistar a Bourlat en su noticiario del mediodía. El tabloide británico *The Sun* informó de nuestra historia desde su peculiar perspectiva: «Los humanos están emparentados con unos extraños gusanos sin cerebro [...]. Ese vínculo quizá explique el comportamiento rastrero durante la guerra de Irak del presidente francés Jacques Chirac, apodado *"le* Gusano" por *The Sun*». Incluso salimos en la revista del *Sunday Telegraph* «A-Z of the Year 2003» [El año 2003 de la A a la Z], quizá ayudados un poco por la falta de acontecimientos señalados que empezaran por X (Jonny Wilkinson, ganador de la Copa Mundial de Rugby, iba en la «W»). El interés de los medios de comunicación se debió a nuestro descubrimiento de que un gusanito de nada es uno de los parientes invertebrados más cercanos al género humano.

En mi opinión, el parentesco más cercano de *Xenoturbella* (y sus parientes acelomorfos) es el que mantiene con las estrellas de mar y los erizos de mar (y los gusanos hemicordados que definitivamente he ignorado); por tanto, siguiendo a Grobben, están estrechamente emparentados con los vertebrados. Tal parentesco nos dice que comparar a los vertebrados con estos animales es la mejor manera de averiguar cómo era el antepasado común de todos los deuteróstomos. Los xena-celomorfos, las estrellas/erizos de mar y los hemicordados son bastante extraños cada uno a su manera, pero, con suerte, cada miembro de este grupo de rarezas zoológicas nos dará su propia versión un tanto embrollada de la historia del antepasado deuteróstomo. El ensamblaje de estas historias debería permitirnos viajar atrás en el tiempo para vislumbrar a los primeros vertebrados.

En la siguiente y última parte, vamos a aprovechar este interés natural por nuestros remotos orígenes. Partiendo de LUCA, ascenderemos por el árbol atravesando los miles de millones de años de nuestra historia evolutiva. En cada bifurcación del árbol, escogeremos la rama que conduce hasta nosotros. Este viaje nos permitirá rastrear en la cadena de nuestros antepasados más importantes la acumulación continua (y las pérdidas ocasionales) de los múltiples caracteres reunidos por la evolución para volvernos humanos.

PARTE III
TRAZAR NUESTRO ÁRBOL GENEALÓGICO

LOS PRIMEROS TRES MIL MILLONES DE AÑOS

Aunque con este libro nunca he pretendido ofrecer una descripción completa del árbol de la vida, sería un poco extraño llegar al final sin revelar su apariencia. Sin embargo, nuestras limitaciones naturales nos plantean un problema: el árbol es demasiado grande y complejo, y la mente humana solo puede abarcar un impreciso bosquejo.

Para hacernos una vaga idea de la magnitud del problema, podríamos comparar el árbol de la vida con un formidable roble que hubiera brotado hace mil años de una bellota enterrada por una ardilla en tiempos de la conquista normanda de Inglaterra. Imaginemos que este imponente roble de cuarenta metros de altura es un árbol de la vida. Podríamos trepar por su grueso tronco tomando un sinfín de rutas. En cada punto de ramificación pasaríamos por un antepasado —el origen, en algún momento del tiempo, de un par de nuevos linajes— y podríamos seguir por cualquiera de las dos ramas más pequeñas. A medida que trepáramos, las ramas se volverían más delgadas y numerosas. Nos desplazaríamos de reinos inmensos a filos, de ahí a órdenes y familias, para terminar en especies individuales representadas por cada hoja del millón en total que un roble maduro puede tener. Pero aquí nos topamos con una gran (y quizá difícil de entender) discrepancia en cuanto al tamaño y la complejidad entre este árbol verosímil con un millón de hojas y el árbol de la vida. Un cálculo muy prudente del número de especies hoy vivas arroja una cifra que ronda los nueve millones.[1] Un roble de corpulencia suficiente para alcanzar nueve millones de hojas sería un gigante inconcebible de unos ciento veinte metros que incluso rebasaría a la secuoya gigante más alta que nunca hayamos medido. Pero esto es solo el punto de partida. Para que cuadre con el cálculo reciente más extremo de especies vivas —en torno a un billón[2]—, debemos imaginarnos a la sombra de un roble cuyas hojas más altas se elevaran a 40 kilómetros sobre nuestras cabezas, a mitad de camino del espacio. El hecho es que las dimensiones del árbol de la vida al completo arruinan nuestro símil, superando por un inmenso margen la indudable validez de la forma arborescente para representar los sucesos de la evolución.

Nuestro deseo de distanciarnos y dar una imagen de la forma y estructura del árbol de la vida puede todavía cumplirse por una sencilla verdad: casi todos sus profusos detalles revisten escaso interés para los no especialistas. A la mayoría de la gente —y me apresuro a admitir que me incluyo en ese grupo— no le importan los parentescos entre los muchos millones de especies vivas de Eubacteria y Archaea, ni le preocupan las 350 000 especies vivas de escarabajos.

Y esta práctica verdad brinda otra manera de utilizar este árbol enorme para viajar en el tiempo. Nuestra solución pasa por reducir a una sola los 4000 millones de posibles rutas de ascenso por el árbol hasta llegar a una especie. He decidido seguir, huelga decirlo, la historia de nuestra propia especie en su escalada por el árbol de la vida. Nuestro viaje empieza con LUCA, y en cada bifurcación a la que lleguemos, la rama escogida será la que conduce a la hoja humana. Al emprender este camino iremos conociendo una sucesión de antepasados, cada uno más estrechamente emparentado con nosotros que el anterior, es decir, con unos cuantos caracteres más de los que, acumulados, forjan a un ser humano.

Aunque he propuesto una solución para la inconcebible complejidad de la ramificación del árbol de la vida, existe otra dimensión en la que necesitamos una luz que nos guíe, y es el tiempo. A nuestras mentes humanas, limitadas por experiencias vitales de noventa años, les cuesta concebir los millones y los miles de millones de años que abarca la evolución. El problema de la escala temporal se parece al de asimilar el tamaño y forma de los continentes desde la perspectiva del parque del barrio: para imaginarse el mundo entero hace falta un globo. En vez de un mapa, voy a servirme de las proporciones bien conocidas de un cuerpo humano para medir nuestra ascensión por el árbol de la vida. Según este símil, el origen de la Tierra hace 4500 millones de años se sitúa en las plantas de los pies, y tú y yo (y todo cuanto vive hoy) nos encaramamos sobre la cabeza.

Antes de continuar, quiero señalar que con este planteamiento antropocéntrico se corre el riesgo de que la evolución parezca predeterminada. El seguimiento de nuestro propio camino evolutivo podría interpretarse como una serie de elecciones cuyo resultado es la acumulación constante de las partes del cuerpo y las características necesarias para producir un ser humano, algo así como la compra de los ingredientes para una receta. La humillante realidad es que la evolución carece de meta. La aparición de los humanos no era en absoluto inevitable, y nuestra vía de ascensión por el árbol podría haberse bloqueado en mil millones de ocasiones. Otro peligro es que, al centrarnos en nosotros mismos, releguemos al resto de seres vivos al papel de comestibles o de fastidiosos parásitos, meros figurantes en el escenario de la historia humana. Y esto sería pura vanidad. En la inmensa escala del árbol de la vida, nuestra especie es una hoja solitaria, una recién llegada que acaso permanecerá poco tiempo. Cuando nuestra hoja caiga, el árbol de la vida seguirá creciendo, tan poco afectado por nuestra partida como por nuestra llegada.

Hechas estas advertencias, preparémonos para emprender la ascensión.

Habíamos empezado por la clasificación y ahora, cerrando el círculo, es la clasificación la que nos proporciona la estructura natural para comprender nuestro lugar en el árbol de la vida. Como todas las especies, los humanos pertenecen a una serie de ramas que abarcan grupos cada vez más pequeños y exclusivos, comenzando por el tronco del árbol (que integra toda la vida), para encontrar después el camino que conduce a los mamíferos, primates y simios, y, por último, a la única hoja que define nuestro género y especie. Acaso sorprenda descubrir que, pese a la inmensidad del árbol de la vida, la lista de antepasados que separan al *Homo sapiens* de LUCA es cortísima.

Para explicar por qué es tan corta nuestra lista de antepasados, voy a partir de una suposición osada: que el árbol de la vida está tan perfectamente equilibrado que en cualquier punto de ramificación hay el mismo número de especies en cada una de las dos ramas resultantes. Mediante este pequeño ardid para facilitar las operaciones matemáticas, nos situamos en posición de añadir el número de antepasados específicos de una especie. El cálculo puede entenderse partiendo de unas pocas especies para ir aumentando desde ahí: en un árbol con dos especies A y B, A tiene un solo antepasado que comparte con B (la flecha en el diagrama); para cuatro especies de A a D, A tiene dos antepasados, uno de los cuales lo comparte con su pariente más cercano B y el otro, más antiguo, con B, C y D; para ocho especies de A a H, A tiene tres antepasados; para dieciséis especies, A tiene cuatro, y así sucesivamente. (Aunque me he centrado en A, cada especie tiene el mismo número de antepasados.) Lo que espero que salte a la vista es que el número de antepasados se incrementa muy despacio a medida que aumenta el número de especies. Conforme se *añaden* antepasados —1, 2, 3, 4—, el número de especies se *multiplica*: 2, 4, 8, 16.

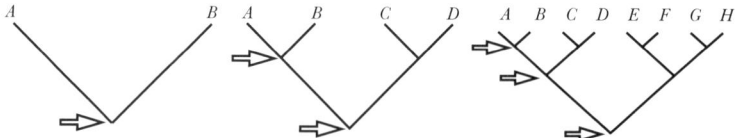

FIGURA 9: En un árbol de dos especies, la especie A tiene un solo antepasado (flecha). Con cuatro especies hay dos antepasados (flechas); con ocho especies, tres antepasados.

A partir de aquí podemos dar un salto y calcular que en un árbol que conecte los 4000 millones de especies que, según una estimación prudente, han vivido a lo largo del tiempo, cada hoja estaría separada del antepasado universal por solo treinta y un antepasados. En otras palabras, cada especie pertenece a solo treinta y un grupos de parientes cada vez más exclusivos, empezando por el grupo que los incluye a todos y surge de la raíz de árbol.

El Centro Nacional de Información sobre Biotecnología (NCBI, por sus siglas en inglés), con sede en Estados Unidos, facilita una clasificación semioficial de la vida (o al menos de la vida representada en sus bases de datos de secuencias de ADN y proteínas) que es una guía tan buena como cualquier otra para llegar hasta la serie de grupos a los que pertenecen los humanos. La lista es (ya lo hemos visto) más corta de lo que cabía esperar, y aunque de todos modos es probablemente demasiado larga para despertar interés *per se*, quiero darla completa. Incluso una lista aburrida puede ser valiosa. El tedio del «catálogo de naves» de la *Ilíada* sirve para transmitir la magnitud de la guerra de Troya; en este caso, la lista de nuestros antepasados y las ramas a las que pertenecemos demuestra que, además de los niveles de clasificación que previsiblemente resultarán familiares, hay muchos más que solo conocen los iniciados.

La lista es esta: organismos celulares (todos los descendientes de LUCA); Eukaryota; Opisthokonta; Metazoa; Eumetazoa; Bilateria; Deuterostomia; Chordata; Craniata; Vertebrata; Gnathostomata; Teleostomi; Euteleostomi; Sarcopterygii; Dipnotetrapodomorpha; Tetrapoda; Amniota; Mammalia; Theria; Eutheria; Boreoeutheria; Euarchontoglires; Primates; Haplorrhini; Simiiformes; Catarrhini; Hominoidea; Hominidae; Homininae; Hominini; *Homo sapiens*. Unos cuantos grupos resultarán familiares (Vertebrata, Mammalia, Primates), aunque sospecho que son una pequeña minoría.

Vamos a empezar por el principio de esta lista, por LUCA, la raíz de 4000 millones de años del árbol. Partiendo de aquí ascenderemos hasta llegar a la hoja humana en la cúspide del árbol. Durante nuestro viaje haremos paradas para conocer a catorce de nuestros antepasados, cada uno de los cuales representa un momento crucial de nuestra evolución.

LUCA, HACE 4000 MILLONES DE AÑOS

En la escala temporal del cuerpo humano, LUCA se sitúa en la pantorrilla, lo que equivale a viajar al pasado aproximadamente 4000 millones de años. Ese instante en el tiempo marca la división entre el final del primer eón del planeta, el Hadeico, y el principio del segundo, el Arcaico (el de las rocas más antiguas que podemos encontrar). La Tierra, durante los 500 millones de años transcurridos desde su formación, se había enfriado lo suficiente para que una corteza sólida recubriera su interior derretido y para que la condensación del agua diera lugar a los océanos. Aquella atmósfera, henchida de gases volcánicos y con un contenido de oxígeno cien mil veces inferior al actual, mataría a un humano en cuestión de segundos. El joven Sol era débil, un 25 % más tenue que el Sol del que hoy disfrutamos, pero un poderoso efecto invernadero mantenía el planeta caliente y los océanos líquidos. La aportación de LUCA a nuestra estructura biológica es inmensa, puesto que nos legó (a nosotros y a todas las formas de vida) sus elementos más fundamentales: ADN, ARN, proteínas y buena parte de la maquinaria celular necesaria para sintetizarlos, manipularlos, copiarlos y repararlos; la reproducción; el código genético; numerosos aspectos de nuestro metabolismo celular; el ATP como moneda energética; y —lo más extraordinario de todo— el hecho mismo de estar vivos. Aunque marca el primer paso de nuestro viaje, no nos detendremos en LUCA, de cuyos oscuros detalles biológicos ya nos hemos ocupado. Sin embargo, en virtud de su propia definición, LUCA se sitúa en el punto donde el árbol de la vida se divide para crear dos grandes ramas, Eubacteria y Archaea, que se juntarán de nuevo adquiriendo la forma de nuestro segundo paso en el árbol: el primer eucariota.

LA PRIMERA CÉLULA EUCARIOTA, HACE 2200 MILLONES DE AÑOS

Llegar hasta aquí obliga a dar un tremendo salto de 1800 millones de años para aterrizar en la primera parte del tercer eón de la Tierra, el Proterozoico. Nos encontramos todavía en la segunda parada de nuestro viaje, pero ya hemos alcanzado las caderas de nuestra escala temporal con forma humana. Durante el enorme lapso de tiempo que esto representa, las ramas arquea y eubacteriana de la vida se diversificaron en muchas ramas independientes que se extendieron por el globo y se adaptaron de formas diversas hasta ocupar cada nicho aprovechable.

El planeta también cambió en el plano geológico. Había emergido mucha más tierra sobre la superficie de los océanos, y los recién formados continentes se hallaban rodeados de mares someros. Pero el acontecimiento que provocó mayor impacto en el planeta y en la vida fue quizá el desarrollo de la fotosíntesis en un grupo de bacterias: las cianobacterias. Durante cientos de millones de años, estas diminutas células llenaron la atmósfera de oxígeno y provocaron así una catástrofe de lento desarrollo conocida, en palabras prosaicas, como la Gran Oxigenación.[3] Se cree que aquel gas venenoso mató un porcentaje considerable de la vida en la Tierra,[4] pero fue también el apremiante impulsor de la unión entre una célula arquea huésped que odiaba el oxígeno y su hospedada, una célula bacteriana que lo amaba. Los eucariotas resultantes de esta fusión dieron origen a toda la vida compleja que existe en la actualidad: desde las minúsculas amebas, los ciliados y otras incontables especies de protozoos unicelulares hasta los grandes organismos multicelulares, esto es, hongos, plantas y todos los animales, nosotros incluidos.

Aunque la diversidad de la vida existente en las dos ramas antiguas que proceden de LUCA pueda suscitar un momentáneo interés, quiero centrarme en descubrir cuáles de los muchos linajes dentro de las ramas arqueas y bacterianas se fusionaron para formar la primera célula eucariota. Si encontramos los parientes vivos más cercanos de estos dos antepasados, confío en que descubriremos algo sobre las vidas y características de los dos fundadores de nuestra familia. La estructura biológica de estos parientes vivos debe encerrar pistas que expliquen qué fue lo primero que los atrajo y por qué su matrimonio resultó tan exitoso.

Es muy difícil estudiar una sola bacteria. El problema radica en su tamaño: mil millones de ellas cabrían en un grano de arena. Su pequeñez hace casi imposible analizar de qué están hechas; es como catar una tarta probando una sola migaja. Esta sencilla y poderosa limitación explica que, durante cientos de años tras su primer descubrimiento, lo único que supiéramos de Eubacteria y Archaea fuesen las contadas especies que podían cultivarse en grandes cantidades en el laboratorio. Este método para el estudio de la estructura biológica y la diversidad de las bacterias se vio lógicamente muy limitado, de igual manera que el estudio de las aves que visitan mi jardín proporcionaría un conocimiento exiguo de la variedad de aves que pueblan el mundo. Hace tan solo cuatro décadas, el número de especies bacterianas conocidas no pasaba de unos pocos miles, pero esta situación se transformó en el curso de unos cuantos años, cuando el avance tecnológico permitió encontrar especies no solo observándolas directamente sino detectando sus moléculas de ADN en sus medios naturales.

A finales de la década de 1980, y prosiguiendo la labor de Carl Woese, los microbiólogos empezaron a buscar más allá de las pocas bacterias que eran felices en una bandeja de Petri o un tubo de ensayo. Tomaron muestras de océanos, lagos y ríos, de los residuos de la minería y del agua que se filtra en el suelo de un bosque tropical lluvioso, así como de la que nace a decenas de metros bajo la superficie de la Tierra (de las frías aguas sulfurosas que brotan de un manantial artificial, el Mühlbacher Schwefelquelle), entre miles de medios naturales.[5] De cada una de estas muestras separaban las pequeñas cantidades de ADN de cualquier comunidad de organismos que pudiera ocultarse allí y usaban el método recién inventado de la PCR para transformar un minúsculo puñado de interesantes moléculas de ADN en billones de copias fáciles de analizar. En esta mezcla de moléculas de ADN procedentes de muchas especies ya podía buscarse la versión de cada especie del gen universal (ARNr SSU) que Woese había estudiado.

Lo que encontraron en estas muestras fueron decenas de miles de genes ARNr SSU diferentes. Cada uno de ellos estaba claramente emparentado con los genes conocidos de eubacterias (o de arqueas o eucariotas), pero —y este es un punto crucial— la mayoría eran distintos de cuanto se conocía. Estos nuevos genes evidenciaban la existencia de especies que nunca se habían visto porque no podían cultivarse. Cuatro décadas después, el número de bacterias que conocemos se ha multiplicado por mil hasta alcanzar más de un millón de especies diferenciadas. El número de arqueas conocidas (más difíciles aún de cultivar en una bandeja de Petri por sus extremas preferencias vitales: medios muy calientes, ácidos, sin oxígeno, ricos en azufre, salinos, alcalinos o profundos) se ha multiplicado más deprisa aún.

Nuestra búsqueda de las dos especies que se fusionaron para formar la primera eucariota nos coloca, lo primero de todo, entre las ramas de Eubacteria. Andamos tras la especie que quedó envuelta y pervive hoy transformada en las mitocondrias eucariotas. Los parentescos entre los millones de especies eubacterianas conocidas siguen siendo objeto de enconados debates, pero se ha alcanzado un amplio acuerdo sobre el principio general. Existen dos grandes ramas de Eubacteria: Terrabacteria (denominadas así porque muchas son terrestres) y Gracilicutes (del latín *gracilis*, 'esbelto').[6] Dentro de estas dos grandes ramas cabe distinguir unas cien ramas más pequeñas que pueden ser más diferentes entre sí que el reino animal con respecto al vegetal, es decir, más distintas que una rana y su nenúfar.

Lo que de verdad nos interesa (¡menos mal!) no es conocer este centenar de ramas, sino buscar entre ellas la identidad de la mitad bacteriana de la eucariota, la invasora que se convirtió en nuestra mitocondria. En un mundo perfecto podríamos reducir la pesquisa no solo al reino bacteriano más cercano (entre otros cien), sino en último término a la rama viva más próxima.

Los microbiólogos parecen, para alguien ajeno al gremio, muy dados a quejarse. Todavía se discute cuál es el pariente bacteriano vivo más cercano de nuestras mitocondrias, pero por lo general se ha convenido en que se encuentra en algún lugar (o como mínimo justo al lado) de un grupo denominado Proteobacteria, situado dentro de la mitad de las Gracilicutes en el árbol de la vida bacteriana. La rama proteobacteriana fue reconocida por primera vez como entidad independiente, hace mucho tiempo, por Carl Woese,[7] y su nombre, que proviene de «Proteo, dios griego del mar, capaz de adoptar muchas formas diferentes»,[8] se debe a la enorme diversidad de las Proteobacteria,* lo que probablemente ha de interpretarse en el sentido de que no hay mucho, aparte de la similitud entre sus genes, que las una. El grupo de las Proteobacteria alberga una buena porción de especies que, si has tenido mala suerte, acaso te resulten familiares. Las Gammaproteobacteria incluyen la *Escherichia coli* —por lo común inofensiva y presente por billones en tu intestino—, pero también la *Salmonella*, la *Yersinia* (causante de la peste) y la *Shigella* (que provoca cerca de cien millones de casos de diarrea al año y mata a cientos de miles de personas, en su mayoría niños). Las mitocondrias son las más estrechamente emparentadas con las Alphaproteobacteria, entre las que se encuentran la *Brucella* (causante de la brucelosis, una dolencia que recibe nombres tan curiosos como enfermedad de Bang o fiebre del Peñón de

---

* Para desesperación de algunos tradicionalistas, tras la modificación de los nombres de la rama bacteriana en el 2021, las Proteobacteria pasaron a denominarse Pseudomonadota.

Gibraltar) y la *Rickettsia* (causante de la fiebre africana por picadura de garrapata, la fiebre maculosa de las Montañas Rocosas y la fiebre maculosa de la isla de Flinders). La *Rickettsia* es quizá la más interesante de todas porque, igual que nuestras mitocondrias, se pasa la vida hospedada dentro de otras células.

Aunque continúa la controversia acerca de qué grupo de Alphaproteobacteria es el más próximo a las mitocondrias eucariotas, es en la estructura biológica y genética de estos parientes más cercanos de las mitocondrias donde estamos indagando para comprender qué atributos poseían para que la endosimbiosis resultara posible. La segunda mitad del enigma de las eucariotas consiste en encontrar los parientes vivos más cercanos de las células arqueas de 2200 millones de años que deglutieron a este pasajero proteobacteriano, y esta búsqueda nos conduce hasta un pequeño volcán en el fondo del mar.

En cierta ocasión, y como ejercicio para reforzar el trabajo en equipo, me llevé al personal de mi laboratorio a hacer una travesía en velero por el canal de la Mancha. El mar estaba bastante revuelto, soplaba un viento fuerte y yo tenía el estómago delicado. Frustrado mi propósito de ponerme al frente del equipo, me pasé varias horas tirado en el camarote. Mi lamentable propensión al mareo me hizo sentir un respeto reverencial por los biólogos marinos y oceanógrafos que pasan días o semanas en buques oceanográficos navegando por aguas mucho más agitadas. En el 2008, un grupo de científicos a bordo de uno de estos barcos —el noruego *G. O. Sars*— hizo un descubrimiento extraordinario en una parte del océano que me llena de terror.[9] Eran geólogos, no biólogos, y su hallazgo fue de indudable interés para sus compañeros de profesión, pero lo que encontraron no tardaría en conducir a un descubrimiento que cambió nuestras teorías sobre el origen de la célula huésped eucariota.

La expedición, encabezada por el profesor Rolf Pedersen, había zarpado en busca de actividad volcánica submarina en la inmensidad del mar de Noruega, aproximadamente en la mitad de un triángulo formado por el norte de Noruega, Islandia y la isla de Svalbard.[10] Describir su hallazgo como «actividad volcánica», si lo que uno se está imaginando es un monte Fuji submarino, es sumamente engañoso. El volcán que encontraron era una pequeña constelación de respiraderos hidrotermales, semejantes a tubos de órgano y hechos de minerales que se habían formado por precipitación del agua caliente que brotaba de una fisura en el lecho marino a causa de la actividad volcánica. El mayor era un estrecho tubo de 13 metros de altura, un objeto minúsculo casi imposible de localizar a 2,5 kilómetros bajo la superficie de un mar infinito. Rastrear estos tubos exigía un equipo capaz de detectar el agua caliente rica en minerales que brota de ellos (para diluirse al instante en cuatrillones de litros de fría agua de mar). Su equipo resultó lo bastante sensible para detectar una columna de agua más caliente que el resto del océano en una diezmilésima de grado. Tan difícil fue a ratos la búsqueda, por las caprichosas corrientes que agitaban la columna de agua, que dieron al paraje recién descubierto el nombre de Castillo de Loki, en honor del proteiforme dios escandinavo Loki. El relámpago biológico que nos interesa ocurrió unos años después, cuando se estudiaron las formas de vida en el sedimento que rodeaba los tubos del Castillo de Loki. Lo que los biólogos encontraron fue un grupo completamente nuevo dentro de Archaea al que denominaron Lokiarchaeota.[11]

Cuando Carl Woese descubrió el enorme vacío que había entre los dominios de Eubacteria y Archaea, reconoció dentro de esta última rama dos reinos nuevos: Euryarchaeota, a partir de la palabra griega *eury*, 'ancho', en referencia a los numerosos nichos ocupados por las especies; y Crenarchaeota, donde *cren* quiere decir 'manantial' o 'fuente'.[12] Los medios hidrotermales en los que viven las crenarqueotas parecían propicios por reunir las condiciones preferidas por las arqueas más antiguas. Tras años de trabajo y muchos estudios posteriores de ADN ambiental, ahora reconocemos cuatro ramas principales de Archaea: la Euryarchaeota de Woese, dos grupos nuevos llamados Thermococcales y DPANN (uno de esos acrónimos horribles que designan las ramas más pequeñas y que a los microbiólogos parecen encantarles), y, por último, un extenso grupo con el acrónimo TACK, palabra que incluye a las Crenarchaeota de Woese (la «C» del nombre).[13]

Las comparaciones de los genes ARNr SSU apuntaban a que era la rama TACK de Archaea donde podríamos encontrar parientes vivos de la célula que dio origen a la primera eucariota, pero el vínculo siempre había sido impreciso. Sin embargo, el descubrimiento de Lokiarchaeota cambió la situación de la noche a la mañana. La nueva especie no fue vista físicamente de inmediato, pero su existencia se dedujo del ADN encontrado en una muestra de sedimento del lecho marino en los contornos del Castillo de Loki. No había duda de que estas moléculas de ADN pertenecían a un grupo de arqueas TACK, pero se diferenciaban de cualquier otro visto con anterioridad. El descubrimiento de una nueva rama de arqueas reviste un gran interés en ámbitos especializados, pero la revelación culminante (y lo que estamos buscando en nuestro viaje hacia los humanos) fue que Lokiarchaeota se halla claramente más cerca de los organismos eucariotas que las demás arqueas.

Lokiarchaeota se ha convertido en un recurso de valor incalculable para determinar a qué se parecían los primeros eucariotas. A este primer hallazgo le siguió el de una sucesión de especies arqueas emparentadas, algunas incluso más estrechamente vinculadas con los eucariotas que las del Castillo de Loki. Estas especies añadidas han recibido también nombres nórdicos —Thorarchaeota, Odinarchaeota y Heimdallarchaeota—, y el superfilo que las comprende en su totalidad se ha denominado Asgard, por el reino de los dioses nórdicos.[14]

Los microbiólogos se encuentran ahora en posición de formular preguntas sobre las asgardianas modernas: cómo obtienen la energía para sobrevivir; dónde y en qué condicio-

nes viven; qué genes importantes comparten con los eucariotas (más que cualquier otra arquea); y si estos genes podrían
haber sido esenciales para el desarrollo de las características
únicas de los eucariotas vivos que los hacen más grandes, más
versátiles y más complejos. En resumen, ha resultado posible
empezar a preguntarse qué tenían las arqueas de Asgard y su
compañera dentro de las alfaproteobacterias para aunar fuerzas con semejante éxito, un acontecimiento tan improbable
que la Tierra tuvo que esperar por lo menos 2000 millones de
años para presenciarlo.

EL ANTEPASADO OPISTHOKONT, HACE 1300 MILLONES DE AÑOS

Desde su origen como fruto del matrimonio entre una arquea
y una bacteria, los eucariotas han experimentado un florecimiento y una diversificación espectaculares, pasando a contarse entre los organismos más importantes de casi todos los
ecosistemas. Su diversificación y expansión se produjo a lo
largo de la era Proterozoica en medio de formidables movimientos tectónicos, con los continentes uniéndose y separa-
rándose y alejándose de los trópicos hasta los polos para
después regresar a su posición anterior. Los niveles de oxígeno en la atmósfera aumentaron, y el planeta pasó largos períodos casi completamente helado, como una gigantesca bola
de nieve. Aunque la diversidad eucariótica actual se aprecia
al instante en las formas de gran tamaño de organismos multicelulares como animales, plantas y algunos hongos, las raíces de los eucariotas se sitúan a mucha más profundidad que
estos contados vástagos. La diversidad real se encuentra en
varios supergrupos (en realidad, ramas grandes) de criaturas
unicelulares denominadas comúnmente «protozoos».[15]

El supergrupo TSAR incluye a los dinoflagelados, famosos por formar «mareas rojas», proliferaciones de algas tóxi-
cas que matan la fauna marina y provocan envenenamientos
en las personas que comen pescado y marisco de las zonas

afectadas. TSAR comprende también a los foraminíferos, muy apreciados por los buscadores de petróleo porque sus abundantes y características conchas revelan la edad exacta de las rocas donde quedan fosilizados. El supergrupo Haptista abarca a los cocolitóforos, cuyas minúsculas conchas calcíferas descendieron hasta el fondo de un mar cretácico en cantidades tan pasmosas y durante tanto tiempo que produjeron los miles de millones de toneladas de caliza de los blancos acantilados de Dover. El supergrupo Archaeplastida de algas y plantas se originó como resultado de una segunda endosimbiosis ocurrida hace unos 1000 millones de años. En esta ocasión, un grupo de eucariotas absorbió una segunda bacteria —una cianobacteria fotosintetizadora— que, como propuso el detestable Konstantín Merezhkovski, se convirtió en un cloroplasto. De esta segunda fusión brotó la rama del árbol que es la fuente de toda la comida animal. Los propios animales, por otro lado, forman parte de un grupo llamado Opisthokonta, que constituye a su vez una rama dentro de un supergrupo denominado Obazoa. Los opistocontos aparecieron por primera vez hace unos 1300 millones de años, y con esto hemos llegado al plexo solar de nuestra escala temporal humana.[16]

El nombre «opistoconto» procede de la voz griega que significa 'lanza vuelta hacia atrás'.[**][17] La «lanza» hace referencia al flagelo trasero de las células de los opistocontos que las propulsa hacia delante, a la manera de la cola de un espermatozoide humano. El grupo de opistocontos que nos resulta más familiar (aparte de los animales) es el de los hongos, que a lo largo de casi toda la historia humana se habían agrupado con las plantas y eran estudiados por los botánicos. Pero los hon-

---

[**] El nombre lo usó por primera vez el biólogo suizo Wilhelm Vischer en 1945 para designar una de las especies que integran el grupo, y en décadas posteriores se han añadido (y de vez en cuando eliminado) ramas nuevas, entre ellas los animales.

gos poseen células similares a los espermatozoides, con el mismo flagelo trasero.

Aunque los hongos son los opistocontos más familiares, nuestros parientes más cercanos en el grupo se llaman Choanoflagellatea, unos organismos (normalmente) unicelulares con el cuerpo oval y un pequeño collar hecho de microvellosidades que sustentan una membrana. El *choano* de «coanoflagelados» significa 'embudo' y alude a esta estructura con forma de collar. En medio del collar hay un largo flagelo casi indistinguible de la cola de un espermatozoide animal. Extrañamente, el parentesco cercano entre los diminutos coanoflagelados y los animales fue observado por primera vez en el siglo XIX, descubrimiento que se suele atribuir al biólogo británico William Saville-Kent.[18] Saville-Kent observó que las esponjas (animales de cuerpo simple) tienen un tipo de célula denominado «coanocito» que, igual que un coanoflagelado, posee un flagelo rodeado por un collar. Estas células, muy abundantes en las esponjas, cooperan para agitar sus flagelos en el agua y generar una fuerte corriente que introduce las partículas de comida en la esponja, donde son capturadas y digeridas.

Nuestra ascensión por el árbol de la vida nos ha conducido a la cúspide del reino animal. Hemos llegado hasta aquí dando dos saltos colosales. Nuestro punto de partida, en la pantorrilla de nuestra escala temporal humana, fue LUCA, la raíz universal del árbol de la vida, el origen de cuanto vive hoy y la posición a la que más podemos aproximarnos para alcanzar al origen de la vida. Nuestro primer salto nos hizo avanzar 2000 millones de años, hasta la cadera de la escala temporal humana, para conocer al primer eucariota. Este individuo, constituido por la insólita fusión de dos especies de diminutos procariotas, produjo un organismo que era mucho más que la suma de sus partes. Esta nueva forma de vida —fundadora de un nuevo dominio en el árbol de la vida— transmitió a todos sus descendientes una célula compleja y relativamente grande que respiraba oxígeno y estaba provista de núcleo, cromosomas y sexo; flagelos y cilios para nadar; mitocondrias que proporcionaban la energía necesaria para el funcionamiento de una máquina tan compleja; y que tenía la capacidad de formar bolsas en la membrana de la célula con el fin de alimentarse y excretar, entre muchas otras características arcanas. Nuestro segundo paso (subiendo hasta el plexo solar de nuestra escala humana) abarcó otros 1200 millones de años y nos llevó a nuestro propio grupo de eucariotas unicelulares, los opistocontos. Los animales más antiguos se encuentran cerca, y en el capítulo siguiente quedará claro el legado de la rama de los opistocontos. Vamos a seguir ascendiendo por el árbol, y ahora los antepasados surgirán deprisa y en gran número. Nuestro viaje nos conducirá desde los animales más antiguos y simples hasta los últimos (y probablemente los más complejos), que adoptan la forma de nuestra propia hoja en el árbol.

LOS PRIMEROS ANIMALES

En 1665 la recién fundada Real Sociedad de Londres (para el Avance del Conocimiento Natural) publicó como libro inaugural la extraordinaria *Micrografía* de Robert Hooke, que contiene exquisitos dibujos y minuciosas observaciones de distintas sustancias (seda, cristal de Moscú, arena), objetos (la punta de una aguja), partes de plantas (semillas de amapola, pelos de ortiga) y animales (insectos, esponjas, los dientes de un caracol, plumas), todo ello representado con un detallismo asombroso y sin precedentes mediante el empleo de lentes de aumento y microscopios. La imagen más famosa de Hooke, una mosca con su tamaño multiplicado por 300, reveló por primera vez a ojos humanos la pasmosa complejidad que caracteriza el cuerpo de algo tan pequeño. El científico inglés logró describir los detalles del cuerpo de la pulga, «adornada con un traje delicadamente pulimentado de armadura azabache, limpiamente articulada y plagada de una multitud de alfileres aguzados, casi con la forma de las plumas del puercoespín o de punzones de acero cónicos y brillantes». A Hooke le pareció que la diminuta perfección y complejidad de en este animal creado por la divinidad era incomparablemente más bella que esa quintaesencia de la precisión humana —la aguja—, cuya punta, según reveló su microscopio, tenía «un extremo ancho, romo y muy irregular».[1]

Lo que los nuevos instrumentos de Hooke habían revelado era que, vista de cerca, incluso la más diminuta de los millones de especies animales es una criatura de una complejidad asombrosa. Y esta verdad vale para todos los animales, desde aquellos que nos hacen preguntarnos si son siquiera animales, como las esponjas de mar y las ascidias, hasta los pulpos y las libélulas; desde las pulgas y los gusanos del vinagre hasta los humanos que han ganado el premio Nobel o han sido capaces de componer *La flauta mágica*. La transición desde un antepasado unicelular hasta animales pluricelulares —un solo paso en nuestro viaje desde LUCA hasta los humanos— iba a tener las más extraordinarias e imprevistas consecuencias, comparables al impacto que ejerció en nuestra historia la invención de la escritura o de la rueda. Pero ¿cómo se produjo este cambio? ¿Y por qué, de entre todos los linajes de minúsculos y simples eucariotas unicelulares, fueron nuestros antepasados opistocontos los que dieron tal salto de complejidad? ¿Tenían algo especial que permitió su conversión en animales? No podemos, claro está, interrogar directamente a estos antepasados —exhalaron el último aliento hace unos 700 millones de años—, pero el estudio de nuestros vecinos más cercanos en el árbol de la vida, los coanoflagelados, podría darnos algunas pistas.

Antes de observar al microscopio a nuestros parientes simples, merece la pena reflexionar sobre lo que estamos intentando explicar. ¿Qué singulariza a los animales? La mayor novedad es, sencillamente, la pluricelularidad: tu cuerpo, por ejemplo, contiene decenas de billones de células; una ballena azul debe de poseer en torno a 10 trillones. De este rasgo central irradia cuanto convierte a la estructura biológica animal en algo tan extraordinario. Una parte de lo que tuvo que hacer el grupo de células que dio forma a los primeros animales resulta bastante evidente. Lo primero y más importante es que debieron inventar (o, más bien, desarrollar como producto de la evolución) una manera de mantenerse juntas después de haberse dividido. Para aglutinar las células se necesitó un gen nuevo, o tal vez se reutilizó uno ya existente (un gen que podemos buscar en nuestros parientes unicelulares). Y para comportarse como un organismo y no como un conjunto de individuos, la células animales se vieron obligadas a idear maneras de hablarse unas a otras, de coordinar sus acciones y ejercer una provechosa influencia mutua. En relación con esto —y acaso lo más interesante de todo—, las células de un animal tuvieron que desempeñar funciones diferentes y específicas, y después desenvolverse con altruismo y cooperar: tú vas a comprar, yo cocino y él lava los platos. Las células animales han alcanzado una enorme diversificación: tenemos células musculares y neuronas; células que recubren nuestros estómagos y segregan enzimas digestivas; células que detectan la luz, el sonido, la temperatura, el movimiento, la presión o el sabor; células cubiertas de cilios que expulsan partículas de nuestros pulmones; glóbulos rojos que transportan oxígeno; linfocitos que destruyen bacterias, y mil más. Estas especialistas de múltiples clases contribuyen al objetivo común ejecutando la tarea específica que tienen asignada, como obreros expertos en una cadena de montaje. El ejemplo definitivo de su altruismo es que, a diferencia de cualquier organismo unicelular, la mayoría de las células del cuerpo de un animal han renunciado a cualquier posibilidad de transmitir sus genes a la siguiente generación. Este privilegio extraordinario queda reservado a las células germinales: óvulos y espermatozoides.

La evolución de múltiples clases de células trajo consigo la necesidad de ordenarlas en estructuras más grandes: tejidos (músculo, hueso, sangre, nervios) y órganos (cerebro, riñón, estómago). La organización de las células les permite trabajar con eficiencia; un cuerpo que amontonara células musculares, nerviosas y digestivas sería una desastrosa monstruosidad. Tus músculos son concentraciones de miles de millones de células musculares individuales, y los músculos solo funcionan porque las células individuales han sido cuidadosamente colocadas unas junto a otras para que puedan tirar en la misma dirección. Tus riñones están formados por minúsculas estructuras filtrantes (los llamados «glomérulos»), cada una de las cuales contribuye con una gota de orina al flujo de desechos; y cada diminuto glomérulo se compone a su vez de varios tipos de células, organizadas de manera que cada una ocupe el lugar que le corresponde en función de su tarea específica.

Por último, las células animales están organizadas para configurar un cuerpo con una forma determinada. Nuestros tejidos y los propios órganos se distribuyen para funcionar en conjunto. Las distintas partes del cuerpo deben ajustarse al tamaño adecuado: la pierna izquierda, de la misma longitud que la derecha; el corazón, ni demasiado grande ni demasiado pequeño; el cerebro, con las proporciones idóneas para ocupar todo el cráneo; el sistema circulatorio, estructurado para suministrar alimento y oxígeno a cada una de las células del cuerpo. Estos niveles superiores de organización exigían la invención de genes nuevos que regularan el desarrollo embrionario. Como reveló el hallazgo de Hooke sobre el intrincamiento de una diminuta pulga, fue necesario inventar toda esta complejidad (y los nuevos genes que implica) para producir un minúsculo insecto. El resto de los aspectos de la evolución animal podrían considerarse variaciones más o menos sutiles sobre este nuevo y maravilloso tema.

Para comprender las raíces de estas innovaciones animales, busquemos paralelismos y precursores en nuestros parientes unicelulares más cercanos. El primero es la capacidad de algunos de nuestros vecinos próximos para formar pequeñas colonias de individuos genéticamente idénticos.[2] Igual que un animal, hay una célula inicial que se divide múltiples veces y nuevas células resultantes que permanecen juntas. Estos conjuntos de células se producen por división celular (mitosis) y no por el agrupamiento de individuos sin parentesco; esto quiere decir que las células de la minicolonia son genéticamente idénticas y, por tanto, están preparadas para cooperar.[3] Desde el punto de vista de un gen, cooperar con otras células en una colonia de estas características significa contribuir a la formación de una copia exacta de ti mismo. Distintas especies de estos parientes «unicelulares» incluso crecen y se convierten en pequeñas colonias con morfologías diversas, y las formas que adoptan no dependen de las formas de células individuales sino de cómo se distribuyen estas células.[4] Algunas especies generan cadenas de células, otras se unen en cadenas ramificadas o forman una bola de células en un tallo o pequeñas rosetas. Algunas de estas minicolonias se asemejan a las primeras fases del crecimiento de un embrión animal.

Un rasgo animal algo más extraño pero más llamativo, apreciable al menos en algunas especies de coanoflagelados, es la capacidad de sus células para cambiar de apariencia y adoptar funciones diferentes.[5] Es un truco bastante ingenioso: igual que los animales, pueden utilizar un conjunto de genes para fabricar más de un tipo de célula. Es como emplear los mismos ingredientes para hacer una tortita o un pudin de Yorkshire. Bajo determinadas condiciones medioambientales, los coanoflagelados pueden absorber su característica estructura de collar y transformarse en una célula similar a una gota (sin collar, sin flagelo, sin cuerpo oval); en vez de nadar como un espermatozoide, este segundo tipo de célula se mueve por flotación, igual que una ameba.[6] Esto parece indicar el principio de una flexibilidad animal en las formas que pueden adoptar sus células.

Otra manera de comparar a los animales con los coanoflagelados consiste en examinar los genes que podrían tener en común. Hace poco se ha demostrado que los coanoflagelados poseen un número relativamente cuantioso de genes que antes se consideraban los componentes por antonomasia de la caja de herramientas de un animal multicelular.[7] Hay genes que los animales utilizan para aglutinar células, para formar embriones, para intervenir en la comunicación intercelular...[8] Llegados a este punto, debemos resistir la tentación de concluir que nuestro antepasado unicelular se preparó para convertirse en un animal. La evolución no tiene la capacidad de hacer planes. Los genes que terminaron siendo designados para formar animales debieron desempeñar funciones importantes (y probablemente muy distintas) en nuestro antepasado no animal.

EL ANTEPASADO ANIMAL, HACE 600 MILLONES DE AÑOS

En nuestra ascensión por el árbol de la vida, hemos llegado a la cuarta fase: el antepasado de todos los animales vivos. Si bien no sabemos a ciencia cierta cuándo vivió esta criatura, hemos trepado hasta un punto del pasado situado hace unos 600 millones de años, cerca del final del eón Proterozoico y más o menos en la base del mentón de nuestra escala temporal humana. Los fósiles animales más antiguos aparecen en rocas sedimentarias formadas durante este período, inmediatamente después de una glaciación de 100 millones de años. Los primeros animales presentes en aquel planeta en fase de calentamiento se han denominado «fauna de Ediacara», por los montes Ediacara de Australia, donde se descubrieron sus primeros fósiles. Los organismos ediacáricos presentan diversas formas simples: algunos, de disco (recuerdan a una medusa) o de hoja (con motivos que se repiten, como en la fronda de un helecho); otros solo se conocen por los vestigios fosilizados de sus sencillas madrigueras (lo que implica la existencia de un constructor de madrigueras que se movía como una babosa). Por el momento ignoramos cuáles de estas ramas animales más antiguas han llegado hasta el presente. Parece probable que en su mayoría fueran experimentos optimistas que conocieron su momento de gloria pero, superados por los recién llegados, se quedaron tan anticuados como un fabricante de látigos para carruajes cuando apareció el Ford T.[9] Pisamos terreno más firme en nuestro siguiente movimiento hasta la enramada de las especies animales, que claramente sí sobrevivieron hasta el período más reciente de la historia de la Tierra, el eón Fanerozoico. El término «enramada» parece apropiado en este punto, porque, aunque sabemos qué ramas de aquel período han sobrevivido hasta hoy, nos estamos adentrando en una maraña de hipótesis acerca del orden en que se ramificaron separándose del antepasado animal. Esta incertidumbre sobre sus grados de parentesco dificulta la reconstrucción de los pasos que llevaron desde el primer animal hasta el antepasado de nuestra siguiente rama: los bilaterales.

Sin embargo, deberíamos empezar por aquello en lo que todos coincidimos, y es sencillamente que hay cinco ramas separadas que ordenar, las cuales se escindieron unas de otras en las pocas decenas de millones de años que siguieron al origen de los animales. Las primeras cuatro ramas forman cada una un filo separado de animales, y dos de ellas, las esponjas (Porifera) y las medusas/anémonas/corales (Cnidaria), quizá te resulten familiares, pues suelen verse en charcas o playas, arrastradas por las corrientes. Las otras dos, mucho más difíciles de encontrar por casualidad, son los microscópicos «animales planos» (Placozoa) y las medusas de peine (Ctenophora), conocidas también como «grosellas de mar». La última rama, con diferencia la mayor de las cinco, puesto que comprende unos veinticinco filos animales, es Bilateria.

De estas cinco ramas, las esponjas se han considerado por mucho tiempo la primera rama más verosímil, la más distante del resto. Es lo que creía, sin duda, Linneo, que clasificó las esponjas de mar, *Spongia*, dentro del reino vegetal, junto con las algas. Las esponjas carecen, en efecto, de algunas características fundamentales presentes en la mayoría de los otros animales —sobre todo, no tienen células musculares ni nerviosas—, lo que concordaría con la separación de las esponjas del tronco principal del árbol animal antes de la aparición de estos caracteres. Aunque ha prevalecido como dogma durante al menos cien años, esta idea se cuenta entre las debatidas del árbol animal en los últimos quince años. Incluso se ha tratado en la emisora de radio de la BBC («Polémica feroz entre dos grupos de científicos») y en las páginas del *New York Times* («Se está librando una batalla en el árbol de la vida»).[10] La controvertida alternativa a las esponjas como la primera rama del árbol de la vida —y esta postura, en el momento en que escribo estas líneas, está cobrando auge— es la rama de las medusas de peine. Esta extraña idea parece decirnos que las simplísimas esponjas se han desembarazado de todas las características avanzadas —nervios, músculos, ojos, cuerpo simétrico— que las medusas de peine, las medusas y los bilaterales tienen en común.

La pérdida de caracteres es, como hemos visto, un suceso frecuente en la evolución. Se puede encontrar otro ejemplo ilustrativo en la rama de los placozoos, que son ciertamente uno de los filos animales más singulares que existen. La primera de las cuatro especies conocidas de placozoos se descubrió en 1883 (por pura casualidad, en un acuario marino).[11] El nombre científico de esta especie es *Trichoplax adhaerens*, 'placa velluda que se pega'. La «vellosidad» hace referencia a la cobertura de pequeños cilios (esas versiones en miniatura del flagelo de un espermatozoide) que sobresalen de las células del *Trichoplax* y, al agitarse bajo su cuerpo, le permiten moverse. El descubridor del *Trichoplax*, el zoólogo alemán Franz Eilhard Schulze, describió su cuerpo simple: un número muy reducido de células de distintas clases, con la superficie superior de la «placa» diferenciada de la inferior pero sin otros ejes corporales (ni parte frontal ni posterior, ni izquierda ni derecha, y sin órganos, boca, neuronas...).[12] La definición del *Trichoplax* y su encaje en la historia evolutiva animal fueron cuestiones muy oscuras (y, para ser sinceros, nunca debatidas con ardor). El propio Schulze no fue capaz de encontrar un vínculo claro con ningún otro grupo animal —ni con las esponjas, ni con las medusas de peine, ni con las medusas ni con los bilaterales—, pero supuso con acierto, como se ha demostrado, que los placozoos son una rama aislada, situada en algún lugar cerca de la raíz del árbol de la vida animal.

Según investigaciones recientes, los placozoos están emparentados con las relativamente complejas medusas y con los muy complejos bilaterales, y se aprecian otros indicios de que son (o debería decir «fueron») más complejos de lo que parecen.[13] Un pintoresco conjunto de experimentos ha demostrado que las proteínas muy cortas que usan los animales complejos en la señalización nerviosa (un ejemplo humano cercano sería la oxitocina, conocida como la «hormona del amor») existen también en los placozoos. Bañar a los placozoos en estos «neuropéptidos» afecta a su comportamiento de maneras extrañas —los enrosca, arruga o aplana—; pueden, en otras palabras, detectar estos neuropéptidos.[14] ¿Prueba eso la existencia de un sistema nervioso primitivo? ¿O son estos comportamientos lo que queda de un sistema nervioso antes complejo que ha perdido el rumbo?[15] Pese a su simplicidad, el *Trichoplax* parece hallarse más estrechamente emparentado con las medusas, bastante complejas, que con las esponjas o las medusas de peine. El cuerpo simple de los placozoos no arroja luz sobre una etapa temprana de la evolución animal, sino que más bien constituye otro caso de evolución regresiva: un animal simple descendiente de un antepasado complejo.

EL ANTEPASADO BILATERAL, HACE 555 MILLONES DE AÑOS

Como quizá recuerdes, la siguiente escala en nuestro viaje hacia los humanos, la que corresponde al antepasado de los bilaterales, no se puede datar con certeza. El Urbilateria debió existir antes del principio del período Cámbrico (hace 538 millones de años), cuando un heterogéneo grupo de especies bilaterales irrumpió en el registro fósil. Nos encontramos más o menos a mitad de camino de la subida por el mentón de nuestra escala temporal humana. El detonante de la explosión de vida bilateral se ha buscado en muchos lugares, pero la verdad probablemente resida en algún tipo de combinación de las condiciones planetarias del período Ediacárico tardío y las nuevas estructuras biológicas. El mundo estaba caliente tras el derretimiento de la bola de nieve que había sido la Tierra; varios continentes se amalgamaron en el hemisferio sur, formando un supercontinente llamado Gondwana; la cantidad de oxígeno en la atmósfera y en las regiones marinas someras se había incrementado. Estas oportunidades geológicas pudieron haber coincidido con diversas innovaciones biológicas (ojos, conchas, genes Hox, simetría bilateral, boca y ano separados, etc.) para propiciar el auge de los bilaterales.

Los bilaterales se reconocen fácilmente por su característica más conspicua, que es la simetría especular de sus lados izquierdo y derecho. Este rasgo contrasta con todos los demás animales no pertenecientes a Bilateria: las esponjas y los placozoos tienen parte superior e inferior, pero cuerpos asimétricos; las medusas de peine cuentan asimismo con parte superior e inferior, pero pueden cortarse de arriba abajo por dos ejes de simetría (imaginemos un bizcocho rectangular que pudiera cortarse en mitades idénticas tanto a lo largo como a lo ancho); las medusas y las anémonas de mar, por último, presentan simetría radial porque hay infinitas maneras de cortar su cuerpo de arriba abajo y siempre se obtendrían mitades simétricas (como cortar por la mitad una tarta Reina Victoria; lo siento, creo que me ha entrado hambre).

El nuevo eje cabeza-cola de los bilaterales fue decisivo para su éxito. La invención de una cabeza y una cola corrió pareja con la expansión del número de genes Hox (encargados de indicar a las células su posición en este nuevo eje cabeza-cola) y con una avalancha de invenciones y refinamientos relacionados. Tener cabeza dio a los primeros bilaterales una vida más activa y orientada al frente: ahora podían avanzar para explorar el medio, buscar pareja, cazar presas o evitar depredadores. Los órganos sensoriales —principalmente los ojos— se agruparon en el extremo anterior, junto con un conjunto de nervios, para formar un cerebro. La boca se emplazó también al frente, y el ano, otra novedad bilateral (¡y excelente!), en la parte trasera. La nueva forma de moverse, más decidida, requería además la invención de cavidades corporales contractivas (celomas que se llenaran de agua y actuaran como un esqueleto hidrostático). En los cordados hay una espina dorsal a la que pueden fijarse los músculos, y en varios grupos de animales más grandes, un sistema circulatorio transporta oxígeno a los tejidos del cuerpo, que ahora es más activo.

Varias de estas invenciones bilaterales se constituyen partiendo de otro carácter propio de los bilaterales, un nuevo tipo de tejido. Para dar una idea aproximada, los animales no bilaterales tienen solo dos capas de células: la piel en el exterior (el ectodermo) y el intestino en el interior (el endodermo). Los bilaterales han desarrollado una tercera capa entre la piel y el intestino denominada «mesodermo». El mesodermo es la materia bruta para formar nuevas partes del cuerpo de las que no disponían las medusas, las esponjas y sus amigos. Nosotros los bilaterales las usamos para fabricar músculos, esqueleto, cartílagos, tendones, sangre, sistema linfático, corazón, riñones e incluso parte de nuestras gónadas. La posibilidad de concebir nuevas partes del cuerpo que brindó la invención del mesodermo es comparable a la introducción de nuevos sabores en la cocina europea gracias a la importación de plantas procedentes del Nuevo Mundo (pimientos, tomates, patatas, chocolate, maíz, judías, calabacines y vainilla).

EL ANTEPASADO DEUTERÓSTOMO, HACE 550 MILLONES DE AÑOS

El Urbilateria nos legó a los humanos (y a todos los animales bilaterales) un caudal de nuevas características. Pero la generosidad de nuestro antepasado urbilaterio, hay que admitirlo, no ha sido igualada por el antepasado que nos encontramos tras nuestro siguiente paso en la ascensión por el árbol. Vamos a conocer al antepasado común de los deuteróstomos, una de las dos ramas que brotan del Urbilateria (la otra son los protóstomos). La rama de los deuteróstomos conduce, por un lado, a las estrellas y erizos de mar (también a los hemicordados y, en mi opinión, a los xenacelomorfos) y, por el otro, a nuestra rama de los cordados, como veremos enseguida.

Los trabajos realizados en mi laboratorio durante los dos últimos años nos dicen que solo unos cuantos millones de años separaron al Urbilateria de los primeros deuteróstomos.[16] La brevedad de esta transición se representa en el árbol de la vida animal como una rama muy corta. Para dar este paso desde el primer bilateral hasta el primer deuteróstomo, tenemos que subir muy poco en nuestra escala temporal humana, apenas el grosor de un cabello. Este reducidísimo lapso explica probablemente las escasas características nuevas que distinguen a los deuteróstomos de los otros bilaterales.

Los deuteróstomos y los protóstomos, como tal vez recuerdes, reciben su nombre de la diversa suerte que corre la abertura inicial en el intestino de un embrión en fase temprana:[17] en los deuteróstomos se convierte en un ano y en los protóstomos en una boca. Los libros de texto explican que los protóstomos y los deuteróstomos también se diferencian de modo visible en su desarrollo embrionario temprano. Las formas que adoptan las células en su primera división son en teoría diferentes: en los protóstomos, las células se distribuyen en espiral, mientras que en los deuteróstomos la distribución es más regular y se designa como «radial». También la manera en que se desarrolla el mesodermo es supuestamente distinta en los protóstomos y los deuteróstomos.

En las dos últimas décadas se ha demostrado que los tres caracteres que teóricamente distinguen a los deuteróstomos de los protóstomos no son privativos de los primeros. Quizá lo más revelador haya sido descubrir que estos tres caracteres se encuentran en los gusanos flecha, que antes se consideraban deuteróstomos genuinos pero ahora sabemos que son protóstomos. En consecuencia, podríamos preguntarnos si existe realmente algo que sea exclusivo de los deuteróstomos. Planteándolo de otra manera, ¿hay algún carácter nuevo y útil que el antepasado deuteróstomo haya legado a sus descendientes?

El único rasgo morfológico que los deuteróstomos parecen compartir es un serie de hendiduras branquiales que, en su versión más simple, son agujeros que les perforan la garganta (o, con más propiedad, la faringe). Las hendiduras branquiales sirven para expeler el sobrante del agua ingerida con la comida y se forman en los embriones de los deuteróstomos cuando las células de la faringe (que es parte del intestino) salen para conectar con las células de la piel y formar un túnel con el exterior. Estos poros o aberturas son fáciles de ver en las branquias de los peces, y quien tenga la suerte de toparse con un gusano hemicordado los podrá apreciar también en su cuello. Algunos deuteróstomos han perdido sus hendiduras branquiales: las estrellas y erizos de mar y sus parientes, así como los vertebrados terrestres cuadrúpedos. Aunque busques en vano tus hendiduras branquiales al mirarte en el espejo, lo cierto es que han dejado huellas importantes en tu interior. Sabremos qué suerte corrieron en la siguiente fase de nuestra ascensión por el árbol de la vida, en la que conoceremos al primer cordado.

EL CAMINO HASTA LOS MAMÍFEROS

En 1911, Charles Doolittle Walcott describió una especie nueva, *Pikaia gracilens*, entre su colección de fósiles del Cámbrico medio procedentes del esquisto de Burgess. Walcott relacionó a *Pikaia* con los gusanos anélidos (lombrices de tierra, gusanos de arena y sus parientes), pero posteriormente sus fósiles han sido objeto de reinterpretación. *Pikaia* está reconocido hoy como uno de los miembros más antiguos de nuestro filo de cordados.[1] Es sin duda pisciforme, y Walcott advirtió sus probables habilidades natatorias: «El estudio de la parte posterior del cuerpo de varios especímenes me lleva a pensar que puede haberse aplanado para nadar de manera mucho más efectiva».[2]

EL ANTEPASADO CORDADO, HACE 520 MILLONES DE AÑOS

Los cordados se distinguen de los restantes deuteróstomos vivos por la presencia de un órgano denominado «notocorda», que les da su nombre. La notocorda, en su versión más simple, es un cordón duro (pero flexible) situado más cerca de la espalda del animal que de su vientre y que discurre a lo largo de su cuerpo, de la cabeza a la cola. *Pikaia* tiene una notocorda,[3] y es fácil encontrar el equivalente en nuestro propio cuerpo porque, con el paso del tiempo y la adición de cartílago y hueso, se ha convertido en nuestra espina dorsal. La función más importante de la notocorda consiste en formar un andamiaje fuerte pero flexible sobre el cual nuestros músculos puedan trabajar. En efecto, los músculos están fijados a la notocorda y la presionan para que el cuerpo del animal pueda doblarse (pensemos en un pez doblándose a un lado y otro mientras nada). Imaginemos que extraemos la espina dorsal de un pez: cuando sus músculos se contrajeran, el pobre animal se quedaría doblado para siempre.

Además de una notocorda, los cordados poseen bloques musculares a lo largo del cuerpo (pueden apreciarse en las gruesas lonchas de carne de un bacalao cocinado); una cola que se extiende más allá de la sección principal del cuerpo y más allá del ano; un pequeño órgano en la faringe que produce mucosidad rica en yodo (y que se ha transformado en la glándula tiroides de nuestro cuello); y un cordón nervioso (separado de la notocorda) con forma de tubo.

La posición del cordón nervioso explica lo que acaso sea el rasgo más extraordinario de los cordados: todos estamos del revés. Mientras que los no cordados poseen un cordón nervioso que discurre por su vientre (y un intestino que se extiende por la parte posterior de su cuerpo), nosotros los cordados estamos constituidos a la inversa: un cordón nervioso central (dentro de la espina dorsal) y un intestino ventral. Esta mutación en apariencia drástica —la llamada «inversión axial»— pudo haberse producido con bastante facilidad: bastó con que uno de nuestros antepasados pisciformes empezara a nadar al revés. Es decir, que, desde la perspectiva de un insecto o una lombriz, los peces nadan al revés y los humanos nos pasamos la vida caminando hacia atrás.[*]

EL ANTEPASADO VERTEBRADO, HACE 440 MILLONES DE AÑOS

El ritmo de cambio fue muy rápido al principio del Cámbrico, y la distancia entre los antepasados sucesivos —bilateral,

---

[*] Porque los humanos caminamos erguidos. Lo que fue en otro tiempo nuestro vientre vuelto hacia abajo ahora mira al frente.

deuteróstomo, cordado, vertebrado— es corta, de ahí que el avance en nuestra escala temporal humana nos haya colocado apenas por encima de la mitad del mentón. Los primeros vertebrados aparecen después de una extinción masiva que acabó con más del 80 % de las especies marinas y marca el final del período Ordovícico hace unos 444 millones de años. Fue en los mares calientes del Devónico, hace unos 420 millones de años, cuando la diversidad de los vertebrados empezó realmente a despegar. El florecimiento de los vertebrados marinos hizo que este período de la historia de la Tierra se bautizara con el nombre oficioso de «la era de los peces». Hemos dado por fin un salto considerable hacia arriba para aterrizar en el labio superior de nuestra escala temporal.

La sobreabundancia de fósiles del Devónico se debe, en parte, a una invención singular de los vertebrados. Las partes duras mineralizadas —dientes, escamas y huesos— son lo bastante resistentes para dejar fósiles completos y magníficos. Los numerosos caracteres que podemos descubrir en estos primeros fósiles vertebrados nos permiten seguir la acumulación de novedades a lo largo del tiempo: pares de aletas en la parte anterior y posterior del cuerpo (precursores de nuestros brazos y piernas), fosas nasales, el oído interno. Lo más importante fue probablemente el desarrollo de una cabeza con un cráneo que protege un cerebro agrandado y —en el antepasado de la que hoy es, con diferencia, la rama más exitosa de los vertebrados— una mandíbula.[**] Dos sucesos de relevancia contribuyeron a esta explosión de caracteres estrenados por los peces del Devónico. El primero fue la invención de un tipo de tejido y el segundo una potente inyección de genes nuevos: el material bruto de la selección natural.

[**] Hubo una gran variedad de peces sin mandíbula, pero solo han sobrevivido dos pequeñas ramas: los peces bruja y las lampreas. Estas últimas son famosas por haber puesto término al reinado de Enrique I de Inglaterra, quien, según el cronista Enrique de Huntingdon, enfermó y murió después de comer «un exceso de lampreas».

Hemos sido testigos del impacto de un nuevo tipo de tejido que adopta la forma del mesodermo bilateral. Además de las tres principales capas de tejidos que comparten todos los bilaterales, los vertebrados hemos añadido una cuarta denominada «cresta neural».[4] Las células de la cresta neural —tan extrañas en su comportamiento como maravillosas en sus efectos— se desarrollan en el embrión de los vertebrados en los extremos del tubo destinado a convertirse en sistema nervioso. Lo que ocurre después de la primera aparición de estas células de la cresta neural es realmente raro: deciden moverse. Casi todos los movimientos celulares durante el crecimiento de un embrión se parecen a las maniobras de un ejército del siglo XIX, con movimientos coordinados de cuantiosas cohortes de células. Las células de la cresta neural, por el contrario, se comportan más bien al estilo de los guerreros beduinos: se preparan para moverse separándose del tejido nervioso del que proceden y congregándose para volverse ameboides, como si estuvieran desmontando sus tiendas de campaña. Después empiezan a desplazarse individualmente a través del embrión en crecimiento, siguiendo caminos invisibles, para descansar por fin en una multitud de oasis repartidos por el animal en desarrollo. En este momento se reconocen unas a otras, se agrupan de nuevo y empiezan a cooperar para construir un gran número de partes diferentes e importantes del cuerpo de los vertebrados: el grueso del sistema nervioso, casi toda la cabeza y el esqueleto, el cristalino de los ojos, las células pigmentadas de la piel, los dientes y parte del corazón, entre otras.

A juicio de algunos, el desarrollo de las células de nuestra cresta neural es uno de los sucesos más trascendentales en el origen de los vertebrados y la clave de nuestro posterior dominio de la tierra, el mar y el aire. Como mejor se comprende la influencia de las células de la cresta neural es con un ejemplo: vamos a regresar a las hendiduras branquiales que aparecieron por primera vez en el deuteróstomo ancestral.[5] En los cordados más simples, estas hendiduras consisten en una serie de poros que perforan las faringes y están provistos de varillas cartilaginosas formadas por células más rígidas que ayudan a mantenerlos abiertos. En la fase temprana del desarrollo de los vertebrados, el tejido situado entre los poros branquiales se engrosó y reforzó con músculo y cartílago. En los embriones actuales de los vertebrados, estos engrosamientos forman cuatro protuberancias, llamadas «arcos faríngeos», que se componen de células (musculares y óseas) procedentes del mesodermo. Pueden verse fácilmente detrás de la cabeza de un pez o un pollo en estado embrionario, o en un embrión humano de cuatro semanas. Los arcos faríngeos son uno de los principales destinos para los flujos de células de la cresta neural y una contribución decisiva para la formación de nuestra cabeza.

La primera aportación de los arcos faríngeos y de las células de la cresta neural asociadas a ellos se produjo al principio del desarrollo de los vertebrados: los vertebrados más antiguos tenían un boca simple rodeada de dientes (todavía existe en las lampreas y los peces bruja, que carecen de mandíbula). En nuestra rama de vertebrados (los gnatóstomos, 'bocas con mandíbula'), el par de arcos faríngeos más próximos a la boca fue evolucionando con el tiempo para formar las primeras mandíbulas.[6] Las funciones de los arcos faríngeos continuaron con posterioridad: cuando los peces acuáticos se convirtieron en tetrápodos terrestres, los arcos restantes ya no hicieron falta para alojar las hendiduras branquiales y se destinaron a otros propósitos. Los más apartados de la cabeza, por ejemplo, se desplazaron al interior y constituyen hoy las glándulas paratiroideas (reguladoras del calcio en la sangre) y también el hueso hioides del cuello, justo debajo de la mandíbula. Las células de la cresta neural contribuyen también de manera notable a la constitución de nuestras complicadas cabezas, formando los huesos de la frente, los cristalinos de los ojos, los huesecillos de los oídos medios, los nervios vagos, trigéminos y faciales, y las partes de la nariz que nos permiten detectar los olores.

Nuestros antepasados vertebrados provistos de mandíbula recibieron una copiosa y benéfica inyección de genes nuevos (probablemente responsable parcial de la aparición de la cresta neural), que surgieron como por arte de magia gracias al sencillo truco de duplicar todo el conjunto de cromosomas. De hecho, parece que la duplicación se produjo en dos ocasiones, con el resultado de que se cuadruplicaron las piezas del Lego con las que nuestros antepasados vertebrados tuvieron que jugar. El primer indicio de la doble duplicación llegó a fines de la década de 1980 con el descubrimiento de los genes Hox en los vertebrados: mientras que las moscas de la fruta tienen un solo conjunto de genes Hox, los ratones y los humanos poseen cuatro. La evidencia de la doble duplicación solo puede encontrarse en los vertebrados mandibulados (las lampreas y los peces bruja se desgajaron antes de la segunda duplicación).[7] Resulta muy tentador sacar la conclusión de que muchas innovaciones de los vertebrados —cresta neural, cabeza, esqueleto óseo, mandíbulas, aletas, etc.— fueron posibles gracias a estas inyecciones de nuevos genes. El éxito de los peces del Devónico obedece, al menos en parte, a tan generosa herencia genética.

EL ANTEPASADO TETRÁPODO, HACE 390 MILLONES DE AÑOS

De todas las direcciones que tomaron las múltiples ramas de los peces del Devónico, cuesta negar que la que tuvo un mayor impacto fue el desplazamiento del agua a la tierra. Fue un proceso gradual, porque el cuerpo de un pez cambió poco a poco y con intermitencias hasta adquirir una forma capaz de sobrevivir y después prosperar en un mundo completamente distinto. La primera evidencia de esta transición se remonta a mediados del período Devónico, hace unos 390 millones de años, con la aparición de huellas fosilizadas en el barro de un lago somero.[8] Las había dejado un animal, todavía acuático en gran medida, cuyas aletas se estaban convirtiendo en patas, pero que aún arrastraba una cola pisciforme. Los primeros fósiles de un animal con un cuerpo a medio camino entre un pez con aletas lobuladas (como un celacanto) y un tetrápodo primitivo similar a una salamandra datan del Devónico tardío, hace unos 375 millones de años.[9] Hemos llegado a la punta de la nariz en nuestra escala temporal humana.

A principios de la primera década del siglo XXI, trabajé un tiempo en un despacho junto a una pionera en el estudio de esta transición: la profesora Jenny Clack, brillante científica y extraordinaria persona (guía de expediciones, motera, autora de libros). Me pareció bastante tímida (cuando me presenté, me saludó pero no llegó a decirme quién era, y la conversación no pasó de ahí), pero sus colegas y amigos han destacado su sentido del humor. La gran aportación de Clack llegó poco después de que empezara su carrera en el Museo de Zoología de Cambridge, cuando se encontró con los restos de un «pez» devónico que reposaban, olvidados, en un cajón del cercano Museo Sedgwick. Los habían recogido en Groenlandia en la década de 1960, y Clack observó que no eran los restos de un pez cualquiera, sino de uno en vías de desarrollar patas. El hallazgo la animó a organizar nuevas expediciones al paraje de donde procedían aquellos restos, y estos viajes dieron como resultado muchos más especímenes de este pez con patas (Acanthostega) y sus parientes.[10] Las patas presentaban elementos equivalentes a todos los huesos de nuestras extremidades —húmero, radio y cúbito; fémur, peroné y tibia—, así como dedos. Los pocos especímenes conocidos antes de que Clack comenzara sus trabajos y descubriera un animal mucho más interesante se habían considerado semejantes a una salamandra o un tritón. Todos los tetrápodos vivos tienen cinco dedos, excepto algunos que presentan un número menor, como los caballos, con un solo dedo en cada pie, o las aves, cuyas alas cuentan con tres dedos, porque han perdido varios en su viaje evolutivo. Ninguno tiene más de cinco. Acanthostega y sus parientes, en cambio, tienen siete u ocho dedos.[11] Y las minúsculas partes óseas del oído de

Acanthostega, antes interpretadas como propias de un anfi-
bio, parecen, en estos parientes tetrápodos, concebidas para
oír en el agua más que en el aire. También tenían colas pisciformes bastante funcionales. Estos animales, en definitiva,
eran tetrápodos igual de aptos para vivir en el agua que en el
aire, y el fortuito hallazgo de Clark en el mohoso cajón de un
museo llevaría al descubrimiento de una maravillosa serie de
instantáneas de la titubeante transición de nadador a cami-
nante que experimentó nuestro antepasado.[12]

Nuestros antepasados no fueron los primeros miembros
del árbol de la vida que se trasladaron a tierra firme, pues las
plantas y los artrópodos habían llegado antes. Pero las exigencias de vivir en la tierra, rodeados no de agua sino de aire,
requirieron una rápida demostración de inventiva por parte
de los tetrápodos para evitar la propia desecación y la de los
huevos, desarrollar una nueva manera de respirar (pulmones
en vez de branquias) y un nuevo medio de locomoción, y sustentar el propio peso sin la flotabilidad del agua. La lengua
humana es una de los muchas innovaciones evolutivas propi-
ciadas por esta transición. Los peces ingieren comida abrien-
do súbitamente la boca y generando una corriente, pero
nuestros antepasados no podían recurrir a ese truco fuera del
agua. Los arcos faríngeos, innecesarios ya para sustentar las
branquias, fueron remodelados como apoyos para una lengua
capaz de introducir comida en la boca y moverla por su interior.
No todas estas innovaciones tuvieron forzosamente que suceder
al mismo tiempo (siempre se podía regresar al agua para evitar la
desecación y desovar), y muchos cambios ni siquiera habrán dejado rastros que podamos detectar en fósiles, lo que dificulta la
reconstrucción del orden exacto en que aparecieron.

La transición del agua a la tierra y al aire y el desarrollo de
cuatro patas son uno de los sucesos más famosos y estudiados
de toda la biología evolutiva. Todos los vertebrados terrestres
proceden de estos antepasados devónicos. Hoy pueblan tierra
firme las tres ramas independientes de tetrápodos que han
sobrevivido: la de los anfibios (ranas, salamandras, tritones y

las poco conocidas cecilias, que no tienen patas), la de los reptiles (incluidos esos dinosaurios con plumas a los que llamamos «aves») y la nuestra, la de los mamíferos. El representante fósil más antiguo de este grupo de tetrápodos plenamente constituidos es una criatura pequeña, alargada y semejante a la salamandra llamada *Westlothiana*, descubierta en la caliza de la cantera de East Kirkton, en el concejo escocés de West Lothian. *Westlothiana* vivió hace 338 millones de años, en el Carbonífero, y apareció al final de un enigmático período de 15 millones de años de la historia de la Tierra conocido como Brecha de Romer y caracterizado por una misteriosa ausencia de fósiles de tetrápodos. La Brecha de Romer fue finalmente rellenada por Clack y sus colaboradores en un artículo del 2017 que describía nuevos fósiles de tetrápodos procedentes de Escocia.[13]

EL ANTEPASADO AMNIOTA, HACE 320 MILLONES DE AÑOS

Vamos a dejar atrás a los anfibios para seguir por la otra rama de tetrápodos que conduce al antepasado común de los mamíferos y reptiles, los cuales forman en conjunto un grupo denominado «amniotas». El antepasado amniota vivió hace unos 320 millones de años, por lo que ya hemos llegado debajo mismo del puente de la nariz de nuestra escala temporal humana. El antepasado amniota había desarrollado un arsenal de características que le permitieron alejarse del perímetro de una laguna o de la humedad de un bosque pluvial, y estas innovaciones, al hacer posible que sus descendientes sobrevivieran en medios extremadamente áridos, abrieron un sinfín de nuevas oportunidades. La piel de los amniotas se engrosó e impermeabilizó, con lo que ahora eran mucho más resistentes a la desecación. Sus riñones e intestinos se adaptaron para reabsorber el agua que en una rana se perdería irremisiblemente con la excreción. Y, acaso lo más importante, los amniotas pusieron término al ciclo vital bifásico propio de los anfibios: un estadio larval en el agua que se transforma en un estadio adulto de vida en la tierra con una morfología diferente. Los amniotas salen de sus huevos ya con la forma de un adulto en miniatura. El huevo tiene una cáscara protectora y membranas «amnióticas» (de ahí el nombre), que permiten al embrión absorber oxígeno sin perder agua por evaporación. Desde el antepasado amniota vamos a recorrer ahora la rama que conduce a los mamíferos.

EL FINAL DEL VIAJE

Los mamíferos son lo primero que acude a la mente de muchas personas cuando se les pide que imaginen un animal. Los mamíferos son muy variados y viven hoy en casi todos los ecosistemas de la Tierra. Se les puede encontrar, a menudo en números ingentes, desde los trópicos hasta los polos; en tierra firme, ríos, mares y aire; en montañas y valles; en praderas, bosques y estepas, incluso en nuestras propias casas, como invitados a los que se recibe con los brazos abiertos o como plagas. Su tamaño varía desde la diminuta musaraña etrusca hasta la enorme —tenemos la suerte de compartir el planeta con el animal más grande que ha existido jamás— ballena azul. Pueden ser animales tranquilos (un manatí o un perezoso) o feroces (un demonio de Tasmania o un tejón melero), bonitos (que cada uno elija el suyo, pero para mí sería un loris perezoso, con sus ojos tristes y sus dedos blandos) o menos bonitos (¿una rata topo lampiña?). Son depredadores, omnívoros, carroñeros, herbívoros, piscívoros, insectívoros, sanguinívoros y todos los demás «ívoros».

EL ANTEPASADO MAMÍFERO, HACE 180 MILLONES DE AÑOS

Aunque hoy reconocemos de inmediato a un mamífero, durante decenas de millones de años después de que la rama de los mamíferos se separara de la rama de los reptiles, nuestros antepasados tuvieron poco en común con una vaca, un perro, un ratón o un mono. Los primeros miembros del linaje mamífero parecían reptiles, y las características de los mamíferos que hoy nos resultan familiares llegaron muy poco a poco. El punto final de esta suma de caracteres fue el antepasado mamífero común, que pudo haber vivido hace 180 millones de años. Dos fueron los grupos que sobrevivieron al antepasado común. El primero, el de la rama monotrema, conduce a solo cinco especies (el ornitorrinco y cuatro especies de equidnas), todas las cuales ponen todavía huevos amnióticos. La segunda rama (llamada Theria, en griego 'bestia salvaje') conduce a un grupo de mamíferos enormemente exitoso y variado que puede reconocerse por su abandono del huevo amniótico en favor de un útero caliente, húmedo, protector y nutritivo. Theria contiene a los marsupiales (que dan a luz criaturas diminutas y en esencia fetales que suben hasta la bolsa de la madre para convertirse en bebés de canguro, zarigüeya, koala o tilacino) y los euterianos (más conocidos como mamíferos «placentarios», cuyos embarazos son mucho más largos y producen criaturas grandes y bien desarrolladas).

El antepasado mamífero tenía, por supuesto, un cuerpo velludo y la capacidad para lactar, rasgos que nosotros los humanos compartimos con canguros y ornitorrincos. La mayoría de los restantes caracteres definitorios de los mamíferos son internos y no tan fáciles de ver: la capacidad de nuestras crías para mamar y tragar leche dependió de la evolución de huesos con articulaciones flexibles en la parte posterior de la garganta; nuestro agudo sentido del oído dependió de la evolución de tres huesecillos —*malleus*, *incus* y *stapes* (martillo, yunque y estribo)— conectados en nuestro oído medio. Nuestras dietas amplias y nuestro omnivorismo oportunista fueron posibles por la aparición de dientes de distintas formas, cada uno con una función diferente; pensemos en nuestros incisivos, caninos, premolares y molares para cortar, desgarrar, aplastar y moler.

Tenemos un interés natural por conocer el orden y la datación de los sucesos cuya gradual acumulación en esta rama dio lugar al primer mamífero: ¿qué fue primero, la lactancia, el pelaje, los dientes con formas diferentes? Estos sucesos se produjeron en algún lugar de la rama de 140 millones de años que separa al antepasado de los mamíferos vivos (una criatura que podemos llegar a imaginar si comparamos ornitorrincos, canguros y vacas) del antepasado común amniota, mucho más antiguo (que podemos conocer si comparamos mamíferos, reptiles y aves). Pero entre estos dos antepasados media un vasto abismo, una rama larga y extraña de la que no surgen ramas vivas, y el resultado es una *terra incognita* de 140 millones de años por donde nuestra máquina del tiempo no puede viajar.

A decir verdad, esta rama no está pelada: de ella brotan incontables ramas laterales de especies hoy extintas que, si las recorremos guiados por el registro fósil, presentan un parentesco cada vez más cercano con los mamíferos hoy supervivientes. El examen de estos restos fosilizados nos permite rastrear algunos de los cambios que convirtieron a un antepasado amniota reptiliano en un mamífero familiar para nosotros.[1] El cráneo del antepasado amniota tenía dos pares de agujeros (a izquierda y derecha) que posibilitaron la fijación de poderosos músculos mandibulares. Ambos pares son visibles todavía en los cráneos de reptiles y aves. En los mamíferos, sin embargo, uno de ellos se ha cerrado; este agujero cegado es uno de los primeros rasgos mamíferos que aparecieron. Los agujeros cerrados forman un arco robusto bajo los ojos de los mamíferos que podemos palpar en nuestro propio cráneo, donde han adoptado forma de pómulos. La primera evidencia de este arco robusto se encuentra en *Asaphestera platyris* y en el colosal herbívoro *Cotylorhynchus*, que medía casi siete metros de largo y vivió hace 320 millones de años.[2] Después, 295 millones de años atrás, un paso más cerca de los mamíferos modernos, aparece *Dimetrodon*, todavía enorme y con la primera evidencia de múltiples tipos de dientes (*Dimetrodon* significa 'dos medidas de dientes'). En *Thrinaxodon*, que vivió hace 250 millones de años, encontramos el rudimento de un hueso hioides flexible en la garganta, y en *Microdo-*

codon, que se paseó por la Tierra hace 165 millones de años, este hueso adquirió un mayor desarrollo. Los huesos hioides son el vestigio más antiguo de lactancia, que a su vez implica la existencia de glándulas mamarias. El fósil de 165 millones de años de *Megaconus* contiene evidencias de pelaje.[3] Por último, en *Liaoconodon*, del tamaño de una rata, vemos un estadio temprano, hace unos 120 millones de años, de los huesos mandibulares en su proceso de cambio de forma y posición mientras se convertían en los huesecillos del oído medio.[4]

El descubrimiento de extraños y maravillosos protomamíferos está reescribiendo nuestra historia antigua. El relato tradicional es que los primeros mamíferos fueron pequeñas criaturas parecidas a musarañas que vivían en madrigueras de las que solo salían por la noche, que llevaban una existencia intranquila y precaria a la sombra de los dinosaurios y que solo prosperaron cuando el asteroide exterminó a la competencia. Esta historia no es del todo falsa, pero los fósiles demuestran que los primeros mamíferos pudieron ser mucho más grandes de lo que esta imagen sugiere y, sin duda, mucho más diversos. Una especie fósil llamada *Repenomamus giganticus* vivió hace unos 125 millones de años en el Cretácico inferior (compartió época con los dinosaurios *Iguanodon* y *Baryonyx*). *Repenomamus* pesaba unos doce kilos (lo de *giganticus* es un poco exagerado) y, en una versión cretácica del hombre-muerde-a-perro, se ha descubierto uno de sus fósiles con huesos de dinosaurio bebé en su estómago.[5] Se conocen especies de mamíferos voladores, nadadores, arborícolas, excavadores y cazadores desde el tiempo de los dinosaurios.

EL ANTEPASADO MAMÍFERO PLACENTARIO, HACE 90 MILLONES DE AÑOS

Durante las tres últimas décadas, los datos moleculares han echado por tierra nuestros postulados sobre los parentescos entre los mamíferos placentarios. Los árboles más antiguos, según comparaciones de la morfología de los mamíferos, inducían a error por los problemas de la evolución convergente. Dos ejemplos clásicos de errores fueron una rama de insectívoros que contenía a los topos, topos dorados, puercospines y tenrecs, y otra rama a la que pertenecían los mamíferos que comen hormigas y termitas —armadillos, osos hormigueros, cerdos hormigueros y pangolines—, todos con el hocico alargado, la lengua larga y poderosas extremidades anteriores provistas de garras.[6] La secuenciación de ADN ha revelado que ninguno de estos grupos es real. Animales como murciélagos, ballenas y manatíes han reconfigurado drásticamente sus cuerpos, lo que ha oscurecido sus parentescos con otros mamíferos y, en consecuencia, ha sembrado todavía más confusión en el árbol de los mamíferos.

Durante el Cretácico, el supercontinente Pangea se fragmentó para formar los continentes actuales. Estas inmensas masas de tierra, separadas por mares vastísimos pero someros, se convirtieron en viveros de muchas especies nuevas de mamíferos. El árbol de los mamíferos placentarios que hoy conocemos consta de tres grandes ramas definidas por sus continentes de procedencia.[7] El grupo de América del Sur se denomina Xenarthra ('articulaciones extrañas', por el singular ensamblaje de sus vértebras) y abarca a los osos hormigueros, los perezosos y los armadillos. El origen geográfico de los otros dos grandes grupos queda claro al instante por sus nombres: Afrotheria ('mamíferos africanos'), un grupo extraordinariamente variado que comprende a los elefantes, las musarañas elefante, los cerdos hormigueros, los damanes, los manatíes y los dugongos; y Boreoeutheria ('mamíferos boreales'), que abarca a los erizos, los roedores, los pangolines, los topos, los murciélagos, los lobos y los monos.

La evidencia de la evolución convergente se hace patente en este nuevo árbol, donde se descubren animales que comen hormigas dispersos por las tres ramas: armadillos y osos hormigueros en Xenarthra sudamericanos, cerdos hormigueros en Afrotheria y pangolines en Boreoeutheria. Los topos y erizos son boreoeuterios; los topos dorados y tenrecs, afroterios.

Los murciélagos, ballenas y delfines son mamíferos boreales. Las ballenas figuran entre los ungulados con un número par de dedos, junto con las jirafas, los ciervos, los camellos, los cerdos y —los más cercanos a las ballenas— los hipopótamos. Por último, nuestro propio orden de mamíferos, el de los primates, forma parte de un superorden de Boreoeutheria denominado Euarchontoglires, trabajoso nombre que es una amalgama de *euarchonta* ('jefes verdaderos', en alusión a la supremacía de los primates) y *glires*, que hace referencia a los lirones (y, por extensión, a los roedores). Dentro de Euarchontoglires, los parientes más cercanos de los primates son las musarañas arborícolas, los roedores, los conejos y los lémures voladores.

EL ANTEPASADO PRIMATE, HACE 75 MILLONES DE AÑOS

El largo y tortuoso camino ascendente por el árbol de la vida nos ha conducido a 75 millones de años de distancia de nuestro destino final, hasta el antepasado de un grupo al que Linneo nombró en razón de su primacía: los primates. Como le gustaba decir a Winston Churchill, la historia la escriben los vencedores. Nosotros, los primates, compartimos un cráneo redondeado que protege un cerebro bastante grande para el tamaño de nuestro cuerpo; nuestros ojos miran al frente, emplazados en una cara más o menos aplanada; tenemos dedos en manos y pies que terminan en uñas planas, no en garras; nuestros dedos gordos y pulgares están separados de los demás dedos de pies y manos, respecto a los cuales son oponibles, lo que permite utilizarlos para asir (ramas, herramientas o armas); tenemos huellas digitales en manos y pies; y, a diferencia de otros mamíferos, nuestros molares presentan coronas redondeadas. La rama de los primates comprende grupos que nos resultan familiares y —hay que reconocerlo— especialmente atractivos y carismáticos. Nuestros parientes primates más lejanos son los lémures de Madagascar, los loris y los gálagos; más cerca de los humanos quedan los monos del Nuevo Mundo (monos araña, tamarinos y capuchinos); y, más cerca todavía, los monos del Viejo Mundo (macacos, babuinos, langures y otros). El antepasado de nuestro grupo, el de los simios (reconocibles por la ausencia de cola), vivió hace unos 18 millones de años, a la altura del nacimiento del pelo en nuestra escala temporal humana.

EL ANTEPASADO SIMIO, HACE 20 MILLONES DE AÑOS

Es posible que en aquellos tiempos el proceso evolutivo comportara un cuidadoso análisis coste-beneficio, pero la característica definitoria de los simios —la ausencia de cola— siempre me ha parecido un poco decepcionante. Si recuperáramos la cola, todos tendríamos que comprarnos pantalones nuevos, y quizá habría que modificar el diseño de las sillas, pero ojalá conservara la mía: me la imagino larga, peluda y elegante como la del lémur de cola anillada. Esta pérdida se ha atribuido recientemente a la modificación de un gen llamado *Brachyury*. El primer estudio de *Brachyury* lo llevó a cabo en 1927 la exiliada rusa Nadine Dobrovolskaia-Zavadskaia, que, después de que el Ejército Blanco (que la había reclutado como médica) cayera derrotado en la guerra civil rusa, huyó a París y comenzó una nueva carrera como genetista en el Instituto Pasteur.[8] Bombardeando con rayos X los testículos de innumerables ratones, Dobrovolskaia-Zavadskaia logró provocar un gran número de mutaciones nuevas, una de las cuales afectaba al crecimiento de las colas. Los ratones rabones que resultaron de aquel experimento dieron nombre al gen mutado: *Brachyury* significa 'cola corta'. El origen del rabo corto y achaparrado del gato *manx* (de la isla de Man) también se ha atribuido a una mutación de *Brachyury*.

Brachyury es solo uno de las varias docenas de genes que han intervenido en el desarrollo de la cola de los mamíferos durante la embriogénesis, pero parece que es, de lejos, el culpable más probable de la pérdida de nuestra cola. En todas las especies de simios hay una parte de ADN foráneo (un fragmento similar a un virus) que se puede encontrar agrupado en medio de sus genes *Brachyury*, y el efecto de esta agresión al ADN es la poda de una porción de la proteína de *Brachyury* codificada por este gen.[9] Aunque lleguemos a averiguar la causa genética de la pérdida de la cola, es casi imposible saber con certeza cuál fue su beneficio. Se señala con frecuencia que desprenderse de la cola facilita la acción de caminar sobre dos piernas, pero no estoy muy seguro, porque las colas son bastante útiles para mantener el equilibrio y, además, los otros simios no caminan generalmente sobre dos patas. Una explicación más prosaica es que, igual que el gato de *manx*, nuestro antepasado perdió la cola sencillamente por un golpe de mala suerte: una mutación que se extendió por una pequeña población de simios que triunfaron por razones inconexas, a pesar de, o más bien gracias a, la pérdida de su apéndice. La pérdida de caracteres «avanzados» como una cola, ya fuera por accidente o por designio, se ha convertido en una de las cuestiones más importantes de nuestro largo viaje hasta los humanos.

Dentro de los simios sin cola encontramos cinco ramas bien conocidas: los pequeños y chillones gibones de brazos largos (los más distantes y diferentes de nosotros), los orangutanes (algo más cercanos) y los gorilas, chimpancés y humanos, cuyos antepasados se separaron rápidamente unos de otros hace entre 10 y 8 millones de años. El corto espacio entre las ramas requirió muchos cálculos, pero ahora sabemos que nuestros parientes vivos más próximos en todo el árbol de la vida (más que los gorilas, pero por muy poco) son las dos especies de chimpancés: los chimpancés comunes y los bonobos. No puede decirse que ninguna especie de simio no humano esté prosperando. Contando a todos los individuos de las veintisiete especies (veinte de gibones, tres de orangutanes, dos de gorilas y dos de chimpancés), se obtiene en torno a un millón de simios no humanos, que incluyen las poblaciones en peligro crítico de extinción de siete mil orangutanes de Sumatra, cinco mil gorilas orientales y solo veintidós gibones de Hainan.[10] Durante cientos de miles de años, el *Homo sapiens* existió como una especie más de simio bastante exitosa, con una población de entre cien mil y un millón de individuos; hoy superamos en número a todos los demás simios combinados en una proporción aproximada de ocho mil a uno.

EL ANTEPASADO HUMANO, HACE 8 MILLONES DE AÑOS

En los 8 millones de años transcurridos desde que nuestra rama humana se escindió de los chimpancés, las especies de nuestra rama han bajado de los árboles y empezado a caminar erguidas, correr, nadar, hablar, fabricar herramientas y producir arte, y vivir en sociedades grandes (y ahora inmensas). Nuestro cuerpo también ha cambiado: menos pelo, un mentón, unos pechos permanentes, un cerebro mayor, unas piernas más rectas, unos brazos más cortos, un cráneo más grande.

Es quizá inevitable que estemos más atentos a las diferencias entre nosotros y nuestros vecinos animales más cercanos que a las semejanzas, y que los acontecimientos de los últimos 8 millones de años de nuestra historia nos fascinen más que los 4000 millones anteriores. ¿Qué nos hace humanos? ¿Por qué somos como somos: gregarios, habladores, creativos y, por encima de todo, inteligentes? Los científicos están buscando las respuestas en las diferencias entre el ADN humano y el de los simios. Y por todo el planeta se ha emprendido una búsqueda paralela de los sucesivos antepasados extintos y parientes cercanos que se desgajaron de la rama que conduce desde el antepasado humano-chimpancé hasta el *Homo sapiens*.

Esta rama final de nuestro antropocéntrico árbol de la vida, cuyos parientes más cercanos son los chimpancés y cuya única hoja viva es la del *Homo sapiens*, engloba un grupo más grande que se ha dado en llamar «homininos», cuyos miembros están todos extintos, salvo el propio *Homo sapiens*. De ahí que al resto solo los conozcamos por sus fósiles. Algunas de estas especies de homininos extintos debieron constituir una cadena de antepasados directos que, en un millón de pasos imperceptiblemente pequeños, se fueron transformando en nosotros. Para añadir confusión a la interpretación de los vestigios baqueteados, aplastados y siempre parciales de nuestros antepasados, existe una segunda categoría de especies homininas extintas que no son antepasados directos de los humanos, sino que se sitúan en ramas laterales. Son primos lejanos, no tatarabuelos, pese a lo cual pueden informarnos sobre la llegada de nuevas características humanas.

Los homininos más antiguos son los que más inducen a confusión, por ser casi indistinguibles de los primeros miembros del linaje de los chimpancés. Con el tiempo, sin embargo, se reconocieron atisbos de los nuevos caracteres que iban a forjar el cuerpo humano moderno. El fósil hominino más antiguo encontrado hasta ahora, *Sahelanthropus tchadensis* ('hominino sahariano del Chad'), vivió hace unos 7 millones de años.[11] *Sahelanthropus* era en muchos aspectos parecido a un chimpancé, de escasa estatura y provisto de un cerebro pequeño, pero sus dientes revelan el parentesco con los humanos. *Sahelanthropus* tiene caninos de reducido tamaño, como los humanos, muy diferentes de los colmillos largos y gruesos de los chimpancés; igual que los humanos, había perdido el hueco en su mandíbula superior (entre el incisivo y el canino superior), que antes ocupaban los grandes caninos inferiores; e igual que los humanos, los extremos de sus pequeños caninos superiores eran romos, no afilados como los de un chimpancé. Además, *Sahelanthropus* caminaba probablemente sobre dos patas, al menos parte del tiempo.[12] El agujero en la base de su cráneo se sitúa cerca del centro, como en los humanos, lo que contribuye a mantener la cabeza en equilibrio sobre la espina dorsal mientras se encuentra en posición erguida.

Se conservan otros fósiles de homininos casi igual de antiguos.[13] *Orrorin tugenensis* (encontrado en Kenia y con unos 6 millones de años de antigüedad) tenía huesos en las piernas parecidos a los del *Homo* y también caminaba erguido, pero la robustez del húmero demuestra que poseía brazos musculosos, lo que sugiere que también pasaba tiempo trepando por los árboles. *Ardipithecus* ('simio que vive en el suelo'), que apareció en Etiopía y vivió hace 4,4 millones de años, había desarrollado una pelvis ancha, como la de los humanos, que debió de ayudarle a caminar con más eficiencia (se acabó lo de andar balanceándose de un lado a otro como un marinero en una tormenta), pero poseía también dedos curvos para asirse a las ramas, piernas poderosas y nalgas hechas para trepar. A la hora de moverse, nuestros antepasados habían adquirido múltiples habilidades.

Las pistas sobre el medio en que vivían nuestros antepasados se pueden extraer de los materiales descubiertos cerca de sus esqueletos. Los restos de peces, nutrias y cocodrilos encontrados junto con *Sahelanthropus* evidencian la proximidad de una masa de agua; los huesos y dientes de caballos, jirafas y elefantes indican una sabana cercana (quizá eran animales que se habían acercado al agua para beber); los huesos de monos denotan la presencia de árboles a orillas del agua; y los granos de arena prueban que el agua estaba rodeada de un desierto.[14] Las pistas en torno a *Ardipithecus* acreditan que vivía en un bosque en compañía de monos, loros y pavos reales, y que probablemente comía los higos y los frutos de palmeras cuyas semillas se han hallado en las proximidades.

Han pasado 4 millones de años, y dudo de que si retrocediéramos en el tiempo para conocer a *Ardipithecus* en persona, pudiésemos reconocer como parientes cercanos a esas criaturas bajas, peludas y de cerebro pequeño. Caminaban, sí, pero apenas encontraríamos otros rasgos propios de los humanos que representaran 3 millones de años de evolución. El siguiente paso, sin embargo, comporta un cambio realmente profundo. Es imposible saber a ciencia cierta qué motivó ese cambio, pero hace unos 4 millones de años un nuevo grupo de especies homininas empezó a fabricar herramientas. A estas especies, que dejaron sus huellas fosilizadas en la ceniza de Laetoli, se les ha asignado un género propio, *Australopithecus* ('simio del África austral').

Algunas herramientas (las fabricadas con piedra y no con materiales perecederos como hueso, madera o piel) han sobrevivido cerca de restos de *Australopithecus*, y los huesos de animales encontrados en los alrededores presentan marcas de herramientas para cortar carne. Pero la evidencia más valiosa del uso de herramientas proviene de los propios fósiles. Los huesos de la muñeca y la mano habían adquirido una forma que debía de proporcionar a los australopitecos excelentes habilidades para manipular objetos pequeños, así como un agarre preciso, quizá para mantener fijos estos objetos durante la talla. Los cambios también permitieron una potente capacidad prensora de toda la mano (diferente del cierre firme de los dedos para columpiarse en las ramas), lo que apunta a la habilidad de empuñar utensilios grandes como un hacha de piedra. Parece verosímil que esta mano nueva y avanzada solo fuera posible porque ya no se empleaban los brazos para caminar.

Nuestro género *Homo* aparece por fin en el registro fósil hace unos 2 millones de años.[15] La escala temporal humana, que hemos usado para medir miles de millones de años, se ha vuelto casi inútil, algo así como intentar orientarse en un pueblo con un mapamundi. El resto de la historia humana (y recordemos que todavía tenemos que llegar al *Homo sapiens*) encaja cómodamente en el último milímetro de la coronilla de nuestra escala temporal humana. Los fósiles humanos, si designamos con ese nombre a todos los miembros de *Homo*, son reconocibles por un repertorio de rasgos nuevos: dientes más pequeños, mandíbula más pequeña y menos prominente, nariz que sobresale de la cara, piernas más largas y un cerebro más grande. La primera evidencia de estos rasgos (y, por tanto, de *Homo*) aparece en esqueletos fósiles incompletos hasta la exasperación. No está claro cuántas especies había, ni si la caja craneal de gran tamaño encontrada en cierto lugar procede de la misma especie que los huesos largos de las piernas encontrados en otro, ni tan siquiera si los mismos caracteres se han desarrollado de forma repetida (convergentemente) en grupos distintos.[16]

Solo el descubrimiento de fósiles bastante completos de una especie llamada *Homos erectus* ('hombre erguido'), de hace unos 1,5 millones de años, nos ha permitido confiar plenamente en que estamos ante las cuencas oculares de un miembro de nuestro propio género. El *Homo erectus* apareció por primera vez en África hace unos dos millones de años, pero se extendió rápidamente por todo el globo. Los primeros fósiles, descubiertos en la década de 1890, procedían de Java (Indonesia), y se han hallado otros en China y Georgia. Aunque el *Homo erectus* poseía todos los caracteres humanos que hemos mencionado y pudo alcanzar la misma estatura de los humanos modernos, los reconoceríamos al instante como distintos. Eran de complexión más fuerte que nosotros, con el cráneo más grueso y el cerebro más pequeño, la mandíbula más robusta y el arco superciliar prominente, y carecían de mentón. Han existido otras variaciones sobre el tema central de *Homo* desde hace 2 millones de años: *Homo antecessor*, *Homo heidelbergensis*, *Homo naledi*, *Homo habilis* y, según las interpretaciones de determinados fósiles, varios más.

Estamos llegando al término de nuestro largo viaje. La última de todas las escisiones del árbol separa al *Homo sapiens* del *Homo neanderthalensis* (los neandertales). Estas dos especies hermanas divergieron de un antepasado común que vivió en África hace unos 800 000 años y conocieron un período de cambio global y glaciaciones.[17] El descubrimiento de nuestros primos más cercanos lo había anticipado Ernst Haeckel, que los incluyó en su árbol de primates asignando a la especie el nombre provisional de *Homo stupidus*. La denominación definitiva proviene de «Neandertal», nombre del valle alemán donde se encontró el primer fósil descrito (*tal* significa 'valle', y *Ne-ander*, 'hombre nuevo'). Eran más bajos que los humanos modernos, robustos, con brazos y piernas cortos, el arco superciliar muy marcado, dientes de gran tamaño y ligeramente prominentes, y la nariz más chata.[18] Nos cuesta imaginarlos como algo distinto de unos trogloditas bestiales, pero sus cerebros eran un poco más grandes que los nuestros, usaban herramientas y elaboraban ornamentos, guisaban y se mantenían calientes con fuego. Los huesos hioides de sus gargantas son como los nuestros, lo que indica, casi con total certeza, que podían hablar. Desde luego, algunos de nuestros antepasados *sapiens* no los encontraban demasiado desagradables: los fragmentos de ADN neandertal que conservamos en nuestros genomas dan fe de antiguos apareamientos entre ambas especies.

Mientras los neandertales dominaban Europa y Asia, nosotros los *Homo sapiens* crecimos en África antes de extendernos por el mundo hace unos 60 000 años en oleadas migratorias y conquistadoras. Llegamos a cruzar el estrecho de Bering desde Asia oriental hasta América del Norte para descender después por la costa oeste hasta América del Sur. Durante decenas de miles de años, vivimos en compañía de otras especies de nuestro género, pero, al cabo del tiempo, las aventajamos y reemplazamos por doquier.

El dominio del planeta por el *Homo sapiens* podría parecer la consecuencia inevitable de una inteligencia y adaptabilidad superiores, pero lo cierto es que en nuestra existencia actual ha intervenido, y en no pequeña medida, la suerte. Las ligeras variaciones observables entre los genes de los humanos modernos de todo el planeta atestiguan que hubo un momento, hace 800 000 o 900 000 años, en que el género *Homo* se vio abocado al desastre. El ADN registra un tiempo en que la población total de humanos antiguos se desplomó bruscamente de unos 100 000 individuos a apenas un millar.[19] Parecer ser que esta minúscula población languideció en aquel precario estado durante más de 100 000 años hasta que logró recuperarse. Hoy superamos los 8000 millones de individuos. Esta cifra multiplica por diez el total de *todos los individuos de todas las demás especies de mamíferos terrestres salvajes* (aunque todavía nos superan en número los mamíferos criados en granjas).[20]

Hemos rastreado nuestro largo, impredecible y peligroso camino ascendente por el árbol de la vida, asistiendo a los cambios, adiciones y esporádicas sustracciones de características que se han combinado para formar a un humano. Casi todas las especies producidas por el árbol de la vida en el curso del tiempo se hallan hoy extintas, y somos una de las pocas afortunadas que han esquivado la lluvia de balas en forma de cambio climático, enfermedad, depredadores, escasez de alimento, competición y mala suerte. Hemos llegado ya al presente, contigo y conmigo. Este momento debería marcar la cima de nuestra ascensión, pero se impone afirmar que es una falsa cima, pues a pocos pasos se alza otra cúspide que la sobrepasa apenas en un suspiro. En el capítulo siguiente descubriremos que para trasladarnos a este terreno un poco más alto basta con mirar dentro de nosotros mismos, donde hallaremos otros pequeños árboles. Árboles que describen los parentescos entre nuestras células y entre nuestros genes, e incluso la evolución de nuestra cultura.

NUESTROS ÁRBOLES INTERIORES

Aunque un árbol es una manera elegante de representar los parentescos entre especies, también puede plasmar la evolución de muchas otras cosas que cambian con el tiempo, siempre que se cumplan dos sencillos requisitos: un proceso equivalente a la especiación (un individuo de una generación que se divide para dar lugar a más de uno en la siguiente generación o en un momento posterior); y la transmisión más o menos fiel de algún tipo de información maleable. Si se reúnen estas condiciones, la lectura de las características de las «especies» en las puntas de las ramas nos permitirá reconstruir este árbol de parentescos y ver la historia de sus antepasados.

El ejemplo más famoso de evolución no genética se encuentra probablemente en la cultura humana. Somos capaces de reconstruir árboles que emparentan lenguas, palabras sueltas y los libros que las contienen. También podemos usar árboles para representar las historias de otros ámbitos de la cultura: arte y oficios, costumbres, leyes, religiones, tecnología, recetas y diseños. Las modificaciones cromáticas de la piel de una sepia son, hasta donde sabemos, una modalidad de lenguaje rígidamente codificado en los genes de la sepia y no aprendido de otros miembros de la especie. Se ha desarrollado, como cualquier otra característica de la sepia, mediante cambios en su ADN transmitidos de progenitores a vástagos. La lengua de los humanos (toda la cultura humana, en realidad) es algo bien distinto: aunque nuestros genes nos brindan la capacidad de aprender a hablar, nuestra lengua no existe en las secuencias de nucleótidos de nuestro ADN, sino que (de un modo que no entendemos) se almacenan en la maraña de neuronas de nuestro cerebro. Como ha señalado Richard Dawkins, las lenguas y las ideas (memes) se comportan siempre como genes transmitidos de generación en generación: a veces cambian, las mejores versiones prosperan y los más débiles de la camada, al no poder salir adelante, desaparecen.[1] La versión moderna de un meme —vídeos de gatos y de gente cayéndose— es una penosa sombra de la idea primigenia.

Los paralelismos entre la evolución de las lenguas y la evolución de las especies, aunque no sean exactos, todavía asombran: los genes y nucleótidos se corresponden con palabras y letras; la duplicación del ADN, con el aprendizaje que nos proporcionan nuestros padres; las mutaciones, con errores y neologismos; la especiación, con las migraciones humanas y la división de las poblaciones. Tanto las especies como las lenguas pueden extinguirse (Darwin menciona un loro visto por Alexander von Humboldt en América del Sur que era «la única criatura viva que era capaz de decir una palabra de la lengua de una tribu perdida»),[2] y los genomas y las lenguas pueden fusionarse formando híbridos.

Los mismos métodos empleados para construir e interpretar el árbol de la vida sirven para reconstruir árboles genealógicos de lenguas y revelar su historia pasada. Igual que podemos usar brazos, alas y aletas homólogos para reconstruir las extremidades de los primeros tetrápodos, se han comparado distintas lenguas indoeuropeas para detectar las palabras homólogas que descienden de un antepasado común: *dan* (hitita), *dve* (sánscrito), *dwa* (polaco), *dha* (irlandés), *deux* (francés) y *due* (italiano) son homólogos de «dos»; y las similitudes entre estos homólogos nos permiten retroceder en el tiempo hasta su antepasado común para conocer una palabra que debió haber pronunciado un protoindoeuropeo hace de 6000 a 7000 años.[3]

Incluso algunos de los aspectos menos «arborescentes» de la evolución de las lenguas hallan equivalencia en los problemas de las fusiones e hibridaciones que afectan al árbol de la vida. Es posible encontrar un equivalente de la hibridación de especies en casi todas las frases de este libro. La heterogeneidad etimológica del inglés *reveals the grafting* [revela el injerto] de las ramas del latín, el francés y el nórdico antiguo del árbol de las lenguas en la rama germánica «inglesa»: *reveals* procede del latín a través del francés; *the*, del germánico; y *grafting*, del nórdico antiguo.*

La palabra escrita se ha utilizado con frecuencia para representar cómo actúan la genética y la evolución. Imaginemos un libro escrito en una lengua de solo cuatro letras: A, C, G y T. Todas las palabras de esta lengua constan de tres letras, y el «significado» de cada letra es un aminoácido. Las sucesiones de palabras —frases y párrafos— corresponden a proteínas completas, y los genes del genoma completo, a un libro entero. Podríamos ir aún más lejos y, para explicar cómo evolucionan las especies, imaginar a una serie de amanuenses copiando el libro, lo que vendría a ser el equivalente de las generaciones de una especie. Cada amanuense cometería errores ocasionales que, según nuestro símil, corresponderían a las mutaciones que se transmitirían en el futuro al copiar los manuscritos.

Es tan oportuno el símil, y tan cercanos los paralelismos, que uno tiene la tentación de emplear nuestras ideas sobre la evolución de las especies para comprender el árbol de las relaciones entre los libros. Y, como es natural, resulta que esta idea ya se le ha ocurrido a mucha gente, y el Nuevo Testamento constituye un texto ejemplar para este propósito.

A partir del siglo III d. C. contamos con muchas versiones de los Evangelios: latinas y griegas, pero también góticas (la lengua germánica oriental que hablaban los godos), armenias, etíopes y egipcias. Las diferentes copias pueden registrar variaciones significativas. En el siglo XIX se habían

---

* Juro por *El origen de las especies* que escogí estas tres palabras al azar.

catalogado más de cien mil variantes textuales (¿mutaciones, caracteres?) de distintas clases (adiciones, sustituciones, omisiones). Disponemos de material suficiente para reconstruir un árbol genealógico de las múltiples versiones del Nuevo Testamento. Los motivos para hacerlo quizá nos parezcan ya familiares por los usos que hemos visto para el propio árbol de la vida. Al menos en el siglo XIX, el propósito primordial era «establecer y restituir, en la medida de lo posible, el texto primigenio tal como salió de las plumas de los autores apostólicos [...] para mostrar no lo que debieron de escribir, sino lo que en realidad escribieron».[4] Desde el punto de vista de la biología, su objetivo era acercarse lo más posible al último antepasado común universal de los Evangelios.

Un árbol de biblias puede destinarse a otros usos que, una vez más, se aproximan a la manera de utilizar el árbol de la vida. Igual que un árbol de genes reveló los orígenes duales de los eucariotas en una fusión entre bacterias y arqueas, un árbol de textos bíblicos podría poner de manifiesto el origen de un texto nuevo en una fusión de dos textos más antiguos, quizá uno de Egipto y otro de Constantinopla. Identificar esta fusión nos retrotrae en el tiempo y permite imaginar los textos que un erudito tenía ante sí cada vez que se sentaba para dar a luz una nueva versión. Incluso podríamos datar el momento de la transcripción: antes de la aparición de la versión híbrida, pero después del origen de las dos fuentes. Esta datación de antepasados y esta fusión de ramas ya nos resultan familiares por el árbol de la vida.

No solo nuestro mundo cultural externo se puede entender en términos de árboles; podemos emplear un árbol para comprender nuestras propias interioridades. Mientras lees estas líneas, puedes imaginarte sobre la hojita del *Homo sapiens*, manteniendo el equilibrio en la punta de una rama del inmenso árbol de la vida. Aunque esto parezca el fin natural de nuestra historia, lo cierto es que quedan otros dos pasos que dar. Si tuvieras la agudeza visual necesaria, mirando en tu interior encontrarías otros dos pequeños árboles ocultos dentro de tu hoja en el árbol de la vida.

El primero de estos arbolitos informa sobre los parentescos entre las células de tu cuerpo, presentes hoy por billones pero surgidas todas ellas de una sola célula ancestral —el óvulo fertilizado— que existió en el momento de tu concepción. El óvulo fertilizado es el equivalente de LUCA, y la infinitud de células que existen hoy en ti corresponderían a los millones de especies hoy vivas que descienden de LUCA. Hay un segundo conjunto de árboles aún más pequeños dentro de tus núcleos celulares, cada uno de los cuales describe los parentescos entre una pequeña familia de genes.

En la raíz del primero de nuestros árboles internos, el que muestra los parentescos entre nuestras células, se halla la célula del óvulo fertilizado. Poco después de la fertilización, este antepasado se dividió para formar dos células hijas, del mismo modo que la especie única de LUCA se dividió para fundar las ramas arquea y eubacteriana de la vida. Cada una de las dos células hijas se dividió a su vez en dos para dejar un total de cuatro células nietas, que a su vez se dividieron para dejar ocho, y, en virtud de la magia del crecimiento exponencial (16, 32, 64, 128, 256, 512, 1024...), unas cuarenta divisiones celulares después, en el momento de tu nacimiento, el número de tus células ascendía a 15 billones.

Conocer el parentesco entre las células de tu cuerpo, igual que conocer la estructura del árbol de la vida, es una herramienta clave para comprender los procesos que configuran nuestro cuerpo durante el crecimiento en el útero. Si pudiéramos conocer el árbol genealógico de nuestras células, podríamos preguntarnos, por ejemplo, si las células están emparentadas en razón de sus funciones o de su posición en el cuerpo: ¿es una célula muscular del pie más afín a una célula nerviosa del pie o a una célula muscular de la mandíbula? También podríamos preguntarnos si todos los humanos poseen exactamente el mismo árbol genealógico celular (lo que indicaría que la embriogénesis humana está muy reglamentada) o si el tuyo difiere del mío (lo que sugeriría que la embriogénesis humana funciona conforme a reglas generales y no respetando un protocolo estricto). Conocer el parentesco entre las diferentes clases de células del cuerpo podría revelar conexiones ocultas entre ellas. ¿Pertenecen las muy diversas células de tu cuerpo —glóbulos rojos que transportan oxígeno, glóbulos blancos que matan bacterias, monocitos, neutrófilos, eosinófilos, basófilos y macrófagos— a una sola familia de células, o bien sus orígenes son independientes?

Establecer el primer árbol genealógico celular animal (labor concluida en 1983) le reportó a sir John Sulston el premio Nobel. El famoso animal de laboratorio de Sulston es una especie de diminuto gusano nematodo denominado *Caenorhabditis elegans* (abreviado casi siempre como *C. elegans*). El trabajo de Sulston fue posible porque *C. elegans* es minúsculo (un milímetro de largo) y translúcido y tiene un desarrollo embrionario rápido, de poco más de trece horas. Además, cada gusano consta de solo 671 células, 113 de las cuales (111 en el macho), tras haber cumplido su función y carecer ya de utilidad, experimentan un proceso que se conoce por el siniestro nombre de «muerte celular programada». Gracias a estos oportunos atributos, todas las divisiones celulares de la embriogénesis pudieron seguirse en tiempo real a través de un microscopio.[5] Las células de cada gusano de esta especie siguen exactamente el mismo camino. Las mismas células se dividen al mismo tiempo y en los mismos lugares, y cada una de las células en los extremos de las ramas del árbol genealógico celular acabará produciendo, en cada gusano, el mismo tipo de célula larval, ya sea nerviosa, muscular o intestinal. Esta asombrosa coherencia le permitió a Sulston observar exactamente los mismos procesos embrionarios una y otra vez en innumerables embriones idénticos.

El árbol genealógico celular del nematodo se publicó hace más de cuarenta años y se continúa utilizando en la actualidad. Los conclusiones que ha suscitado son múltiples y varia das, pero voy a describir solo dos. La primera, a la que ya hemos hecho referencia en el contexto de un humano, afecta a los orígenes de diferentes tipos de células. Una suposición lógica podría ser que las células neuronales deberían estar estrechamente emparentadas en una rama del árbol genealógico, las células musculares en otra y así sucesivamente. Sin embargo, lo que reveló el árbol genealógico de *C. elegans* es que, al menos en este gusano, no ocurre así. Cada una de las ramas del árbol genealógico celular del gusano es capaz de producir múltiples tipos de células: musculares, neuronales e intestinales. Este sorprendente resultado nos dice algo importante sobre cómo se forman en realidad los embriones del gusano, cómo funciona su desarrollo. Las ramas lejanamente emparentadas del árbol genealógico celular del gusano siguen las mismas divisiones celulares minuciosamente concertadas para producir los mismos conjuntos de células, como si todas estuvieran ejecutando un mismo bit del código de un ordenador.

La segunda conclusión arroja un débil destello de evidencia sobre el modo en que los animales llegan a diferenciarse unos de otros. La versión moderna de la teoría de Darwin (*El origen de las especies* con un apéndice del siglo XX sobre genética) explica que las mutaciones de los genes producen vástagos con apariencia diferente, y que estas divergencias son el material bruto de la selección natural. Pero ¿cómo es posible que el cambio de un nucleótido en un gen traiga aparejada una diferencia en el aspecto de un gusano (o un humano)? La respuesta general es que se necesita cambiar los genes que guían la configuración de sus cuerpos, esto es, los genes que controlan la embriogénesis.

En nuestro caso, vamos a ver cómo un cambio en los genes que guían la embriogénesis del gusano nematodo produjo dos especies de gusanos estrechamente emparentados, pero con una apariencia diferente. La comparación solo fue posible por la inmutabilidad del linaje celular de ambos gusanos, porque permitió identificar ramas equivalentes en sus árboles genealógicos celulares.

C. elegans es un animal insólito en muchos aspectos (diminuto, transparente...), pero con una singularidad notable: solo hay machos, encargados de producir espermatozoides, y miembros de un segundo sexo que ponen huevos pero no son hembras sino hermafroditas, pues producen a la vez óvulos y espermatozoides. En algún momento de su embriogénesis, el linaje celular de un *C. elegans* hermafrodita produce dos células, llamadas Z1aa y Z4pp, que se encuentran en ramas diferentes del árbol genealógico.[6] La tarea de estas dos células consiste en persuadir a otras células para que las sigan mientras ellas se desplazan, una hacia delante y otra hacia atrás, por el embrión en crecimiento. Las «congas» de células resultantes formarán después dos tubos huecos por donde pasarán los huevos durante la puesta; la vulva de los *C. elegans* gemelos se describe como «didelfa».

Al investigar el árbol genealógico celular de un nematodo emparentado, *Panagrolaimus*, se han identificado las mismas células Z1aa y Z4pp. Pero la evolución ha introducido en el programa de embriogénesis de *Panagrolaimus* un pequeño cambio cuyo efecto es la muerte de una sola célula entre los varios centenares de los que consta el gusano. La víctima elegida es Z4pp, que, en vez de guiar la formación de la vulva (como hace en *C. elegans*), se sacrifica para someterse a una muerte celular programada. Y con Z4pp muerta, no hay ninguna célula que se ponga al frente de las dos congas de formación de la vulva. El llamativo resultado de un cambio tan insignificante en una sola célula es que *Panagrolaimus* solo tiene la rama de la vulva que apunta hacia delante, es decir, se convierte en «monodelfo».

El método de Sulston para determinar el linaje celular de *C. elegans* era lento, laborioso y solo factible por las propiedades singulares de este gusano. La mayoría de los animales carecen de las ventajas de *C. elegans*, pues tienen un número de células inmensamente superior. Incluso el primero y más pequeño de los tres estados larvales de una diminuta mosca de la fruta consta de cincuenta mil células, y un ratón supera con creces los mil millones (¡las células son pequeñísimas!). Además, la mayoría de los animales no son transparentes, y si se quiere conocer el linaje celular de un mamífero, nuestro desarrollo transcurre celosamente oculto en el útero de nuestra madre. Por último, el grueso de los animales no observa el patrón de divisiones celulares, constante como un metrónomo, que sigue el nematodo. Si queremos reconstruir el árbol genealógico celular de una mosca de la fruta, un ratón o un humano para comprender mejor cómo se forma nuestro cuerpo, vamos a necesitar un procedimiento completamente distinto. Uno que podría funcionar se corresponde con los métodos que hemos venido explorando para construir el árbol de la vida.

El método moderno para construir el árbol de la vida que emparenta a las especies utiliza moléculas como registro del pasado. Los nucleótidos en el ADN y los aminoácidos en las proteínas constituyen un depósito de todas las mutaciones que cada especie hereda de sus antepasados. Este almacén de información se emplea hoy en día para estudiar los parentescos entre las células de un organismo. Las células de un embrión en crecimiento pueden experimentar mutaciones. Son muy esporádicas —solo 1 de los 3000 millones de nucleótidos suele mutar en cada división celular—, pero, lo mismo que ocurre con la especie, estos cambios en el ADN se transmiten a los vástagos de la célula. Estas raras mutaciones bastan para proporcionar los datos en bruto necesarios para establecer el parentesco entre las células.

El objetivo del experimento es leer las mutaciones acumuladas en todas las células de una mosca de la fruta recién eclosionada o de un ratón recién nacido y usarlas para construir un árbol genealógico celular, pero el procedimiento es ciertamente complicado. El primer obstáculo consiste en encontrar el reducido número de nucleótidos mutados dentro de una célula (una aguja en el pajar de los 3000 millones de nucleótidos del genoma). Y el problema se multiplica enormemente porque, para aprender algo útil sobre el linaje celular, debemos llevar a cabo este trabajo hercúleo en un número de células separadas que fluctúa entre decenas de miles y miles de millones. Los primeros y vacilantes pasos para conocer los linajes celulares de animales más complejos que un exiguo gusano se están dando ahora. Laboratorios de todo el mundo compiten para culminar tan ambicioso experimento. Cuando su empeño triunfe, los secretos desvelados de la embriogénesis serán igual de transformadores que los dibujos que hizo Hooke del mundo de los insectos tras la invención del microscopio.

La historia que hemos contado sobre los árboles genealógicos celulares demuestra que, aunque nos hemos preocupado por los parentescos entre las especies en el árbol de la vida, podemos seguir con idéntica facilidad la evolución de elementos más pequeños de la estructura biológica: caracteres aislados, células y genes. Si bien los genes en concreto acostumbran a evolucionar al compás de la especie de la que forman parte (dependemos de esta correspondencia al construir el árbol de la vida), la historia evolutiva de un gen no siempre se ajusta con exactitud a la de la especie que habita. En estas esporádicas discrepancias se agazapan, a la espera de ser descubiertas, partes valiosas de la historia de la evolución.

El cisma ocasional entre las historias evolutivas de los genes y las de las especies se manifiesta a las claras en los casos de transferencia horizontal de genes, como ocurría en la formación de los eucariotas. Este es un ejemplo extremo, pero apunta a lo interesante que sería pensar en genes individuales, separados de los organismos en los que habitan. Los pasados evolutivos de algunos genes resultan ser más azarosos que el de unos meros acompañantes de una determinada especie.

El mundo que nos rodea está lleno de color. Pero, en gran medida, el color de la naturaleza no encierra un significado especial: está ahí por accidente, no obedeciendo un designio.

Las plantas no son verdes para recreo de la vista, sino porque la clorofila es verde; las rocas son grises, marrones o amarillas con independencia de que alguien las esté observando (en Marte o Plutón su apariencia es la misma); y el cielo es azul porque los protones azules se dispersan más fácilmente que los verdes o los rojos, no para extasiar a los poetas. Pero muchos colores del mundo natural sí existen por una razón: responden a un designio de la evolución para ejercer un atractivo visual. El azul de un aciano existe porque lo pueden percibir los ojos de una abeja; los colores vivos de una rana venenosa de dardo —rojos oscuros y negros, verdes, azules, naranjas y amarillos— existen para alertar a sus posibles depredadores, provistos de ojos capaces de verlos; el camuflaje de un insecto palo lo ayuda a eludir la mirada de un camaleón o un ave; y la exuberancia de la cola de un pavo real no existiría si la pava real no pudiera apreciar la magnificencia de su tamaño, forma y color.

De nuestros cinco sentidos, la vista es para la mayoría de la gente el más valioso, y nuestra capacidad para ver el mundo en tres dimensiones y a todo color es sin duda una de las proezas más extraordinarias de la evolución. La compleja estructura del ojo de un vertebrado se ha considerado durante largo tiempo un desafío a la teoría darwiniana de la evolución; el propio Darwin admitió que su complejidad podría parecer «absurda en el más alto grado».[7] Un ojo vertebrado requería la invención de un cristalino de forma precisa y transparencia perfecta hecho de un enorme cristal de moléculas proteicas; músculos circundantes con la capacidad de mover, modelar y enfocar el cristalino; un iris para regular la cantidad de luz entrante; más de cien millones de células fotorreceptoras distribuidas por la retina para captar los fotones entrantes; y —quizá lo más portentoso de todo— un cerebro capaz de traducir la serie de impulsos eléctricos que llegan por el nervio óptico a una representación comprensible, a todo color y tridimensional del mundo que nos rodea.

El funcionamiento del cerebro y nuestra conciencia de la visión son, sin duda, las fases menos entendidas del acto de ver. Sin embargo, desde la perspectiva de la física, no menos extraordinaria es la capacidad de nuestro ojo para detectar la luz, constituida por fotones sin masa que nos asaltan en tromba a la velocidad de la luz. Y más inteligente todavía es la capacidad de nuestros ojos para distinguir entre fotones con longitudes de onda levemente distintas —rojos, azules y verdes—, lo que significa que la película de nuestras vidas se proyecta en espléndido tecnicolor. La historia de cómo los animales detectan los fotones se conoce hoy con cierto grado de detalle. La llave que abrió la puerta del misterio fue el descubrimiento de que las proteínas detectoras de la luz son una fina ramita de un árbol genealógico mucho más vasto que revela los parentescos entre muchísimas proteínas similares. Pero primero pongámonos en antecedentes...

Dado que los genes saltan de vez en cuando de una rama a otra, no siempre podemos confiar en que revelen los parentescos entre especies. Para complicar la situación, a veces un gen se duplica. Desde el momento de la duplicación, las dos copias viven como entidades independientes. Aunque inician sus vidas independientes como gemelos idénticos, ambos quedan libres de inmediato para acumular sus propias mutaciones, y las dos copias de un gen duplicado se heredan en paralelo a medida que el árbol de la vida crece y se forman nuevas especies. La duplicación de genes se ha vuelto muy común, al menos en los mamíferos: unos 200 de nuestros 20 000 genes se duplican cada millón de años.[**8]

Ya se han visto ejemplos de genes duplicados en los genes Hox, que se producen por duplicaciones repetidas de un gen

---

** Este ritmo de duplicación no significa que cada vez tengamos más genes porque el ritmo de aparición de genes nuevos por duplicación sea más o menos equivalente al proceso inverso de pérdida de genes. Los duplicados que, al menos inmediatamente después de la duplicación, son idénticos y desempeñan funciones idénticas son los más prescindibles de todos los genes y, por tanto, hasta que desarrollan sus propias personalidades y funciones, los que tienen más probabilidades de perderse.

fundador de 600 millones de años. De la misma manera, todos los mamíferos poseen varias copias de los genes de la globina, que se codifican para obtener: la proteína de la hemoglobina, que transporta oxígeno y se encuentra en todos nuestros glóbulos rojos adultos; una versión parecida de la hemoglobina usada solo en los glóbulos rojos del feto en el útero; y la mioglobina, presente en nuestros músculos (donde almacena oxígeno).[9] Todos estos genes de la globina están evidentemente emparentados, hecho que se constata con facilidad en las funciones similares que desempeñan y en las secuencias similares de aminoácidos que producen.

¿Por qué debería importarnos conocer la historia evolutiva de los genes que se duplican en nuestros genomas? La respuesta más general es que la duplicación de genes constituye una rica fuente de novedades: el millar aproximado de genes duplicados que los humanos hemos acumulado desde nuestra separación de los chimpancés deberían explicar, por ejemplo, la extraordinaria complejidad de los vertebrados; en particular, la invención de la cabeza vertebrada se ha vinculado, como hemos visto, a la duplicación del genoma completo de nuestro antepasado, y no una vez, sino dos. En los albores de nuestra evolución, cada gen del genoma del antepasado vertebrado apareció de repente en cuatro copias, cada una capaz de tomar su propia dirección, proporcionando variaciones en el cuerpo vertebrado básico para que la selección natural eligiera la más oportuna.

Para ver de cerca un ejemplo concreto de lo que la duplicación de genes puede conseguir, volvamos a la evolución de la visión. En la retina, al fondo del globo ocular, hay un grupo grande y denso de células llamadas «fotorreceptoras» cuya única función, a modo de un campo de girasoles cuidadosamente plantado, es captar la luz. Las células fotorreceptoras no son exclusivas de los vertebrados, pues se pueden encontrar, con distintas formas, en los numerosos tipos de ojos existentes en el reino animal. Cada célula fotorreceptora recuerda a una torre alta y estrecha repleta de pequeños discos distribuidos de manera que sus lados planos cortan los rayos de luz que penetran en el ojo. En estos discos se insertan, y por decenas de miles, las proteínas denominadas «opsinas», responsables de captar y detectar los fotones.

Si se lee la secuencia de aminoácidos de la opsina y se compara con las secuencias de los restantes genes humanos, se encontrará una multitud de genes con apariencia similar. En realidad, el genoma humano contiene unos 800 miembros de esta familia de genes parecidos a la opsina.[10] Solo hay una explicación verosímil de la existencia de esta familia formada por cientos de genes similares, y es que todos surgieran en algún momento del remoto pasado de un único gen ancestral: un prototipo que debió duplicarse una y otra vez en el transcurso de la historia evolutiva de los humanos para producir cada vez más miembros de esta familia de proteínas.

Aunque solo unos pocos de estos 800 genes humanos —denominados colectivamente «receptores acoplados a proteínas G» (GPCR, por sus siglas en inglés)— tienen algo que ver con la percepción de la luz, cabe deducir que sus funciones son en ciertos aspectos similares. Como su nombre indica, los GCPR son receptores, lo que significa que una parte de la proteína sobresale de la célula como una antena parabólica del costado de una casa. La función del receptor es captar y, en consecuencia, reconocer la presencia de una molécula específica, lo que permite a nuestras células percibir lo que sucede en su entorno. La función de los GPCR que nos resulta más familiar es la que desempeñan las células de nuestras papilas gustativas. Un tipo de célula de la papila gustativa posee un receptor en el que encaja a la perfección una molécula de azúcar (detectando así el dulzor); un segundo tipo es adecuado para los aminoácidos de la proteína que comemos (lo que hace posible que paladeemos sabores «sabrosos» o *umami*); un tercer tipo detecta las moléculas asociadas al amargor.[***]

*** Los sabores ácido y salado los detectan otros tipos de proteínas.

Juntando las secuencias de aminoácidos producidos por todos los genes GPCR que se van a encontrar en nuestro genoma, podemos, igual que si fueran especies, averiguar cómo están emparentados.[11] Este árbol de genes GPCR transmite dos mensajes importantes. El primero es que todas las opsinas animales detectoras de luz se hallan agrupadas como una rama del árbol mucho más grande de los GPCR. Las opsinas, por consiguiente, con su capacidad para detectar fotones, se desarrollaron una sola vez en un remoto antepasado de los animales.

La segunda conclusión destacable es que, de todos los cientos de tipos de GPCR no detectores de la luz, hay uno que está estrechamente emparentado con las opsinas fotosensibles, y es el receptor que detecta la melatonina, un nombre que probablemente resulte familiar. La melatonina es una hormona segregada por una glándula del cerebro en respuesta a la hora del día. Es una señal enviada a través del torrente sanguíneo que dice a todas las células que es hora de dormir o de despertar. Nuestras células necesitan detectar la melatonina que circula por la sangre para comportarse adecuadamente (levantarse y preparar café o cepillarse los dientes y ponerse el pijama), y lo hacen utilizando un GPCR llamado, con bastante propiedad, «receptor de melatonina».

El estrecho parentesco entre los GPCR de la opsina y el GPCR receptor de la melatonina se ha revelado como una pista para conocer el modo en que las opsinas llegaron a detectar fotones. La cadena de sucesos debió empezar con un solo gen parental que muy probablemente ya detectaba la melatonina. Hace unos 600 millones de años, en el antepasado común de todos los animales, este gen parental se duplicó para producir dos genes descendientes, y estos dos vástagos fueron ya libres para tomar caminos separados: uno se desarrolló para detectar la melatonina y el otro cambió de alguna manera para adquirir la extraordinaria capacidad de detectar la luz.

Aunque las opsinas son sensibles a la luz, lo que en realidad detectan es una forma específica de una pequeña molécula llamada «retinol». El retinol, denominado también «vitamina A1», es similar a la melatonina en tamaño y estructura química. La molécula del retinol se localiza permanentemente en la parte receptora de la proteína opsina, y se cree que se mantiene inactiva, estado en el que es invisible para la opsina. Pero cuando llega un fotón a una molécula de retinol inactiva, su forma cambia de repente, y la opsina sí puede detectar esta segunda forma activa de la molécula. La opsina alertada envía la señal de que ha aterrizado un fotón, y el mensaje termina en el cerebro. De esta manera tan ingeniosa es como una proteína receptora se reutilizó para que los humanos (y todos los animales) pudiéramos detectar la luz.

La invención de una célula fotorreceptora, con sus mágicas proteínas opsinas, fue como poner ruedas a un Lego armado solo con ladrillos. Los distintos usos a los que se pueden destinar los fotorreceptores no tienen más límite que la imaginación evolutiva. El más simple se reduce a permitir que un animal sepa si hay luz (día) u oscuridad (noche). Un minúsculo animal planctónico podría querer emerger a la superficie del mar por el día para tomar el sol y sumergirse por la noche para que no se lo coman. Añadiendo un poco de complejidad, un platelminto, al buscar refugio bajo una piedra, podría querer detectar no solo la presencia de la luz sino su dirección, para nadar hacia ella o apartarse. Pues bien, para desarrollar esta habilidad bastan dos células fotorreceptoras, una orientada a la izquierda y la otra a la derecha, y una regla sencilla: para encontrar la oscuridad, toma la dirección del ojo que detecte menos fotones. Subiendo otro grado el listón de la complejidad, el resultado es una imagen: objetos y formas en vez de solo luz u oscuridad. Esto exige el trabajo conjunto de varios fotorreceptores. Igual que añadiendo píxeles a un *smartphone* se obtiene una imagen más nítida, cuantos más fotorreceptores haya en tus ojos, más clara será la imagen que perciban: una retina humana posee 200 000 fotorreceptores por milímetro cuadrado, pero la de un águila multiplica esta cifra por cinco.

Los ojos más complejos de todos no son solo agudos como los del águila, sino que contienen más de un tipo de fotorreceptores, cada uno de los cuales fabrica su propia opsina específica, que reacciona con más fuerza a fotones de una longitud de onda o un color determinados. Las ballenas, con una sola opsina, ven el mundo en una escala de grises; la mayoría de los otros mamíferos, provistos de dos opsinas, detectan tonalidades de azules y verdes; los humanos poseemos una tercera opsina sensible al rojo que da acceso a amarillos, rojos y naranjas; los anfibios, aves y reptiles tienen una cuarta que les permite percibir colores de la escala «ultravioleta» que no podemos ni imaginar. Entre los vertebrados, la familia real está formada por la extraña pareja de palomas y lampreas, que al parecer cuentan con cinco opsinas.[12] Y el maravilloso resultado ha sido la explotación de estos ojos sensibles al color por otras especies del árbol de la vida. Los ojos fueron el estímulo evolutivo que dio lugar a las plumas de los loros, el rojo de la fruta madura, la bandas de alerta de las avispas y el camuflaje cromático de la piel de una sepia.

Este capítulo nos ha llevado hasta la cima del árbol de la vida, para lo que hemos prestado especial atención a tres campos de la biología —nuestras células, nuestros genes y nuestra cultura— que parecen rebasar las hojas más altas. Para terminar, quiero reflexionar sobre tres partes mucho más intangibles del árbol de la vida: las ramas invisibles del pasado, las ramas aún por descubrir que existen hoy y, por último, las ramas incognoscibles del futuro.

DESCONOCIDOS DESCONOCIDOS
Y EL FINAL DE LA CUESTIÓN

Es febrero del 2024 y estoy viajando con algunos colegas (y con mi hija menor, Francesca) a una ciudad llamada Río Cuarto que se asienta al borde de las llanas e infinitas tierras de labor de la provincia de Córdoba, al este de los Andes argentinos. Es una localidad pequeña y anodina, la antítesis de un destino turístico; pero no estamos aquí para hacer turismo, sino en busca de un gusano que encierra posibilidades para reescribir los libros de texto. A decir verdad, lo más probable es que nuestra expedición esté condenada al fracaso y que vayamos en pos de un gusano que solo existió en la imaginación de su supuesto descubridor. Un práctico término medio sería concluir que este diminuto organismo existe, pero no es realmente un gusano importante, ni siquiera un animal, sino un grupo de células ciliadas interconectadas en una pequeña colonia filiforme. Este gusano (seamos optimistas) carece de nombre común —de hecho, es probablemente el menos común de todos los animales descritos, porque solo lo ha visto una persona, como mucho—, pero sí tiene nombre científico: *Salinella salve.*[*]

Salinella fue (quizá) descubierto y descrito por el zoólogo alemán del siglo XIX Johannes Frenzel en una serie de artículos publicados, en alemán e inglés, en 1891 y 1892.[1] Las fechas

---

[*] Salinella significa algo así como 'pequeño morador de la sal' y salve quiere decir 'hola', quizá en recuerdo de la primera expresión de asombrada bienvenida que salió de los labios de su descubridor cuando lo enfocó bajo el microscopio.

son importantes, porque estos años coinciden con el apogeo de la fama e influencia de Ernst Haeckel, una de cuyas consecuencias fue la difusión entre los zoólogos de la ardiente esperanza de descubrir supervivientes de los primeros estadios de la evolución animal. Nacido en la Posen prusiana (hoy la polaca Poznań, o Posnania) en 1858,[2] Frenzel había estudiado en las prestigiosas universidades de Berlín y Gotinga, donde sus profesores lo calificaron como un «alumno particularmente aplicado y activo». El 1 de abril de 1887 fue nombrado catedrático de la Universidad de Córdoba, donde esperaba centrar sus esfuerzos en describir la poco conocida vida unicelular microscópica de Argentina. Una fotografía suya a los treinta y siete años revela una cara cuyo único rasgo destacado (pese a mi empeño por detectar la maligna señal de un hombre capaz de inventarse un gusano) es la intensidad de su mirada; por lo demás, parece el típico profesional de clase media de la Mitteleuropa, con barba y el conato de un interesante bigote. Cuando se publicó el primer artículo sobre *Salinella*, Frenzel ya había abandonado la intelectualmente atrasada Córdoba (por lo visto, harto de la obligación de trabajar con escarabajos y aves y de quejarse por la falta de libros) y regresado a Alemania. Lamentablemente, no vivió mucho más. Después de fundar y dirigir por un tiempo un instituto de estudios pesqueros a orillas del lago Müggelsee, cerca de Berlín, murió en 1897, a los treinta y ocho años, al precipitarse de un puente.

Si damos por buena la descripción e interpretación de *Salinella* a cargo de Frenzel, se trata del animal vivo más simple que existe. Y su simplicidad es la clave de su importancia, porque, a juicio de Frenzel, revelaba que es nuestro pariente animal más lejano, separado de los humanos y el resto de los animales quizá por 600 millones de años de evolución. Frenzel concibe a *Salinella* como un eslabón perdido indispensable, «el primer y único ejemplo de un vínculo entre Protozoa y Metazoa».[3] De ser verdad, sería de lo más emocionante, un portal capaz de remontarnos al momento de nuestro pasado más remoto en el que nuestros ancestros daban los primeros pasos del experimento animal: un pequeño y simple conjunto de células que contenía la idea de una mariposa y una ballena.

Frenzel describe a *Salinella* como un cilindro microscópico ligeramente aplanado compuesto por una sola lámina de células enrolladas, en el que identifica una boca por un extremo y un ano por el otro, y poco más, salvo un penacho de cilios ondeando en derredor de estos dos orificios (ni ojos, ni cerebro, ni músculos, nervios, órganos, espina dorsal, testículos, ovarios...). Casi no alcanza a ser un animal. Como definición aproximada, *Salinella* no es más que un intestino.

Los artículos en los que Frenzel describe a *Salinella* son una extraña mezcla de, por una parte, el rigor alemán del siglo XIX —descripción minuciosa y profesionalidad científica— y, por otra, el relato de un descubrimiento caótico y la «sección metodológica» menos fiable que se ha podido leer jamás en una publicación científica. El informe del hallazgo menciona a un amigo de Frenzel —el doctor Wilhelm *Guillermo* Bodenbender (alias «Bodenbender el Incansable»)—[4] que recogía muestras mixtas de sal y suelo de «las salinas de la región de Río Cuarto, en el sur de la provincia de Córdoba» (lo que redujo nuestra búsqueda a unos pocos cientos de kilómetros cuadrados).[5] Frenzel, supongo que en busca de los ciliados unicelulares en los que era experto, disolvió este suelo salino en agua del grifo (20 gramos de sal por litro). El siguiente paso es de lo más divertido: al parecer por accidente (lo que probablemente tenga importancia, o quizá no), «también se había introducido una cantidad muy pequeña de una solución de yodo altamente diluida» (¿una gota?, ¿una salpicadura?, ¿lo que cabe en una huevera?.., ¡y dice que «se había introducido»!). Es difícil imaginar una explicación más arbitraria y menos rigurosa de un método científico. Después, el agua del grifo yodada y salina se dejó en el alféizar de una ventana. La siguiente etapa del «protocolo» (un término muy generoso) quizá sea la más difícil de reproducir: el recipiente estaba «a veces abierto, a veces cubierto, semiexpuesto y expuesto al sol todos los días durante un breve espacio de tiempo». Pero la cosa no deja de empeorar... «Polvo y arena, moscas muertas, etc., también habían caído en abundancia.»[6] Para hacer aún más imposible la replicación, Frenzel añadió cantidades sin especificar de un alga de estanque no identificada, e iba reponiendo el agua de vez en cuando durante un período de tres meses a medida que se evaporaba. La procedencia real del ejemplar de *Salinella* que encontró no está nada clara. ¿Estaba en la sal de las salinas o en el suelo? ¿De dónde procedía la muestra? ¿Entró por la ventana con el polvo y la arena o la trajo una mosca muerta? ¿O la añadió él por casualidad junto con el alga del estanque?

La sospecha de que *Salinella* es una obra de ficción —un oportuno «descubrimiento» de un tipo de animal ancestral largamente buscado— parece un punto de partida razonable. Yo vacilo entre el escepticismo y la esperanza: por un lado, los múltiples y extensos artículos de Frenzel son demasiado minuciosos y trabajados para tratarse de un engaño; por el otro, el arruinamiento de la preciada muestra por la adición de yodo impedía cualquier nuevo examen, lo que se antoja demasiado conveniente. Pero el aliciente de redescubrir un filo animal perdido y probablemente fundamental (y de estudiar su morfología y ADN para situarlo en el árbol de la vida) bastó para animarnos a viajar hasta la provincia argentina de Córdoba.

No fuimos los primeros en seguir la pista de los manuscritos de Frenzel para dar caza al gusano perdido de las salinas. El zoólogo alemán Michael Schrödl había tenido la misma idea veinte años atrás, pero regresó decepcionado (entre otras cosas, por la ausencia de salinas cerca de Río Cuarto). Por el momento nuestra búsqueda ha sido, y siento declararlo, igual de infructuosa. Lo más útil del viaje quizá fue demostrar lo difícil que resultará encontrar la fuente de la muestra de Bodenbender en un paisaje que en los últimos 130 años ha pasado de pampa sin límite a campos no menos infinitos de soja, alfalfa y maíz.

Salinella sigue siendo, al menos, un desconocido conocido, una versión zoológica de otros tesoros míticos de América del Sur que han propiciado expediciones como las que iban en busca de El Dorado y la Sierra de la Plata. Pero incluso si *Salinella* fuera una fantasía de la imaginación de Frenzel, podemos afirmar con rotundidad que actualmente hay muchísimas ramas del árbol de la vida de cuya existencia no tenemos la más leve sospecha, en una versión de las ridiculizadas palabras de Donald Rumsfeld «desconocidos desconocidos: las cosas que no sabemos que ignoramos».[7] A su vez, estos misterios modernos se ven superados muchos miles de veces por una multitud de formas de vida extintas. Resulta un poco frustrante caer en la cuenta de que, debido a estos desconocidos que no conocemos, nunca completaremos el árbol de la vida, y un árbol imperfecto implica que los viajes en nuestra máquina del tiempo estarán restringidos para siempre. A causa de las numerosas brechas —que se ensanchan conforme retrocedemos en el tiempo—, nunca podremos conocer a todos nuestros antepasados.

Hasta ahora los humanos han descrito y dado nombre a algo más de un millón de hojas vivas del árbol de la vida, pero los cálculos sobre el número verdadero de especies parten de unos 9 millones (y alcanzan cifras demenciales como un billón, recordémoslo).[8] Así pues, siendo prudentes con los números, al menos 8 millones de especies vivas hoy —la inmensa mayoría, en realidad— nos son desconocidas. La existencia de algunas de estas sombras se puede encontrar en las huellas que dejan tras de sí en su medio natural, igual que la prueba en la escena de un crimen, en la forma de su ADN. Si leemos las secuencias de nucleótidos de ADN que pueden filtrarse de un litro de agua de mar, o extraerse del limo que hay en el lecho de un río, y las comparamos con las que figuran en nuestras bases de datos de especies conocidas (pensemos en la base de datos de la Interpol sobre delincuentes), encontramos un inmenso número de secuencias de ADN que no reconocemos, procedentes de especies de bacterias, hongos, plantas y animales que nunca hemos visto.

Para comprender la magnitud de nuestra ignorancia en relación con una rama menor del árbol, pero que a estas alturas ya nos resulta familiar, el equipo del biólogo español Iñaki Ruiz-Trillo reunió genes codificadores de ARNr SSU tomados de distintos medios marinos y buscó entre ellos el ARN ribosómico de un pequeño grupo de animales: los gusanos acelos (el gusano de salsa de menta *Symsagittifera* y sus parientes). El equipo de Ruiz-Trillo encontró ARN ribosómico procedente de más de 100 animales diferentes parecidos a los acelos, 75 de los cuales pertenecían a especies completamente desconocidas.[9] Menos probable es todavía que lleguemos a conocer otras partes del árbol de la vida a partir de una especie que hayamos visto como espécimen en una botella de formaldehído o sobre el portaobjetos de un microscopio. El grueso de la evidencia disponible sobre la existencia de arqueas de Asgard —los parientes vivos más cercanos de las células que formaron los primeros eucariotas— procede de ADN medioambiental y, entre las muchas especies asgardianas cuyo ADN podemos detectar, solo una proporción minúscula de ellas han sido vistas físicamente alguna vez, y menos todavía se han cultivado en un laboratorio.

Incluso tras haber etiquetado un millón de especies, por tanto, la imagen de la diversidad de la vida en la Tierra que manejamos hoy se parece mucho más a un boceto preparatorio que a una pintura terminada. Algunas secciones se hallan sin duda completas —es improbable que queden cientos de mamíferos, lagartos o aves aún por descubrir—, pero otras continúan casi en blanco. Estas especies invisibles son las diminutas, las de crecimiento lento, las complicadas de cultivar y difíciles de recolectar: una descripción en la que *Salinella* encaja en grado suficiente para que alberguemos una pequeña esperanza de que quizá, si ponemos empeño en la búsqueda, acabemos encontrándola.

Si es larga la lista de las ramas invisibles que existen hoy, la de las ramas perdidas ha de ser miles de veces más extensa.

Algunas especies extintas son extraordinariamente abundantes en el registro fósil: amonites, belemnites, bivalvos, braquiópodos y trilobites; dientes de tiburón y peces devónicos enteros; erizos de mar y los tallos pentagonales y desarticulados de los lirios de mar, por citar solo algunas. Pero muchos otros grupos de animales y plantas son sumamente raros, diminutos, blandos y de fosilización casi imposible; algunos quizá vivieron en medios poco propicios para la formación de fósiles (cimas de montañas o desiertos, p. ej.); otros constan de un número exiguo de individuos o, sencillamente, disfrutaron de una vida efímera. Los organismos unicelulares tienen muchísimas menos probabilidades de dejar huellas permanentes en las rocas que un tiburón o un amonite, por lo que debemos considerar excepciones las grandes estructuras, como los estromatolitos, que pueden formar cuando se acumulan o, a escala aún mayor, los acantilados calizos constituidos por innumerables esqueletos ricos en minerales de pequeñísimos cocolitóforos y foraminíferos.

Pero lo más inaccesible de toda la vida pretérita son las entidades biológicas que precedieron a LUCA. Este espacio en blanco en nuestro lienzo frustra y emociona a partes iguales. Establecer los sucesos de la Tierra primigenia que hicieron de las rocas vida y de la química bioquímica es uno de los problemas más interesantes de toda la ciencia y uno de los más difíciles.

La aparición de la vida nunca debe entenderse como un único suceso. LUCA, aunque simple, minúsculo y unicelular, sin pensamientos inteligentes, emociones ni comportamientos de los que valga la pena hablar, fue un organismo de una extrema complejidad, resultado de una larga gestación. Debía tener una estructura bioquímica perfectamente optimizada para prosperar en las hostiles condiciones de la Tierra primigenia y dar comienzo a una dinastía de 4000 millones de años. Poseía ADN y ARN, proteínas, enzimas, membranas celulares; poseía —seguro que lo recuerdas— una proteína llamada «girasa inversa» encargada de enrollar su ADN, proteínas de hierro-azufre, ribosomas y un código genético. Todos estos elementos no pudieron surgir a la vez como por ensalmo, pero el orden de su aparición es indiscernible porque no sabemos (no podemos saber) qué hubo antes de LUCA. Hoy todas estas cualidades de LUCA —heredadas por todas las formas de vida que de él brotaron— se hallan firmemente integradas y son interdependientes y todas esenciales, por lo que se hace difícil imaginar cómo pudieron ensamblarse de una en una.

Para estos sucesos, los más antiguos en el surgimiento de la vida, los dos caminos posibles que nos permiten estudiar las características de organismos pretéritos —buscar en el registro fósil y extrapolar a partir de sus descendientes vivos— se encuentran bloqueados. Pocas rocas, y desde luego ningún fósil, han sobrevivido a los eones de erosión, tectónica de placas y vulcanismo que siguieron a los orígenes de la vida. Y, con solo un linaje de los muchos que debieron haber existido antes de LUCA, nuestro método de extrapolación regresiva choca con un obstáculo de hace 4000 millones de años.

La formidable dificultad de reconstruir los pasos dados en los orígenes de la vida parecen haber convertido este campo de estudio en el Salvaje Oeste de la biología evolutiva (o incluso preevolutiva): las ideas más disparatadas están a la orden del día. Pero, para poner ciertos límites a estas conjeturas, podemos establecer tres restricciones a cualquier teoría viable. La primera es que los sucesos propuestos tuvieron que haber ocurrido en las condiciones, tal como las conocemos, de la Tierra primigenia: la probable composición química del océano y la atmósfera, la temperatura de estos medios, la acidez, la salinidad. Todos estos factores constriñen las reacciones químicas que pudieron haber sucedido. Los experimentos realizados durante los últimos setenta años han intentado recrear condiciones verosímiles de la Tierra joven para ver qué reacciones químicas son posibles y qué precursores de las moléculas biológicas podrían juntarse espontáneamente: aminoácidos, azúcares, bases de nucleótidos. La segunda restricción concierne a la necesidad de proporcionar los requisitos universales de la vida. La teoría exige incluir una fuente de energía; para que empiece la evolución, es preciso que exista un mecanismo que se ocupe de la herencia de características (no necesariamente ADN); y tiene que haber un medio de encerrar los elementos constitutivos de «individuos» para que no se pierda nada (no necesariamente una membrana celular). La restricción final es que, con independencia de cuál sea la serie de sucesos, debemos acabar llegando no a cualquier forma de vida, sino a LUCA.

Aun cuando, por el medio que fuera, se descubriesen y describiesen todas las especies pasadas y presentes, nuestro árbol de la vida continuaría incompleto. El árbol de la vida solo ha crecido en parte. Es mucho más que un retoño, pero todavía se encuentra lejos de la madurez, y el destino de las ramas que viven hoy es incognoscible. La aparición de ramas nuevas en el árbol de la vida (y la extinción de otras) solo es predecible en escalas temporales muy cortas y con bastante imprecisión. Las ramas grandes con abundancia de hojas y especies versátiles probablemente perdurarán con independencia de lo que les depare el futuro, mientras que es más plausible que desaparezcan los grupos reducidos de especies ultraespecializadas. Pero, dado que el ecosistema de la Tierra es muy complejo y caótico, las predicciones más específicas, especialmente con una escala temporal algo más larga, carecen de utilidad. Nadie podía haber previsto que la conjunción de una arquea y una eubacteria acabaría produciendo setas, secuoyas y humanos, ni que la aparición y florecimiento de aves y mamíferos se debiera a un encuentro fortuito con un asteroide.

Sin embargo, podemos formular una predicción segura: la única certeza con respecto al futuro del árbol de la vida sobre la Tierra es que algún día dejará de crecer. El árbol ha de marchitarse y morir cuando el planeta, inevitablemente, se torne tan hostil a la vida que nada, ni siquiera las bacterias extremófilas más resistentes, pueda sobrevivir. El final de la habitabilidad del planeta queda más cerca de lo que se pueda pensar. Descartando alternativas imprevisibles como una supernova próxima, el impacto de asteroides o la alteración de la órbita terrestre por una estrella errante, el sol que nos da la vida será con toda probabilidad el culpable del final del árbol de la vida. Dentro de unos 5000 millones de años, el hidrógeno en el núcleo del Sol se habrá consumido. La ralentización de la fusión nuclear en su centro provocará el colapso del núcleo y el principio de una nueva serie de reacciones de fusión en los gases externos al núcleo. Estas reacciones harán que el Sol se agrande hasta convertirse en una estrella roja gigante tan inmensa que absorberá por completo las órbitas de Mercurio, Venus y, lo más seguro, la Tierra.

Un futuro de 5000 millones de años no es mala perspectiva: solo estamos a mitad de camino. Pero el árbol de la vida no podrá ser testigo de tal acontecimiento: el final de la vida ocurrirá mucho antes y a causa de algo que se antoja bastante benigno, como ocurre con el lento calentamiento del agua en una olla para la cocción de una langosta. El cambio provendrá del aumento de la luminosidad del Sol —un incremento del 1 % cada 100 millones de años—, porque la fusión de átomos de hidrógeno ligero para formar helio, una gas algo más pesado, da como resultado un núcleo más denso y caliente.[10] La predicción, según trabajos recientes, es que cuando la intensidad de la luz solar se haya incrementado en torno a un 12 %, el clima del planeta cambiará a gran velocidad hasta alcanzar una temperatura peligrosamente elevada.

De acuerdo con estos modelos, conforme se caliente poco a poco el planeta, un volumen cada vez mayor de agua de los océanos se transformará en vapor y este ascenderá a la atmósfera, donde actuará como un gas de efecto invernadero. Con el paso del tiempo, se llegará a un punto en que el propio calor adicional resultante del efecto invernadero será la causa de una mayor evaporación oceánica, que a su vez incrementará el calentamiento de tipo invernadero. Una vez que se haya establecido esta retroalimentación positiva, el planeta dará un salto ralentizado (durante un par de cientos de millones de años) desde la confortable temperatura media global de hoy, de unos 17 °C, hasta unos abrasadores 55 °C. Dentro de 3000 millones de años, toda el agua de la Tierra se habrá evaporado al espacio, anunciando el final definitivo de casi toda la vida en este planeta.

Las malas noticias continúan para los descendientes de la raza humana (suponiendo que entretanto no nos hayamos confabulado para matarnos unos a otros), a quienes quizá les quedan mucho menos de 1000 millones de años. Para empezar, dentro de 1000 millones de años apenas habrá oxígeno en la atmósfera. Pero, al menos para los mamíferos, la situación pinta fea desde mucho antes. Las predicciones sobre el desplazamiento de los continentes indican que están destinados a juntarse para formar, dentro de solo 250 millones de años, un supercontinente nuevo que se ha dado en llamar Pangea Última.[11] La conjunción de la actividad volcánica provocada por estas colisiones tectónicas con la luminosidad del Sol producirá un continente demasiado caliente para permitir la vida de ningún mamífero. Los animales marinos, probablemente, sobrevivirán más tiempo; las ratas durarán más que los pandas; las cucarachas, más que las mariposas; y las resistentes bacterias y arqueas que viven en respiraderos hidrotermales en el fondo de los océanos quizá sean las más tenaces de todos. Pero llegará un día —más bien un instante— en que el último individuo de la última especie de la Tierra morirá. En ese momento se podrá trazar el árbol completo y definitivo de la vida en la Tierra. Pero, por supuesto, no habrá nadie para dibujarlo.

La inevitable muerte del árbol de la vida quizá parezca una idea profundamente triste, pero un ser todopoderoso y eterno capaz de levantar acta de lo ocurrido durante cerca de 5500 millones de años en este planeta pequeño y vulgar solo podría rememorar ese pasado como la más extraordinaria de las aventuras. Un ser así habrá contemplado cómo una sucesión de acontecimientos altamente improbables produjo, partiendo de los elementos químicos y la energía de un volcán submarino, los primeros seres vivos, quizá un suceso único en la inmensidad del universo. Y después, una vez caída esta primera ficha de dominó, habrá presenciado la liberación del imparable genio de la evolución, un proceso que permitió que la primera y precaria semilla no solo sobreviviera, sino que experimentara un florecimiento prodigioso. El dios que todo lo ve habrá observado el crecimiento ramificado del árbol, con cada ramita nueva acariciando la posibilidad de producir maravillas y convertirse algún día en una rama enorme, y todo ese tiempo habrá pensado que dicha rama, incluso el árbol entero, podía marchitarse y morir en cualquier momento. El resultado de este fenómeno ha sido, es y continuará siendo la extraordinaria diversidad de la vida que nos rodea. Por fin, el árbol de la vida plenamente desarrollado describirá la vida y la muerte de las máquinas más complejas jamás construidas, desde simples células hasta seres humanos pensantes e inmensos ecosistemas capaces de transformar el planeta.

AGRADECIMIENTOS

He recibido mucha ayuda al escribir este libro. Intentaré expresar los agradecimientos oportunos en orden más o menos cronológico. En primer lugar debo dar las gracias (quizá se lleve una sorpresa) a Henry Gee, que, cuando le envié una propuesta sumamente ambiciosa para una reseña en *Nature* sobre cómo usar el árbol de la vida, sugirió que sería más adecuado convertirla en libro. Después, a Jenny McCartney, que inició el proceso de orientar mi idea sobre este volumen —al principio concebido como parte de un libro de texto— hacia algo con cuya lectura la gente pudiera disfrutar. Estoy en deuda con mi agente Will Francis y sus colegas en Janklow and Nesbit UK por aceptarme y, sobre todo, por darme aliento cuando más lo necesitaba. Doy las gracias a mis editores en el Reino Unido, John Murray y, muy especialmente, a Georgina Laycock y Kate Craigie, que terminaron el trabajo empezado por Jenny; a Caroline Westmore, que me mantuvo en el buen camino; y a Sam Wells por su fantástica labor de corrección. Mi agradecimiento también para mi editora en Estados Unidos, Jessica Yao, de W. W. Norton en Nueva York, por algunas sugerencias fundamentales.

El primer borrador de este libro lo escribí durante una estancia de dos trimestres como profesor visitante en el All Souls College de Oxford. Fue una oportunidad única que me permitió dedicar mucho tiempo a escribir, y nunca olvidaré la generosidad y cálida bienvenida del rector, el profesor sir John Vickers, y de todo el cuerpo docente. El otro aspecto de veras importante de mi estancia en Oxford fueron los demás profesores visitantes, en orden alfabético: Sophie Ambler, Nancy van Deusen, Coulter George, John Keown, James Lee, Sara Lipton, Érico Nogueira, Drazen Prelec, Rubina Raja, Jennifer Richards, Navtej Sarna, Laura Schaposnik, Matthew Syed y John Wyver. ¡Muchas gracias a todos!

Tengo que expresar mi gratitud a un sinfín de lectores, y el primero de la lista ha de ser mi amigo Richard Copley, que leyó el libro completo y me ayudó a evitar numerosos errores. Muchas gracias también, por sus consejos y comentarios, a mis colegas Julia Day, Seirian Sumner, Helen Robertson, Paschalia Kapli, Tomáš Flouri, Irepan Salvador-Martínez, Ana Serra-Silva y Duncan Greig. Como es natural, los errores que hayan quedado son responsabilidad exclusivamente mía. Me veo obligado asimismo a extender un agradecimiento general a mis maravillosos colegas en el UCL, sobre todo al personal pasado y presente de mi laboratorio. Por último, gracias a mi familia, Lorna, Celia, Seth y Francesca, por soportar mis agobios hacia el final de este trabajo, que fue mucho más duro de lo que esperaba.

BIBLIOGRAFÍA

Capítulo 1: El mayor enigma de la ciencia

1. S. Roberts, *Darwin's missing notebooks*, Cambridge University Libraries, 24 de noviembre del 2020, <https://www.cam.ac.uk/stories/darwin-appeal>.
2. J. D. Archibald, *Aristotle's Ladder, Darwin's Tree: The Evolution of Visual Metaphors for Biological Order*, Columbia University Press, Nueva York; T. W. Pietsch (2012), *Trees of Life: A Visual History of Evolution*, Johns Hopkins University Press, Baltimore, 2014.
3. Ch. Darwin, *On the Origin of Species by Means of Natural Selection, or The Preservation of Favoured Races in the Struggle for Life*, John Murray, Londres, 1859, pág. 129. [Trad. esp. de Dulcinea Otero-Piñeiro: *El origen de las especies mediante selección natural*, Alianza, Madrid, 2023.]
4. T. Hopwood, «The development of pre-Linnaean taxonomy», en *Proceedings of the Linnean Society of London*, vol. 170, n.º 3 (1959), págs. 230-234.
5. Aristóteles, *De Partibus*, citado en *ibid.* [Trad. esp. de Elvira Jiménez Sánchez-Escariche: «Partes de los animales», en *Partes de los animales. Marcha de los animales. Movimiento de los animales*, Gredos, Madrid, 2000.]
6. Ch. Bonnet, *Contemplation de la Nature*, Marc-Michel Rey, Ámsterdam, 1764.
7. N. P. Hellström, «Darwin and the Tree of Life: the roots of the evolutionary tree», en *Archives of Natural History*, vol. 39, n.º 2 (2012), págs. 234-252.
8. A. Augier, *Essai d'une nouvelle classification des végétaux*, Bruyset Ainé et Co., Lyon, 1801.

9. Darwin Correspondence Project, «Carta n.º 2143», consultado el 25 de septiembre del 2024.

10. U. Kutschera *et al*, «Ernst Haeckel (1834-1919): the German Darwin and his impact on modern biology», en *Theory in Biosciences*, vol. 138, n.º 1 (2019), págs. 1-7.

11. E. Haeckel, *Generelle Morphologie der Organismen: allgemeine Grundzüge der organischen Formen-Wissenschaft, mechanisch begründet durch die von Charles Darwin reformirte Descendenz-Theorie*, Georg Reimer, Berlín, 1866.

12. E. Haeckel, *Natürliche Schöpfungsgeschichte*, Georg Reimer, Berlín, 1868.

13. Darwin, *On the Origin of Species*.

Capítulo 2: La venus atrapamoscas y otros parientes improbables

1. Darwin Correspondence Project, «Carta n.º 2996», consultado el 25 de septiembre del 2024.

2. Ch. Darwin, *Insectivorous Plants*, John Murray, Londres, 1875. [Trad. esp. de Susana Pinar: *Plantas insectívoras*, Los Libros de la Catarata, Madrid, 2008.]

3. J. Ellis, «A new sensitive plant discovered», en *The London Magazine, or, Gentleman's Monthly Intelligencer*, octubre de 1768, págs. 522-524.

4. F. W. Hodge (ed.), *Handbook of American Indians, North of Mexico*, parte II, Government Printing Office, Washington, D. C, 1912.

5. Ellis, *op. cit.*

6. Carta de John Bartram a Peter Collinson, 29 de agosto de 1762, en E. Berkeley y D. S. Berkeley (eds.), *The Correspondence of John Bartram, 1734-1777*, University Press of Florida, Gainesville, 1992, págs. 569-570.

7. Carta de Peter Collinson a John Bartram, 30 de junio de 1764, en *ibid.*, págs. 631-633.

8. Ellis, *op. cit.*

9. T. C. Gibson y D. M. Waller, «Evolving Darwin's "most wonderful" plant: ecological steps to a snap-trap», en *New Phytologist*, vol. 183, n.º 3 (2009), págs. 575-587.

10. G. Palfalvi *et al.*, «Genomes of the Venus flytrap and close relatives unveil the roots of plant carnivory», en *Current Biology*, vol. 30, n.º 12 (2020), págs. 2312-2320.

Capítulo 3: Un primo lejano de las profundidades oceánicas

1. T. Harrison (ed.), *Paleontology and Geology of Laetoli: Human Evolution in Context: Fossil Hominins and the Associated Fauna*, vol. II: *Fossil Hominins and the Associated Fauna* (paleobiología y paleoantropología de los vertebrados), Springer Science & Business Media, Berlín, 2011.
2. M. Courtenay-Latimer, «Reminiscences of the discovery of the coelacanth, *Latimeria chalumnae* Smith», en *Interdisciplinary Journal of the International Society of Cryptozoology*, vol. 8 (1989), págs. 1-11.
3. Z. Johanson *et al.*, «Oldest coelacanth, from the Early Devonian of Australia», en *Biology Letters*, vol. 2, n.º 3 (2006), págs. 443-446.
4. J. L. B. Smith, «A living fish of Mesozoic type», en *Nature*, vol. 143, n.º 3620 (1939), págs. 455-456.

Capítulo 4: La verdadera historia de las aves y las abejas

1. E. Jenner, «Some observations on the Migration of Birds. By the late Edward Jenner M.D. F.R.S.; with an Introductory Letter to Sir Humphry Davy, Bart. Pres. R. S. By the Rev. G.C. Jenner», en *Philosophical Transactions of the Royal Society*, vol. 114 (1824).
2. A. Hedenström *et al.*, «Annual 10-month aerial life phase in the Common Swift *Apus apus*», en *Current Biology*, vol. 26, n.º 22 (2016), págs. 3066-3070.
3. A. Chen *et al.*, «Total-evidence framework reveals complex morphological evolution in Nightbirds (Strisores)», en *Diversity*, vol. 11, n.º 9 (2019), pág. 143.
4. P. Belon, *L'Histoire de la nature des oyseaux, avec leurs des-*

criptions, & naïfs portraicts retirez du naturel: escrite en sept livres, París, 1555.

5. R. Owen, *Lectures on the Comparative Anatomy and Physiology of the Invertebrate Animals*, Longman, Brown, Green & Longmans, Londres, 1843.

6. R. Owen, «Darwin on the Origin of Species», en *Edinburgh Review*, vol. 3 (1860), págs. 487-532.

7. R. Owen, «On the characters, principles of division, and primary groups of the class Mammalia», en *Zoological Journal of the Linnean Society*, vol. 2, n.º 5 (1857), págs.1-37.

8. Darwin Correspondence Project, «Carta n.º 2611», consultado el 25 de septiembre del 2024.

9. Owen, *Lectures on the Comparative Anatomy and Physiology of the Invertebrate Animals*.

10. R. Owen, *On the Nature of Limbs*, John Van Voorst, Londres, 1849. [Trad. esp. de Sergio Balari: *Discurso sobre la naturaleza de las extremidades*, KRK, Oviedo, 2011.]

Capítulo 5: ¿Somos peces todavía?

1. A. Cherry-Garrard, *The Worst Journey in the World*, Constable & Co., Londres, 1922. [Trad. esp. de Daniel Aguirre Otaiza: *El peor viaje del mundo: la expedición de Scott al Polo Sur*, B de Bolsillo, Barcelona, 2018.]

2. W. Hennig, *Phylogenetic Systematics*, University of Illinois Press, Urbana, 1966.

3. D. Williams, M. Schmitt y Q. Wheeler (eds.), *The Future of Phylogenetic Systematics: The Legacy of Willi Hennig*, Cambridge University Press, Cambridge, 2016.

4. *Ibid.*

5. B. Hennig y A. Kluge, *Willi Hennig*, Willi Hennig Society, <http://cladistics.org/willi-hennig/>.

6. W. Hennig, «"Cladistic Analysis or Cladistic Classification?": A reply to Ernst Mayr», en *Systematic Zoology*, vol. 24, n.º 2 (1975), págs. 244-256.

Capítulo 6: Unos números abrumadores

1. A. D. Chapman, *Numbers of living species in Australia and the World* (2.ª ed.), Australian Biodiversity Information Services, Toowoomba, Australia, 2009.
2. E. B. Lewis, *Alfred Henry Sturtevant 1891-1970. A Biographical Memoir*, National Academies Press, Washington, D. C., 1988.
3. T. Dobzhansky y A. H. Sturtevant, «Inversions in the chromosomes of *Drosophila pseudoobscura*», en *Genetics*, vol. 23, n.º 1 (1938), págs. 28-64.

Capítulo 7: La materia de los genes

1. F. H. C. Crick, «On protein synthesis», en *Symposia of the Society for Experimental Biology*, vol. 12 (1958), págs. 138-163.
2. J. I. Harris, F. Sanger y M. A. Naughton, «Species differences in Insulin», en *Archives of Biochemistry and Biophysics*, vol. 65, n.º 1 (1956), págs. 427-438.
3. K. G. Field *et al.*, «Molecular phylogeny of the animal kingdom», en *Science*, vol. 239, n.º 4841 (1988), págs. 748-753.

Capítulo 8: Les presento a LUCA, el último antepasado común universal

1. E. J. Javaux, «Challenges in evidencing the earliest traces of life», en *Nature*, vol. 572, n.º 7770 (2019), págs. 451-460.
2. E. A. Bell *et al.*, «Potentially biogenic carbon preserved in a 4.1 billion-year-old zircon», en *Proceedings of the National Academy of Sciences USA*, vol. 112, n.º 47 (2015), págs.14518-14521; T. Tashiro *et al.*, «Early trace of life from 3.95 Ga sedimentary rocks in Labrador, Canada», en *Nature*, vol. 549, n.º 7673 (2017), págs. 516-518.
3. Darwin, *On the Origin of Species*, pág. 484.
4. M. C. Weiss *et al.* (2018), «The last universal common ancestor between ancient Earth chemistry and the onset of genetics», en *PLoS Genet*, vol. 14, n.º 8 (2018), e1007518.

5. J. Sapp, «The prokaryote-eukaryote dichotomy: meanings and mythology», en *Microbiology and Molecular Biology Reviews*, vol. 69, n.º 2 (2005), págs. 292-305.

6. K. Luehrsen, «Remembering Carl Woese», en *RNA Biology*, vol. 11, n.º 3 (2014), págs. 217-219.

7. R. Kolter, «Requiem for an apparatus», en *Small Things Considered* (blog), 2024, <https://schaechter.asmblog.org/schaechter/2024/03/requiem-for-an-apparatus.html>.

8. N. R. Pace *et al.*, «Phylogeny and beyond: scientific, historical and conceptual significance of the first tree of life», en *Proceedings of the National Academy of Sciences USA*, vol. 109, n.º 4 (2012), págs. 1011-1018.

9. C. R. Woese y G. E. Fox, «Phylogenetic structure of the prokaryotic domain: the primary kingdoms», en *Proceedings of the National Academy of Sciences USA*, vol. 74, n.º 11 (1977), págs. 5088-5090.

10. R. M. Schwartz y M. O. Dayhoff, «Origins of prokaryotes, eukaryotes, mitochondria and chloroplasts», en *Science*, vol. 199, n.º 4327 (1978), págs. 395-403.

11. M. Weiss *et al.*, «The physiology and habitat of the last universal common ancestor», en *Nature Microbiology*, vol. 1, n.º 9 (2016), art. 16116.

12. E. R. R. Moody *et al.*, «The nature of the last universal common ancestor and its impact on the early Earth system», en *Nature Ecology and Evolution*, vol. 8, n.º 9 (2024), págs. 1654-1666.

13. E. De Robertis y Y. Sasai, «A common plan for dorsoventral patterning in Bilateria», en *Nature*, vol. 380, n.º 6569 (1996), págs. 37-40.

Capítulo 9: Evolución de la cabeza a la cola y el primer animal

1. H. D. Lipshitz, «From fruit flies to fallout: Ed Lewis and his science», en *Developmental Dynamics*, vol. 232, n.º 3 (2005), págs. 529-546.

2. A. H. Sturtevant, *A History of Genetics*, Cold Spring Harbor Laboratory Press, Nueva York, 1965, 2001.
3. T. H. Morgan, «Sex limited inheritance in *Drosophila*», en *Science*, vol. 32, n.º 812 (1910), págs. 120-122.
4. E. B. Lewis, «A gene complex controlling segmentation in *Drosophila*», en *Nature*, vol. 276, n.º 5688 (1978), págs. 565-570.
5. W. McGinnis *et al.*, «A conserved DNA sequence in homoeotic genes of the *Drosophila* Antennapedia and bithorax complexes», en *Nature*, vol. 308, n.º 5958 (1984), págs. 428-433.
6. W. McGinnis *et al.*, «A homologous protein-coding sequence in *Drosophila* homeotic genes and its conservation in other metazoans», en *Cell*, vol. 37, n.º 2 (1984), págs. 403-408.
7. P. W. H. Holland y B. L. M. Hogan, «Phylogenetic distribution of Antennapedia-like homoeo boxes», en *Nature*, vol. 321, n.º 6067 (1986), págs. 251-253.
8. A. Graham *et al.*, «The murine and *Drosophila* homeobox gene complexes have common features of organization and expression», en *Cell*, vol. 57, n.º 3 (1989), págs. 367-378.
9. K. M. Small y S. S. Potter, «Homeotic transformations and limb defects in Hox A11 mutant mice», en *Genes Dev*, vol. 7, n.º 12A (1993), págs. 2318-2328.
10. W. J. Gehring y K. Ikeo, «Pax 6: mastering eye morphogenesis and eye evolution», en *Trends in Genetics*, vol. 15, n.º 9 (1999), págs. 371-377.

Capítulo 10: Cómo les salieron alas a los insectos

1. R. Owen, *Lectures on the Comparative Anatomy and Physiology of the Invertebrate Animals*, Ulan Press, 2012.
2. D. P. McMahon *et al.*, «Strepsiptera», en *Current Biology*, vol. 21, n.º 8 (2011), págs. R271-272.
3. G. Guillermo-Ferreira y S. N. Gorb, «Heat-distribution in the body and wings of the morpho dragonfly *Zenithoptera lanei* (Anisoptera: Libellulidae) and a possible mechanism

of thermoregulation», en *Biological Journal of the Linnean Society*, vol. 133, n.º 1 (2021), págs.179-186.

4. J. L. Boore *et al.*, «Gene translocation links insects and crustaceans», en *Nature*, vol. 392, n.º 6677 (1998), págs. 667-668.

5. I. Isabel Almudi *et al.*, «Genomic adaptations to aquatic and aerial life in mayflies and the origin of insect wings», en *Nature Communications*, vol. 11, n.º 1 (2020), art. 2631; H. S. Bruce y N. H. Patel, «Knockout of crustacean leg patterning genes suggests that insect wings and body walls evolved from ancient leg segments», en *Nature Ecology & Evolution*, vol. 4, n.º 12 (2020), págs. 1703-1712.

6. D. Collins, «The "evolution" of *Anomalocaris* and its clasificación in the arthropod class Dinocarida (nov.) and order Radiodonta (nov.)», en *Journal of Paleontology*, vol. 70, n.º 2 (1996), págs. 280-293.

7. S. Conway Morris, «*Laggania cambria* Walcott: a composite fossil», en *Journal of Paleontology*, vol. 52, n.º 1 (1978), págs. 126-131.

8. K. Nanglu *et al.*, «Worms and gills, plates and spines: the evolutionary origins and incredible disparity of deuterostomes revealed by fossils, genes, and development», en *Biological Reviews*, vol. 98, n.º 1 (2022), págs. 316-351.

9. H. B. Whittington y D. E. G. Briggs, «A new conundrum from the Middle Cambrian Burgess Shale», en *Proceedings of the Third North American Paleontological Convention, Montreal*, vol. 2 (1982), págs. 573-575; H. B. Whittington y D. E. G. Briggs, «The largest Cambrian animal, *Anomalocaris*, Burgess Shale, British Columbia», en *Philosophical Transactions of the Royal Society of London B*, vol. 309, n.º 1141 (1985), págs. 569-609.

10. P. van Roy *et al.*, «Anomalocaridid trunk limb homology revealed by a giant filter-feeder with paired flaps», en *Nature*, vol. 522, n.º 7554 (2015), págs. 77-81.

11. Y. Usami, «Theoretical study on the body form and swimming pattern of *Anomalocaris* based on hydrodyna-

mic simulation», en *Journal of Theoretical Biology*, vol. 238, n.º 1 (2006), págs. 11-17.

12. A. C. Daley *et al.*, «The Burgess Shale anomalocaridid *Hurdia* and its significance for early euarthropod evolution», en *Science*, vol. 323, n.º 5921 (2009), págs. 1597-1600.

Capítulo 11: Los autostopistas microscópicos responsables de ti y de mí

1. A. G. Kostenko y Y. V. Mamkaev, «The position of "green convoluts" in the system of acoel turbellarians (Turbellaria, Acoela). 1. *Simsagittifera* gen. n. 2. Sagittiferidae fam. n.», en *Zoologicheskii Zhurnal*, vol. 69 (1990), págs. 11-21.
2. L. Von Graff, *Die Organisation der Turbellaria Acoela*, Wilhelm Engelman, Leipzig, 1891.
3. X. Bailly *et al.*, «The chimerical and multifaceted marine acoel *Symsagittifera roscoffensis*: from photosymbiosis to brain regeneration», en *Frontiers in Microbiology*, vol. 5 (2014), art. 498.
4. J. A. Smith y W. D. Ross (eds.), *The Works of Aristotle*, vol. IV: *Historia Animalium*, trad. de D'Arcy Wentworth Thompson, Clarendon Press, Oxford, 1910. [Trad. esp. de José Vara Donado: *Historia de los animales*, Akal, Madrid, 1990.]
5. L. Sagan, «On the origin of mitosing cells», en *Journal of Theoretical Biology*, vol. 14, n.º 3 (1967), págs. 225-274.
6. J. A. Lake, «Lynn Margulis (1938-2011), biologist who revolutionized our view of early cell evolution», en *Nature*, vol. 480, n.º 7378 (2011), pág. 458.
7. J. Pizzorno, «Mitochondria — fundamental to life and health», en *Integrative Medicine*, vol. 13, n.º 2 (2014), págs. 8-15.
8. A. Lazcano y J. Peretó, «On the origin of mitosing cells: A historical appraisal of Lynn Margulis endosymbiotic theory», en *Journal of Theoretical Biology*, vol. 434 (2017), págs. 80-87.

9. J. Sapp *et al.*, «Symbiogenesis: the hidden face of Constantin Merezhkowsky», en *History and Philosophy of the Life Sciences*, vol. 24, n.ᵒˢ 3-4 (2002), págs. 413-440.

10. C. Merezhkowsky [Merezhkovski], *Das irdische Paradies. Ein Märchen aus dem 27 Jahrhundert: Eine Utopie*, trad. de Helene Mordaunt, Friedrich Gotthein, Berlín, 1903.

11. S. Schwendener, «Uber die wahre Natur der Flechten», en *Verhandlungen der Schweizerischen Naturforschenden Gesellschaft in Rheinfelden*, vol. 5 (1867), págs. 88-90.

12. R. Virchow, *Die Cellularpathologie in ihrer Begründung auf physiologische und pathologische Gewebelehre*, August Hirschwald, Berlín, 1858.

13. I. E. Wallin, «On the nature of mitochondria. IX Demonstration of the bacterial nature of mitochondria», en *American Journal of Anatomy*, vol. 36, n.º 1 (1925), págs. 131-149.

14. Lake, *op. cit.*

15. Sagan, *op. cit.*

16. M. W. Gray y W. F. Doolittle, «Has the endosymbiont hypothesis been proven?», en *Microbiological Reviews*, vol. 46, n.º 1 (1982), págs. 1-42.

17. D. F. Spencer *et al.*, «Pronounced structural similarities between the small subunit ribosomal RNA genes of wheat mitochondria and *Escherichia coli*», en *Proceedings of the National Academy of Sciences USA*, vol. 81, n.º 2 (1984), págs. 493-497.

18. P. Sánchez-Baracaldo *et al.*, «Early photosynthetic eukaryotes inhabited low-salinity habitats», en *Proceedings of the National Academy of Science USA*, vol. 114, n.º 37 (2017), págs. E7737-7745.

19. D. I. Williamson, «Caterpillars evolved from onychophorans by hybridogenesis», en *Proceedings of the National Academy of Sciences USA*, vol. 106, n.º 47 (2009), págs. 19901-19905.

20. M. W. Hart y R. K. Grosberg, «Caterpillars did not evolve from onychophorans by hybridogenesis», en *Proceedings of the National Academy of Sciences USA*, vol. 106, n.º 47 (2009), págs. 19906-19909.

21. Plutarco, *Plutarch's Lives*, vol. VII, William Heinemann, Londres, 1914. [Trad. esp. de Aurélio Pérez Jiménez: *Vidas paralelas*, 8 vols., Gredos, Madrid, 2008.]
22. T. A. Williams *et al.*, «Integrative modeling of gene and genome evolution roots the archaeal tree of life», en *Proceedings of the National Academy of Sciences USA*, vol. 114, n.º 23 (2017), págs. E4602-4611.

Capítulo 12: Cuando los árboles se equivocan

1. T. Cucchi *et al.*, «Detecting taxonomic and phylogenetic signals in equid cheek teeth: towards new palaeontological and archaeological proxies», en *Royal Society Open Science*, vol. 4, n.º 4 (2017), art. 160997.
2. P. R. Grant y B. R. Grant, *How and Why Species Multiply: The Radiation of Darwin's Finches*, Princeton University Press, Princeton, 2007. [Trad. esp. de Diego Rasskin Gutman: *Cómo y por qué se multiplican las especies: la radiación de los pinzones de Darwin*, Publicacions de la Universitat de València, Valencia, 2014.]
3. O. Seehausen, «African cichlid fish: a model system in adaptive radiation research», en *Proceedings of the Royal Society B*, vol. 273, n.º 1597 (2006), págs. 1987-1998.
4. H. Jónsson *et al.*, «Speciation with gene flow in equids despite extensive chromosomal plasticity», en *Proceedings of the National Academy of Sciences USA*, vol. 111, n.º 52 (2014), págs. 18655-18660.
5. R. M. Zink y H. Vázquez-Miranda, «Species limits and phylogenomic relationships of Darwin's finches remain unresolved: potential consequences of a volatile ecological setting», en *Systematic Biology*, vol. 68, n.º 2 (2019), págs. 347-357.
6. E. R. Lankester, «The spiritualistic challenge», carta a *Pall Mall Gazette*, 13 de enero de 1885; citado en R. Milner, «Huxley's bulldog: the battles of E. Ray Lankester (1846-1929)», en *The Anatomical Record* (*New Anat.*), vol. 257, n.º 3 (1999), págs. 90-95.

7. C. Dawson y A. S. Woodward, «On the discovery of a palæolithic human skull and mandible in a flint-bearing gravel overlying the Wealden (Hastings Beds) at Piltdown, Fletching (Sussex)», en *Quarterly Journal of the Geological Society*, vol. 69 (1913), págs.117-123.

8. L. C. White *et al.*, «High-quality fossil dates support a synchronous, Late Holocene extinction of devils and thylacines in mainland Australia», en *Biology Letters*, vol. 14, n.º 1 (2018), art. 20170642.

9. Haeckel, *Generelle Morphologie der Organismen*.

10. A. O. Kowalevsky [Kovalevski], «Entwicklungsgeschichte der einfachen ascidien», en *Mémoires de l'Academie des Sciences de St. Pétersbourg*, vol. 10, n.º 15 (1867), págs. 1-19.

11. Haeckel, *Natürliche Schöpfungsgeschichte*.

12. A. M. Giard, «Sur les Orthonectida, classe nouvelle d'animaux parasites des Échinodermes et des Turbellariés», en *Comptes Rendus*, vol. 85, n.º 18 (1877), págs. 812-814.

13. A. Von Kölliker, «Ueber *Dicyema paradoxum*, den schmarotzer der venenanhänge der cephalopoden», en *Bericht der Königlichen Zootomischen Anstalt in Würzburg*, vol. 2 (1849), págs. 59-66.

14. A. Giard, «The Orthonectida, a new class of the phylum of the worms», en *Quarterly Journal of Microscopical Science* (ahora *Journal of Cell Science*), vol. 20, n.º 2 (1880), págs. 225-240.

15. W. B. Kristan Jr. *et al.*, «Neuronal control of leech behavior», en *Progress in Neurobiology*, vol. 76, n.º 5 (2005), págs. 279-327.

Capítulo 13: Problemas con los genes

1. Q. Chen y Z. Wang, «A new molecular mechanism supports that blue-greenish egg color evolved independently across chicken breeds», en *Poultry Science*, vol. 101, n.º 12 (2022), art. 102223.

2. M. F. Whiting y W. C. Wheeler, «Insect homeotic transformation», en *Nature*, vol. 368 (1994), pág. 696.

3. R. B. Goldschmidt, *The Material Basis of Evolution*, Yale University Press, New Haven, Connecticut, 1940. [Trad.

esp. de Carlos M. Reyles: *La base material de la evolución*, Espasa-Calpe, Buenos Aires, 1943.]
4. M. Specter, «Hurricane rakes New England, loses some force», en *Washington Post*, 20 de agosto de 1991.
5. J. P. Huelsenbeck y D. M. Hillis, «Success of phylogenetic methods in the four-taxon case», en *Systematic Biology*, vol. 42, n.º 3 (1993), págs. 247-264.
6. J. Felsenstein, «Cases in which parsimony or compatibility methods will be positively misleading», en *Systematic Zoology*, vol. 27, n.º 4 (1978), págs. 401-410.
7. A. H. Harcourt *et al.*, «Testis weight, body weight and breeding system in primates», en *Nature*, vol. 293, n.º 5827 (1981), págs. 55-57.
8. P. Marler, «*Colobus guereza*: territoriality and group composition», en *Science*, vol. 163, n.º 3862 (1969), págs. 93-95.
9. Y. Sugiyama, «Characteristics of the social life of Bonnet Macaques (*Macaca radiata*)», en *Primates*, vol. 12, n.º 3 (1971), págs. 247-266.
10. T. M. Markowitz *et al.*, «Sociosexual behavior of nocturnally foraging Dusky and Spinner Dolphins», en B. Würsig y D. N. Orbach (eds.), *Sex in Cetaceans: Morphology, Behavior, and the Evolution of Sexual Strategies*, Springer, 2023, cap. 14.
11. J. H. Schwartz e I. Tattersall, «The human chin revisited: what is it and who has it?», en *Journal of Human Evolution*, vol. 38, n.º 3 (2000), págs. 367-409.

Capítulo 14: Roca de los siglos (o siglos de rocas)

1. G. Geyer y E. Landong, «The Precambrian-Phanerozoic and Ediacaran-Cambrian boundaries: a historical approach to a dilemma», en A. T. Brasier, D. McIlroy y N. McLoughlin (eds.), *Earth System Evolution and Early Life: A Celebration of the Work of Martin Brasier*, Geological Society, Special Publications, Londres, 2016, pág. 448.
2. D. M. Rudkin *et al.*, «The world's biggest trilobite — *Isotelus rex* new species from the Upper Ordovician of nor-

thern Manitoba, Canada», en *Journal of Paleontology*, vol. 77, n.º 1 (2003), págs. 99-112.

3. P. Morzadec, «Les trilobites Asteropyginae de Dévonien de l'Anti-Atlas (Maroc)», en *Palaeontographica Abteilung A*, vol. 262, fascículos 1-3 (2001), págs. 53-85.

4. L. W. Alvarez *et al.*, «Extraterrestrial cause for the Cretaceous-Tertiary extinction», en *Science*, vol. 208, n.º 4448 (1980), págs. 1095-1108.

5. M. A. D. During *et al.*, «The Mesozoic terminated in boreal spring», en *Nature*, vol. 603 (2022), págs. 91-94.

6. J. Usserio, *Annales Veteris et Novi Testamenti a prima mundi origine deducti*, J. Flesher, Londres, 1650.

7. D. Beutner, «Scientist and saint: blessed Niels Stensen (1638-1686)», en *Catholic World Report*, 5 de diciembre del 2022, <https://www.catholicworldreport.com/2022/12/05/scientist-and-saint-blessed-niels-stensen/>.

8. R. Hooke, *The Posthumous Works of Robert Hooke, Containing His Cutlerian Lectures, and Other Discourses, Read at the Meetings of the Illustrious Royal Society*, Richard Waller, Londres, 1705.

9. J.-P. Poirier, «About the age of the Earth», en *Comptes Rendus Geoscience*, vol. 349, n.º 5 (2017), págs. 223-225.

10. G.-L. Le Clerc (conde de Buffon), *Histoire naturelle, générale et particulière*, vol. suplementario 1, Royal Press, París, 1774, pág. 158.

11. W. T. Kelvin (lord), «On the secular cooling of the Earth», en *Transactions of the Royal Society of Edinburgh*, vol. 23, n.º 1 (1862), págs. 167-169.

12. F. M. Richter, «Kelvin and the age of the Earth», en *The Journal of Geology*, vol. 94, n.º 3 (1986), págs. 395-401.

13. J. Perry, «On the age of the Earth», en *Nature*, vol. 51 (1895), págs. 224-227.

14. D. W. Davis *et al.*, «Historical development of zircon geochronology», en *Reviews in Mineralogy and Geochemistry*, vol. 53, n.º 1 (2003), págs. 145-181.

Capítulo 15: Nuestros genes dan la hora

1. A. Schleicher, «Die ersten Spaltungen des indogermanischen Urvolkes», en *Allgemeine Monatsschrift für Wissenschaft und Literatur*, vol. 3 (1853), págs. 786-787.
2. N. Gontier, «Depicting the tree of life: the philosophical and historical roots of evolutionary tree diagrams», en *Evolution: Education and Outreach*, vol. 4, n.º 3 (2011), págs. 515-538.
3. S. Newman, «Morris Swadesh», en *Language*, vol. 43, n.º 4 (1967), págs. 948-957.
4. M. Swadesh, «Lexico-statistic dating of prehistoric ethnic contacts: with special reference to North American Indians and Eskimos», en *Proceedings of the American Philosophical Society*, vol. 96, n.º 4 (1952), págs. 452-463.
5. É. Zuckerkandl y L. Pauling, «Molecular disease, evolution and genic heterogeneity», en M. Kasha y B. Pullman (eds.), *Horizons in Biochemistry: Albert Szent-Györgyi Dedicatory Volume*, Academic Press, Nueva York, 1962, págs. 189-225.
6. I. Mukharji, «Emanuel Margoliash 1920-2008», en *Biographical Memoirs*, National Academy of Sciences, Washington, D. C., 2020.
7. E. Margoliash, «Primary structure and evolution of Cytochrome C», en *Proceedings of the National Academy of Sciences USA*, vol. 50, n.º 4 (1963), págs. 672-679.
8. E. L. Yochelson, «Discovery, collection, and description of the Middle Cambrian Burgess Shale biota by Charles Doolittle Walcott», en *Proceedings of the American Philosophical Society*, vol. 140, n.º 4 (1996), págs. 469-545.
9. G. A. Wray *et al.*, «Molecular evidence for deep Precambrian divergences among animal phyla», en *Science*, vol. 274, n.º 5287 (1996), págs. 568-573.
10. E. A. Sperling y R. G. Stockey, «The temporal and environmental context of early animal evolution: considering all the ingredients of an "explosion"», en *Integrative and Comparative Biology*, vol. 58, n.º 4 (2018), págs. 605-622; W.

Sun *et al.*, «Developmental biology of *Spiralicellula* and the Ediacaran origin of crown metazoans», en *Proceedings of the Royal Society B*, vol. 291, n.º 2023 (2024), art. 20240101.

Capítulo 16: Embriones y gusanos flecha

1. G. Uschmann, *Grobben, Karl: Neue Deutsche Biographie*, Historische Kommission bei der Bayerischen Akademie der Wissenschaften, Múnich, 1966.
2. C. Toegel, *Sigmund Freud, 1856-1939: A Biographical Compendium*, Routledge, Abingdon, 2024.
3. K. Grobben, «Die systematische Einteilung des Tierreichs», en *Verhandlungen der Kaiserlich-Königlichen Zoologisch-Botanischen Gesellschaft in Wien*, vol. 58 (1908), págs. 491-511.
4. M. J. Telford y P. W. H. Holland, «The phylogenetic affinities of the chaetognaths: a molecular analysis», en *Molecular Biology and Evolution*, vol. 10, n.º 3 (1993), págs. 660-676.
5. F. Marlétaz *et al.*, «A new spiralian phylogeny places the enigmatic arrow worms among gnathiferans», en *Current Biology*, vol. 29, n.º 2 (2019), págs. 312-318.

Capítulo 17: La dieta de los gusanos

1. E. Westblad, «*Xenoturbella bocki* n.g., n.sp., a peculiar, primitive Turbellarian type», en *Arkiv för Zoologi*, vol. 1 (1949), págs. 3-29.
2. M. Norén y U. Jondelius, «*Xenoturbella*'s molluscan relatives», en *Nature*, vol. 390, n.º 6655 (1997), págs. 31-32; O. Israelsson, «[*Xenoturbella*'s molluscan relatives] and molluscan embryogenesis», en *ibid.*, pág. 32.
3. O. Israelsson, «New light on the enigmatic *Xenoturbella* (phylum uncertain): ontogeny and phylogeny», en *Proceedings of the Royal Society of London B*, vol. 266, n.º 1421 (1999), págs. 835-841.
4. M. J. Telford *et al.*, «Claus Nielsen (1938-2024), zoologist of invertebrates», en *Nature*, vol. 627, n.º 8003 (2024), pág. 265.

5. S. J. Bourlat *et al.*, «*Xenoturbella* is a deuterostome that eats molluscs», en *Nature*, vol. 424, n.º 6951 (2003), págs. 925-928.

Capítulo 18: Los primeros tres mil millones de años

1. C. Mora *et al.*, «How many species are there on Earth and in the Ocean?», en *PLoS Biology*, vol. 9, n.º 8 (2011), e1001127.
2. K. J. Locey y J. T. Lennon, «Scaling laws predict global microbial diversity», en *Proceedings of the National Academy of Sciences USA*, vol. 113, n.º 21 (2016), págs. 5970-5975.
3. H. D. Holland, «Volcanic gases, black smokers, and the great oxidation event», en *Geochimica et Cosmochimica Acta*, vol. 66, n.º 21 (2002), págs. 3811-3826.
4. M. S. W. Hodgskiss *et al.*, «A productivity collapse to end Earth's Great Oxidation», en *Proceedings of the National Academy of Sciences USA*, vol. 116, n.º 35 (2019), págs. 17207-17212.
5. A. J. Probst *et al.*, «Coupling genetic and chemical microbiome profiling reveals heterogeneity of archaeome and bacteriome in subsurface biofilms that are dominated by the same archaeal species», en *PLoS One*, vol. 9, n.º 6 (2014), e99801.
6. A. A. Davín *et al.*, «An evolutionary timescale for Bacteria calibrated using the Great Oxidation Event», en *bioRxiv*, 08.08.552427, 2023.
7. C. R. Woese, «Bacterial evolution», en *Microbiological Reviews*, vol. 51, n.º 2 (1987), págs. 221-271.
8. E. Stackebrandt *et al.*, «Proteobacteria classis nov., a name for the phylogenetic taxon that includes the "purple bacteria and their relatives"», en *International Journal of Systematic Bacteriology*, vol. 38, n.º 3 (1988), págs. 321-325.
9. R. B. Pedersen *et al.*, «Discovery of a black smoker vent field and vent fauna at the Arctic Mid-Ocean Ridge», en *Nature Communications*, vol. 1 (2010), art. 126.

10. University of Washington, «Scientists Break Record By Finding Northernmost Hydrothermal Vent Field», en *ScienceDaily*, 2008, <https://www.sciencedaily.com/releases/2008/07/080724153941.htm>.

11. A. Spang *et al.*, «Complex archaea that bridge the gap between prokaryotes and eukaryotes», en *Nature*, vol. 521, n.º 7551 (2015), págs. 173-179.

12. C. Woese *et al.*, «Towards a natural system of organisms: proposal for the domains Archaea, Bacteria, and Eucarya», en *Proceedings of the National Academy of Sciences USA*, vol. 87, n.º 12 (1990), págs. 4576-4579.

13. T. A. Williams *et al.*, *op. cit.*

14. L. Eme *et al.*, «Inference and reconstruction of the heimdallarchaeial ancestry of eukaryotes», en *Nature*, vol. 618, n.º 7967 (2023), págs. 992-999.

15. J. F. H. Strassert *et al.*, «A molecular timescale for eukaryote evolution with implications for the origin of red algal-derived plastids», en *Nature Communications*, vol. 12 (2021), art. 1879.

16. B. S. C. Leadbetter, *The Choanoflagellates: Evolution, Biology and Ecology*, Cambridge University Press, Cambridge, 2015.

17. W. Vischer, «Über einen pilzähnlichen, autotrophen Mikroorganismus, *Chlorochytridion*, einige neue Protococcales und die systematische Bedeutung der Chloroplasten», en *Verhandlungen der Naturforschenden Gesellschaft in Basel*, vol. 56, n.º 2 (1945), págs. 41-59.

18. W. Saville-Kent, *Manual of the Infusoria: Including a Description of All Known Flagellate, Ciliate, and Tentaculiferous Protozoa, British and Foreign, and an Account of the Organization and Affinities of the Sponges*, David Bogue, Londres, 1880.

Capítulo 19: Los primeros animales

1. R. Hooke, *Micrographia: or Some Physiological Descriptions of Minute Bodies Made by Magnifying Glasses. With Obser-*

vations and Inquiries Thereupon, J. Martyn and J. Allestry, Printers to the Royal Society, Londres, 1665. [Trad. esp. de Carlos Solís: *Micrografía*, Alfaguara, Madrid, 1987.]

2. M. Olivetta *et al.*, «A multicellular developmental program in a close animal relative», en *Nature*, vol. 635, n.º 8038 (2024), págs. 382-389.

3. S. R. Fairclough *et al.*, «Multicellular development in a choanoflagellate», en *Current Biology*, vol. 20, n.º 20 (2010), págs. R875-876.

4. G. Jékely, «Evolution: how not to become an animal», en *Current Biology*, vol. 29, n.º 23 (2019), págs. R1240-1242.

5. M. A. R. Koehl, «Selective factors in the evolution of multicellularity in choanoflagellates», en *Journal of Experimental Zoology* (Molecular Development and Evolution), vol. 336, n.º 3 (2021), págs. 315-326.

6. T. Brunet y N. King, «The origin of animal multicellularity and cell differentiation», en *Developmental Cell*, vol. 43, n.º 2 (2017), págs. 124-40.

7. D. J. Richter *et al.*, «Gene family innovation, conservation and loss on the animal stem lineage», en *eLife*, vol. 7 (2018), e34226; M. C. Coyle y N. King, «The evolutionary foundations of animal transcriptional regulatory mechanisms», en *Preprints*, doi:10.20944/preprints202402.1653.v1 (2024).

8. Koehl, *op. cit.*

9. D. McIlroy *et al.*, «The palaeobiology of two crown group cnidarians: *Haootia quadriformis* and *Mamsetia manunis* gen. et sp. nov. from the Ediacaran of Newfoundland, Canada», en *Life*, vol. 14, n.º 9 (2024), art. 1096.

10. M. J. Telford, «Fighting over a comb», en *Nature*, vol. 529 (2016), pág. 286.

11. T. Syed y B. Schierwater, «*Trichoplax adhaerens*: discovered as a missing link forgotten as a hydrozoan, re-discovered as a key to metazoan evolution», en *Vie et Milieu / Life & Environment*, vol. 52, n.º 4 (2002), págs. 177-187.

12. F. E. Schulze, «*Trichoplax adhaerens* nov. gen. nov. spec.», en *Zoologischer Anzeiger*, vol. 6 (1883), págs. 92-97.

13. A. Sebé-Pedrós *et al.*, «Early metazoan cell type diversity and the evolution of multicellular gene regulation», en *Nature Ecology and Evolution*, vol. 2, n.º 7 (2018), págs. 1176-1188.

14. F. Varoqueaux *et al.*, «High cell diversity and complex peptidergic signaling underlie placozoan behavior», en *Current Biology*, vol. 28, n.º 21 (2018), págs. 3495-3501.e2.

15. S. R. Najle *et al.*, «Stepwise emergence of the neuronal gene expression program in early animal evolution», en *Cell*, vol. 186, n.º 21 (2023), págs. 1-18.

16. P. Kapli *et al.*, «Lack of support for Deuterostomia prompts reinterpretation of the first Bilateria», en *Science Advances*, vol. 7, n.º 12 (2021), art. eabe2741.

17. Grobben, *op. cit.*

Capítulo 20: El camino hasta los mamíferos

1. S. Conway Morris y J. B. Caron, «*Pikaia gracilens* Walcott, a stem-group chordate from the Middle Cambrian of British Columbia», en *Biological Reviews*, vol. 87, n.º 2 (2012), págs. 480-512.

2. C. D. Walcott, «Middle Cambrian annelids», en *Smithsonian Miscellaneous Collection*, vol. 57, n.º 5 (1911), págs. 109-144.

3. G. Mussini *et al.*, «A new interpretation of *Pikaia* reveals the origins of the chordate body plan», en *Current Biology*, vol. 34, n.º 13 (2024), págs. 1-10.

4. M. L. Martik y M. E. Bronner, «Riding the crest to get a head: neural crest evolution in vertebrates», en *Nature Reviews Neuroscience*, vol. 22, n.º 10 (2021), págs. 616-626.

5. A. Graham y J. Richardson, «Developmental and evolutionary origins of the pharyngeal apparatus», en *EvoDevo*, vol. 3 (2012), art. 24.

6. M. D. Brazeau y M. Friedman, «The origin and early phylogenetic history of jawed vertebrates», en *Nature*, vol. 520, n.º 7548 (2015), págs. 490-497.

7. Y. Nakatani *et al.*, «Reconstruction of proto-vertebrate, proto-cyclostome and proto-gnathostome genomes pro-

vides new insights into early vertebrate evolution», en *Nature Communications*, vol. 12, n.º 1 (2021), art. 4489.

8. K. Narkiewicz y M. Narkiewicz, «The age of the oldest tetrapod tracks from Zachełmie, Poland», en *Lethaia Focus*, vol. 48, n.º 1 (2015), págs. 10-12.

9. E. B. Daeschler *et al.*, «A Devonian tetrapod-like fish and the evolution of the tetrapod body plan», en *Nature*, vol. 440, n.º 7085 (2006), págs. 757-763.

10. J. A. Clack, *Gaining Ground: The Origin and Evolution of Tetrapods*, 2.ª ed., Indiana University Press, Bloomington, Indiana, 2012.

11. M. I. Coates y J. A. Clack, «Polydactyly in the earliest known tetrapod limbs», en *Nature*, vol. 347, n.º 6288 (1990), págs. 66-69.

12. M. I. Coates y J. A. Clack, «Fish-like gills and breathing in the earliest known tetrapod», en *Nature*, vol. 352, n.º 6332 (1991), págs. 234-236.

13. J. Clack *et al.*, «Phylogenetic and environmental context of a Tournaisian tetrapod fauna», en *Nature Ecology and Evolution*, vol. 1, n.º 1 (2017), art. 0002.

Capítulo 21: El final del viaje

1. J. Pickrell, «The making of mammals», en *Nature*, vol. 574, n.º 7779 (2019), págs. 468-472.

2. A. Mann *et al.*, «Reassessment of historic "microsaurs" from Joggins, Nova Scotia, reveals hidden diversity in the earliest amniote ecosystem», en *Papers in Palaeontology*, vol. 6, n.º 4 (2020), págs. 605-625.

3. C. F. Zhou *et al.*, «A Jurassic mammaliaform and the earliest mammalian evolutionary adaptations», en *Nature*, vol. 500, n.º 7461 (2013), págs. 163-167.

4. F. Mao *et al.*, «Fossils document evolutionary changes of jaw joint to mammalian middle ear», en *Nature*, vol. 628, n.º 8008 (2024), págs. 576-581.

5. Y. Hu *et al.*, «Large Mesozoic mammals fed on young dinosaurs», en *Nature*, vol. 433, n.º 7022 (2015), págs. 149-152.

6. R. M. D. Beck y C. Baillie, «Improvements in the fossil record may largely resolve current conflicts between morphological and molecular estimates of mammal phylogeny», en *Proceedings of the Royal Society B*, vol. 285, n.º 1893 (2018), art. 20181632.

7. R. W. Meredith *et al.*, «Impacts of the Cretaceous Terrestrial Revolution and KPg extinction on mammal diversification», en *Science*, vol. 334, n.º 6055 (2011), págs. 521-524.

8. V. Korzh y D. Grunwald, «Nadine Dobrovolskaïa-Zavadskaïa and the dawn of developmental genetics», en *BioEssays*, vol. 23, n.º 4 (2001), págs. 365-371.

9. B. Xia *et al.*, «On the genetic basis of tail-loss evolution in humans and apes», en *Nature*, vol. 626, n.º 8001 (2024), págs. 1042-1048.

10. T. Geissmann y W. Bleisch, *Nomascus hainanus*, en la Lista Roja de Especies Amenazadas de la UICN, e. T41643A17969392 (2020).

11. M. Brunet *et al.*, «A new hominid from the Upper Miocene of Chad, Central Africa», en *Nature*, vol. 418, n.º 6894 (2002), págs. 145-151.

12. G. Daver *et al.*, «Postcranial evidence of late Miocene hominin bipedalism in Chad», en *Nature*, vol. 609, n.º 7925 (2022), págs. 94-100.

13. S. Almécija *et al.*, «Fossil apes and human evolution», en *Science*, vol. 372, n.º 6542 (2021), págs. 587-599.

14. P. Vignaud *et al.*, «Geology and palaeontology of the Upper Miocene Toros-Menalla hominid locality, Chad», en *Nature*, vol. 418, n.º 6894 (2002), págs.152-155.

15. L. Humphrey y C. Stringer, *Our Human Story*, Natural History Museum, Londres, 2018.

16. C. Stringer, «The origin and evolution of *Homo sapiens*», en *Philosophical Transactions of the Royal Society B*, vol. 371, n.º 1698 (2016), art. 20150237.

17. A. Bergström *et al.*, «Origins of modern human ancestry», en *Nature*, vol. 590, n.º 7845 (2021), págs. 229-237.

18. Humphrey y Stringer, *op. cit.*

19. W. Hu *et al.*, «Genomic inference of a severe human bo-
tleneck during the Early to Middle Pleistocene transi-
tion», en *Science*, vol. 381, n.º 6661 (2023), págs. 979-984.

20. L. Greenspoon *et al.*, «The global biomass of wild mammals», en *Proceedings of the National Academy of Sciences
USA*, vol. 120, n.º 10 (2023), art. e2204892120.

Capítulo 22: Nuestros árboles interiores

1. R. Dawkins, *The Selfish Gene*, Oxford University Press,
Oxford, 1976. [Trad. esp. de Juana Robles y J. Tola Alonso:
El gen egoísta extendido, Bruño, Madrid, 2017.]

2. Ch. Darwin, *The Descent of Man and Selection in Relation
to Sex*, John Murray, Londres, 1871. [Trad. esp. de José del
Perojo y Enrique Camps: *El origen del hombre y la selección
en relación al sexo*, Los Libros de la Catarata, Madrid, 2019.]

3. M. Pagel, «Darwinian perspectives on the evolution of human languages», en *Psychonomic Bulletin & Review*, vol. 24,
n.º 1 (2017), págs. 151-157.

4. B. F. Westcott y F. J. A. Hort, *The New Testament in the
original Greek*, Harper & Brothers, Nueva York, 1881.

5. J. E. Sulston *et al.*, «The embryonic cell lineage of the ne-
matode *Caenorhabditis elegans*», en *Developmental Biology*,
vol. 100, n.º 1 (1983), págs. 64-119.

6. M.-A. Félix y P. W. Sternberg, «Symmetry breakage in the
development of one-armed gonads in nematodes», en *Development*, vol. 122, n.º 7 (1996), págs. 2129-2142.

7. Darwin, *On the Origin of Species*, cap. 6.

8. J. P. Demuth *et al.*, «The evolution of mammalian gene
families», en *PLoS ONE*, vol. 1 (2006), art. e85.

9. R. C. Hardison, «Evolution of hemoglobin and its genes»,
en *Cold Spring Harbour Perspectives in Medicine*, vol. 2, n.º
12 (2012), art. a011627.

10. M. Congreve *et al.*, «Impact of GPCR structures on drug
discovery», en *Cell*, vol. 181, n.º 1 (2020), págs. 81-91.

11. R. Feuda *et al.*, «Metazoan opsin evolution reveals a simple route to animal vision», en *Proceedings of the National Academy of Sciences USA*, vol. 109, n.º 46 (2012), págs. 18868-18872.

12. J. Emmerton y J. D. Delhis, «Wavelength discrimination in the "visible" and ultraviolet spectrum by pigeons», en *Journal of Comparative Physiology A*, vol. 141, n.º 1 (1980), págs. 47-52; W. L. Davies *et al.*, «Functional characterization, tuning, and regulation of visual pigment gene expression in an anadromous lamprey», en *The FASEB Journal*, vol. 21, n.º 11 (2007), págs. 2713-2724.

Capítulo 23: Desconocidos desconocidos y el final de la cuestión

1. J. Frenzel, «Untersuchungen über die mikroskopische Fauna Argentiniens. Ein vielzelliges, infusorienartiges Thier (Vorläufige Mittheilung)», en *Zoologischer Anzeiger*, vol. 367, n.º 14 (1891), págs. 230-233; J. Frenzel, «Untersuchungen über die mikroskopische Fauna Argentiniens. *Salinella salve* nov. gen. nov. spec. Ein vielzelliges, infusorienartiges Tier (Mesozoon)», en *Archiv für Naturgeschichte*, vol. 58, n.º 1 (1892), págs. 66-97; J. Frenzel, «The mesozoon *Salinella*», en *The Annals and magazine of natural history; zoology, botany, and geology*, vol. 9, n.º 6 (1892), págs. 49-54.

2. L. E. Acosta, «Historia de la zoología en la Universidad de Córdoba: los primeros años (1872-1916)», en *Revista de la Facultad de Ciencias Exactas, Físicas y Naturales*, vol. 2, n.º 1 (2015), págs. 75-95.

3. Frenzel, «The mesozoon *Salinella*».

4. H. C. Ochsenius, «Salpeterablagerungen in Chile», en *Zeitschrift der Deutschen Geologischen Gesellschaft*, vol. 63 (1911), págs. 35-43.

5. Frenzel, «Untersuchungen über die mikroskopische Fauna Argentiniens».

6. *Ibid.*

7. D. Rumsfeld, «U.S. Department of Defense (DoD) Feb 12th news briefing», 2002, <https://web.archive.org/web/

20160406235718/http://archive.defense.gov/Transcripts/Transcript.aspx?TranscriptID=2636>.

8. Locey y Lennon, *op. cit.*

9. A. S. Arroyo *et al.*, «Hidden diversity of Acoelomorpha revealed through metabarcoding», en *Biology Letters*, vol. 12, n.º 9 (2016), art. 20160674.

10. E. T. Wolf y O. B. Toon, «The evolution of habitable climates under the brightening Sun», en *Journal of Geophysical Research: Atmospheres*, vol. 120, n.º 12 (2015), págs. 5775-5794.

11. A. Farnsworth *et al.*, «Climate extremes likely to drive land mammal extinction during next supercontinent assembly», en *Nature Geoscience*, vol. 16, n.º 10 (2023), págs. 901-908.

ÍNDICE